JN210094

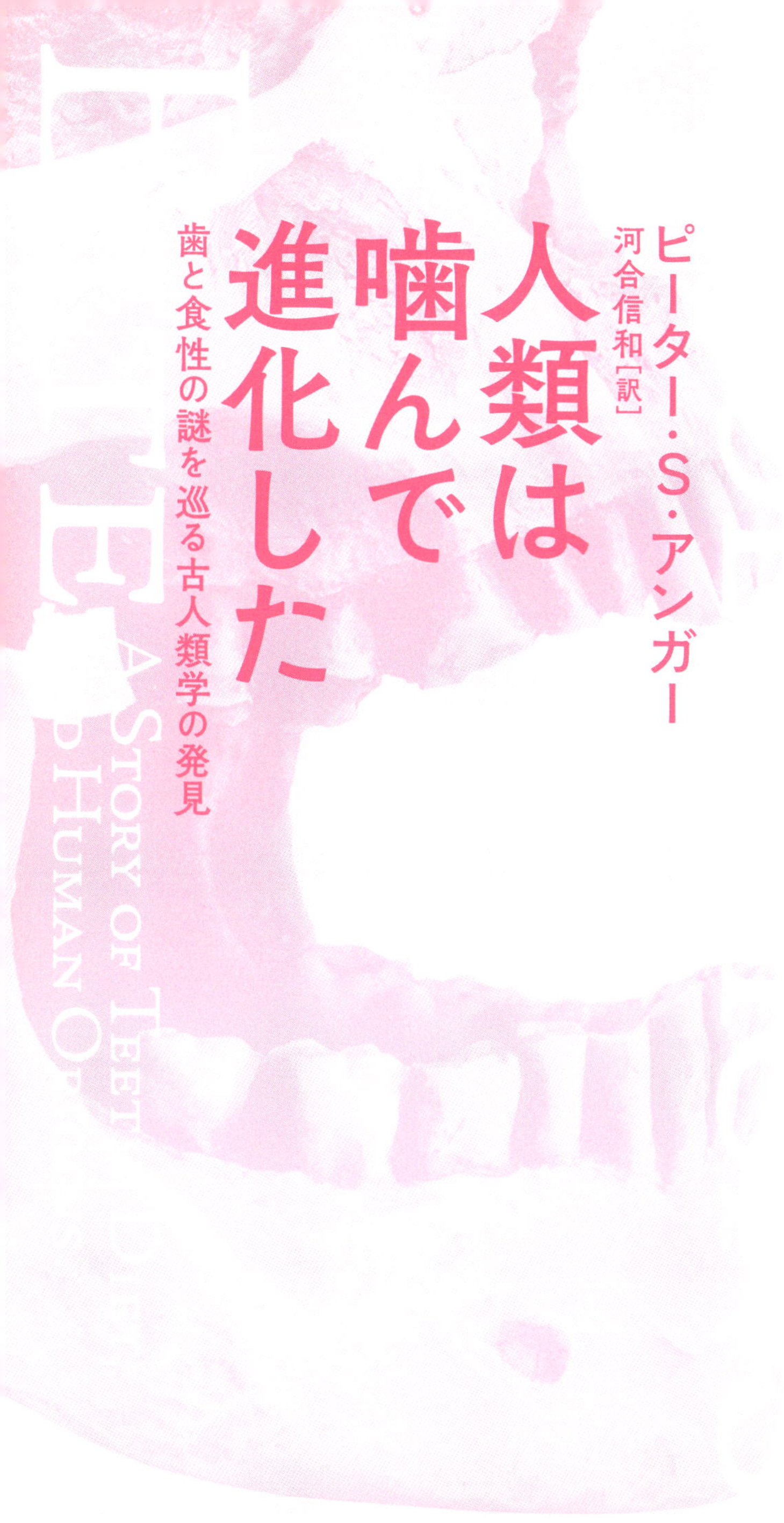

ピーター・S・アンガー
河合信和［訳］

人類は噛んで進化した

歯と食性の謎を巡る古人類学の発見

人類は噛んで進化した

目次

第三章　楽園の外へ

第四章　移り変わる世界

序章

人は誰でも口中に進化の遺産を持っている。自然は、何万世代にわたって我々の歯の形態を変えてきた。祖先が生きるために食べてきた食物を噛むのに適した道具へと、である。そして人類の起源を研究する私の仲間の古人類学者たちは、そのことに考えをめぐらせるのに膨大な時間を費やしている。歯こそ、過去へと渡す古人類学者の架け橋なのである。歯から、ある種から次の種へという諸々の変化を追跡でき、それにより人類進化を追究できる。一方で一緒に研究できる化石頭蓋と骨格も、確かに見つかっている。しかし歯は、それでも特別なのだ。歯は数百万年間も、事実上、その本質を変化させずに維持されてきた極めて好都合な化石である。さらに重要なのは、歯は消化器系の中で最も保存されやすい部分だということだ。だから歯は、我々の祖先の食性を解明する最高の手がかりとなる。研究者たちは、歯のサイズ、形状、摩耗パターンを観察し、その化学成分を追究し、とっくに絶滅した種が食べた食物を推定する研究を行っている。

歯を使って食性を復元できるので、歯はある絶滅した種の自然界での位置を解明する鍵ともなる。映画『ウディ・アレンの愛と死』では、監督・主演したウディ・アレンが主役を演じたボリス・グルシェンコに、自然のことを「大魚が小さな魚を飲み込み、植物が別の植物を犠牲にし、動物が動物を食う」と語らせた。[1] さらに彼は、こう続けた。「私の見るところ自然とは、大きなレストランみたいなものだ」。私も、自然をビュッフェと考えるのを好む。そこでは動物は、自分の棲む生物圏のどこであれ、そこに暮らす生き物たちの中から好みの生き物を選んで食べることができる。この「生物圏のビュッフェ」に盛られた食物は、変化しつつある環境条件に合わせて常に内容が交換され続ける。例えば果実や葉は、気候が冷涼化したり乾燥したりすると、そこの森林はサバンナに変化するから撤去され、それにつれてメニューは草の根と塊茎類に変わる。それまでと違ってしまった居住環境は、食物、選択肢、種と環境との関係が以前とは変わることを意味する。すなわち種が食物を選ぶことは、別の生き物との関係、食う者と食われる者との関係、周りのより大きなコミュニティーの中での種の位置を明確にする助けとなる。

本書では、歯、食べ物、ヒトの起源の話を述べていく。私の目標は、祖先の食物を理解するのに歯が利用できること、それを拡大して自然界における私たちヒトの位置、さらにヒトがどのようにして現生する種になってきたのかを示すことである。この物語の核心には、祖先を取り巻いた気候と環境の変化の影響がある。それは、種としてのヒトの成功は、どんどん変わってゆき予測不能になった太古の世界に、我々の祖先が少なからず巧みに対処していったためにもたらされたということを科学者が理解し始めてから、やっとはっきり見えてきた物語である。

地球というシステムの科学と古気候の研究から新たな洞察力を得て、そこに歯がどのように作用したのかという新しいアプローチと、それに古生物学、霊長類学、考古学やさらにその他の分野の新たな発見を結びつけて考えていけば、過去のヒトの暮らしとその暮らしが時と共にどのような変遷をたどったかについて、今よりもっと完全な見方に到達できる。物語は、分かりやすい方がいい。広がりつつあるサバンナは、我々の祖先に木から下りるように誘った。そしてその挑戦が、祖先を人間にした。

しかし現実には環境条件が過去に湿潤と乾燥の間で行きつ戻りつ変動したことが今、明らかになりつつある。この変動こそ、ヒトの中で食物に融通の利かない連中を排除するように働き、絶え間なく変化する生物圏のビュッフェから、それがどんな物であろうと気にせずに自分たちの皿を山盛りにできる食物を見つけ出せる融通無碍なヒトだけを生き残らせたのだ。私たち人類は、最も食に選り好みをしない霊長類である。山野をうろつき回っても、どこでも満足のゆく食物を見つけ出せるのだ。それが、人類が世界を征服するようになった理由である。気候変動こそ、ヒトを人間にした原動力であり、進化がその機会をもたらしたのである。

私は、人類進化の全体像を見るのに役立てるべく、さらにまた過去三〇年間に及ぶ研究から学んだことを広く知らせるために、本書の執筆を決めた。しかしいざ人類進化について考え始めた時、科学そのものに単なる物語以上の意味があることが明らかになってきた。現在我々が有する知識をもたらしてくれた先人の情熱、アイデア、決断もある。彼らはその物語を説得力あるものにし、生命を吹き込んでくれたのだ。さらに次章以降では、ここに至るまでの私の研究仲間や他の科学者たちを訪ねながら、読者は世界中を旅することになる。また科学者たちの発見と過去を知るための新しい道への案内図により、読者は過去を振り返ることにもなる。

まずは歯から、歯はどのように機能し、どのように使われてきたかを見ていくことから始めよう。自然はある任務をこなすのに最良の道具を選ぶと仮定すると、それぞれ違う食物を食べる動物は、それに合った歯を持つはずである。だから歯がどのように働いていたかを理解することは、歯の形態と機能との間の関係を解明する最初のステップとなる。そしてそうした関係の答えを出すことが、歯を用いて化石の種の食性を復元する基本的作業である。

だが、それでは十分ではない。現生のサルを野生のままにその生息地で観察することで、食物の選択はある個体が何を食べられるかをはるかに超える意味があることが分かる。歯がどのように機能するかということとどのように用いられているかの間の違いは、食性、自然界での位置、そしてつまるところは進化を解明する鍵になる。これが、古生物学の通常の仕事、すなわち動物たちは歯を進化させてきた食物に自らの歯を特殊化させざるを得ないという仮説の出発点である。確かにすべての動物種は、歯の解剖学的構造によって食べられるものが制約されている。だが、それと同様にテーブルの上の皿は次から次へと変わっていき、時とともにすっかり変容してしまうということを思い起こすのも重要である。言い換えれば食物の選択は、食性の適応ということばかりでなく、何を食べることができるのかということでもある。選択肢が変われば、食物も変わり、それとともに生物とその環境との関係もまた変わるのである。

歯の機能についての実験室で分かった知識と、歯がどのように使われているかの森での観察から得た知見で、過去に向かって前進できる。人類進化研究の配役、すなわち化石の種とそれらを見つけてその意味を究明する研究者たち双方の役割を、これから考察していく。

人類の進化は動物を取り巻く変化しつつある世界によって何らかの形で引き起こされたという考えは、別に新奇なものではない。しかし科学者が地球の気候の歴史を詳しく選別・整理し、太古の環境を復元しているので、我々の祖先は拡大しつつあるサバンナに対応すべく樹上から下りたという古いモデルは、砂上の楼閣のように崩れている。地軸の傾きのふらつきと太陽周回の軌道の変遷が気候変動の指標になり、移動する大陸が我々の住む安定しない惑星の顔を変貌させる、と我々は教えられてきた。人類の揺り籠は、単純に冷涼化し、乾燥化したわけではなかった。環境は、時と共により激しく行きつ戻りつ変動したのである。我々の祖先は、ますます予測不能となる世界に直面し、それが人類の進化を促す反応となったのだ。

ではそうした反応とは、何だったのか。自然が生物圏のビュッフェの盛り皿を変えた時、祖先は取り皿をいっぱいにすべく何を選んだのか。歯の化石のサイズと形状がその手がかりを与えてくれるが、そうしたものは、祖先が日常的に実際に何を食べていたのかということよりも食べられた物についての情報である。だから生きている間に摂られた食物によって残された、私が「食跡(foodprint)」と呼ぶ手がかりに目を向けなければならない。歯の咬耗《こうもう》の特徴的なパターンと歯の組織の化学組成は、右記の食い違いを埋めるのに役立つ。それができてやっと、祖先が生きた生物圏という大きなコミュニティーの中での、そして自然の中での祖先が占めた位置が分かり始めるのだ。

人類史においては、食以外にも大きな変遷があったが、それを探究する新しい研究法を使うこともできる。変化した地球環境は、どのようにヒトを人類にしたのか。それこそ、我々の生物学上の属であるホモ属の起源についての物語、ホモが地球全体に広がるのに不可欠だった多くの技術を駆使できる才を与えた狩猟採集生活の始まりになる。さらに彼らは、どのようにしてゲームのルールを変えてビュッフェに食物を加えたのか。それが、新石器革命、すなわち食料収集から食料生産、農耕への移行の物語である。ここに至るとサルと類人猿は、もはやモデルとして役立たない。この場合、今日もなお野生動物と野生植物を狩猟採集して生活している、世界にわずかに残った人々に目を向けねばならない。彼らの祖先は、食料生産という流行に決して飛び乗りはしなかったのだ。考古学者たちは、こうした一連の移行を記録し、説明を加えるために、これまでに大量の土を剝がしてきた。早い話が、これらの変化・移行とも環境変化に密接に結びつけられ、祖先の歯と骨に読み解ける印を残したのである。

これは現在まで続くのだが、思わぬ面白い展開で過去にまで話は遡る。というのは旧石器時代の食が、今日、とても人気があり、私が行っている種類の研究に関心が集まっているのだ。現在摂っている私たちの食とそれを食べるために進化した身体との間に不一致、不均衡がある、と多くの研究者が論争している。彼らは、これこそが私たち現代人の保健システムを蝕む慢性の退行性疾患の大半を説明するものだと信じている。事実、現代人の繁栄を導いた食の多彩さへの適応は、同時に繁栄の犠牲をも導いたのだ。現代人は必要をはるかに超える食を食べることが「でき」てしまう。人類を進化させたのは祖先の食性だけではなかったという単純な理由で、私は旧石器時代の食のファンではないが、進化の観点からの全体像が現代人の身体と幸福について多くのことを教えてくれるという点には疑問の余地がないと思っている。

本書は、最初から最後まで歯にまつわる話になる。人類以外の種は、並びが悪かったり、びっしりと込み入っていたり、時には歯茎に埋没したりしている齲蝕《うしょく》だらけの歯など持たない。それはなぜか。明らかなのは、我々の祖先は様々な時代に、様々な場所で、雑多な食べ物を食べていたのに、現代人の食物と歯との間には根本的な不均衡があるということだ。この観点から歯のことを考えていけば、歯はヒトの進化にいろいろ教えてくれるだろう。歯は、現代人を我々の祖先と結びつけてくれるのである。

第一章　歯はどのように機能しているか

娘たちがまだ小さかった時、リトルロック（アーカンソー州の州都）の「発見の博物館」に連れて行ったことがある。娘たちは二人とも、まだ七歳と五歳になっていなかったと思う。博物館の奥の小さな展示戸棚で、二つの頭蓋が並んでいた。キリンとライオンのものだった。私は二人に謎かけをした。「どいつが肉食家かな」。二人とも、歯を見比べて、ライオンだと答えた。キリンは葉を磨《す》り潰《つぶ》すために幅広くてフラットな臼歯《きゅうし》を持っているのに、ライオンは肉を切り裂くために鋭くてカミソリのような裂肉歯《れつにくし》を備えているからだ。二人は、直感的にこのことに気づいたのだ。このように草食獣と肉食獣との歯の違いは、はっきりしている。では、もっと微妙な違い、そう、例えば植物のいろいろな部分を食べる歯と動物の様々な部分を食べる歯との違いはどうだろうか。そして我々人間の歯はどうか。どんな種類の食物向けに、歯はデザインされているのだろうか。

　こうした疑問は、古生物学者、特に初期人類の化石を相手に研究する古人類学者たちにとっては重要だ。古人類学者の仕事は、過去のヒトの進化の過程を記録し、それを解釈し、太古の生活を復元することだ。ところがそれをしようにも、歯以外の資料がほとんどない。化石を考えるとなると、誰しも自然史博物館のだだっ広いホールを威圧するかのようなティラノサウルス・レックスやマンモスの骨格を思い浮かべるだろう。あるいは一般向け科学雑誌の表紙を飾るヒトの祖先の頭蓋を想像するかもしれない。それは、印象的な効果を狙って、そしてまた遠い過去のぼんやりとした人類の太古の姿を表そうとしたものだが、実際にはそんな化石はとても少ないのだ。

これまで古人類学者が見つけた骨格や完全な頭蓋に対し、歯は数千倍とは言わないまでも数百倍はあるだろう。基本的に歯は、既製服のようにありふれた化石だからだ。例えば我々の歯を覆うエナメル質は、九七％が無機鉱物質であり、残りは水とわずかな量の有機物だ。だから歯は骨よりもはるかに強靱で、したがって骨よりも超長期間、ずっと残りやすいのだ。幸いにも古生物学者にとって、歯はその持ち主が生きた過去の暮らしを推定するうえで最良のツールである。例えば歯から食性を復元できれば、人類の祖先や遠い過去の他の種の世界を覗く架け橋として使える。化石となった歯から搾り取れる食物の情報が多くなればなるほど、それら動物の生きた遠古の世界を見通す解像度が向上する。

しかしそこにたどり着くまで、歯がどのように機能しているかを理解しておく必要がある。研究者たちは実に一世紀以上もの間、現在に至るまでその究明に取り組んできた。そこで本章では、その苦闘の過程を記録していく。ヒトを含む哺乳類の多様な種類の歯の形態が、どのようにして魚類や爬虫類の持つ単純で釘のような構造の歯から進化してきたのか。これは、単純な噛むということから複雑な咀嚼動作へと歯の機能が変化したということとどのように関係しているのだろうか。歯は実際にどのようにして食物を噛み砕いているのか。歯の摩耗と形状の変化は、食物破砕の過程にどのような影響を及ぼすのか。一つの謎は、次の謎につながる。これまでに新しい発見、新しい技術、新しい理論的研究法が、現れては消えていった。それ以前の研究者たちによって築かれた基礎の上に打ち立てられた我々の知識の限界を広げてきた科学者たちの貢献が、そこにあった。

哺乳類の臼歯への進化とその臼歯からの進化

約五億年前に遡る最古の歯の発見から、この話を始めていこう。そのほとんどは、単純な、先が尖っただけの構造物だった。獲物をくわえ、動けなくさせるために使われ、生き物のあらゆる動作をこすりつけ、こじ開け、つかみ、挟むだけだった。これだけしかできない代物でも、リチャード・ドーキンスが名付けた「進化の軍拡競争」ではこの物の保有者にメリットを与えた。それを使う捕食者のエネルギーと栄養物の獲得がうまくなればなるほど、その捕食者は自らの子を多く残し、進化的成功を収めたのだ。やがて原始の歯は、原始の海の中の生物に急速に広がり、魚類の中でそれを持つ系統は、その結果、持たなかったグループを脇に押しやった。

しかしヒトの歯がどのように働いているかの微妙な意味合いを理解するには、はるか後世の動物、最古の哺乳類と最も近縁な先行者から話を始める必要がある。[1] 主に食物を確保するために使われた歯から食物を咀嚼するのに使われた歯へという移行で、始めねばならない。咀嚼とは、食物を飲み込めるだけの小さな断片に切り分け、咀嚼しないと未消化のまま腸を通り抜けてしまう外皮を割って開け、消化酵素が働けるように噛み砕いた表面をよりうまく曝せるように少量に分割することだ。これにより、初期の哺乳類は自分自身の体熱を産生するのに必要な特別な燃料を得た。それが意味するのは、それができた初期哺乳類は、日の落ちた夜間も活動でき、寒冷な気候帯にも進出でき、変動する気候環境にも適応できたということだ。彼らは、高い水準の活動性を維持し、長距離を往来できるだけのスピードで動き回り、捕食者を避け、獲物を捕らえ、子孫を産み育てられたのである。

咀嚼ができるようになったことは、最古の哺乳類に新しい可能性を開いた。そして現代の哺乳類に至っては、体重が三グラムにも満たない小さなキティブタバナコウモリから体重が二〇〇トンにも達する超巨大なシロナガスクジラまで、めくるめくばかりの多様な形態と大きさを備えるまでになった。哺乳類はまた、極北のツンドラ、南極海の浮氷域、標高の高い山岳地帯、深海域、さらには砂漠から雨林帯まで、信じられないほどの多様な生息地に分布している。我々ホモ・サピエンスは、動物界の最も成功した哺乳綱《こう》の一員である。その成功は、体内で肉体に熱を与えることのできる能力に少なからず起因し、さらにまた我々の共通祖先が身体を動かすのに必要だった燃料を彼らに供給した咀嚼のおかげである。

次は、物を食べるということに注力していこう。我々の顎、舌、歯は、感覚のフィードバックと協力して動いている。対合歯《たいごうし》の調節と動きは、食物を噛み切るのに必要な力を生み出し、管理し、放散する際は二五〇〇分の一センチという正確さである。人は、口中で食物の位置を定め、保ち、むせるのを防ぐために気道と食道を分けている。これがみんな、きっちりと連動している。様々な部分が、交響曲演奏のように、そして共力作用で共に動いて。

このような驚くべきシステムは、どのようにして進化できたのだろうか。その移行は、一億年以上にもわたる哺乳類型爬虫類（単弓類）と初期哺乳類の化石記録に詳しい。顎への変化と顎関節の可動性、顎を動かす筋肉の改組、気道と食道を分ける骨口蓋の発達、咀嚼がうまく正確に進むように歯の切歯、犬歯、小臼歯、大臼歯へと分化したことなど。この変化は、新しく分化した非常に特殊な種類の歯である大臼歯で頂点に達した。大臼歯は、我々ヒトと他の現生哺乳類で最終的に進化した。ヒトの物語が真の意味で始まるのは、この大臼歯に関してである。

爬虫類の歯と哺乳類の歯のミッシング・リンク

哺乳類の大臼歯の進化にとっての基礎的なモデルは、十九世紀の古生物学界で一番生産的で華やかな人物の一人であったエドワード・ドリンカー・コープにより作られた。[2] 彼は一八四〇年、フィラデルフィア近郊の裕福な商人の息子として生まれた。父は、彼が農場経営者になるのを望んでいたが、彼はそんなことより自然史の方にずっと興味を持っていた。コープが受けた正式な高等教育は、ペンシルヴェニア大学での比較解剖学という単一の課程であった。その制約があったものの、彼は自然科学アカデミーの爬虫類標本コレクションに登録して、多くの時間をかけての実践的訓練を受けたし、比較研究のため、ワシントン特別区のスミソニアン研究所もしばしば訪れた。彼はまた、ヨーロッパ中の自然史博物館を訪れコレクションを研究し、それぞれの場所では当代一流の傑出した博物学者たちを訪問した。敬虔なクエーカー教徒で平和主義者のコープの父は、一つには息子が徴兵されたり、南北戦争に駆り出されたりすることがないようにと、一八六三年に彼をヨーロッパに留学させた。

コープは、ドイツでオスニエル・マーシュと顔を合わせた。マーシュは、その当時、ベルリン大学で古生物学を研究していたアメリカ人大学院生だった。二人の関係は、その時はまずまず友好的に始まった。二人とも間もなくアメリカに帰り、古生物学者として研究を始めた。マーシュの裕福な叔父で、国際的なビジネスマンにして投資家でもあったジョージ・ピーボディーは、マーシュの懇請を受けてイェール大学に自然史博物館を創設した。マーシュは、そこの初代館長になった。一方、コープは、動物学を講義するためにハバフォード大学に教授として赴任した[3]が、数年のうちにそこを辞めた。どうやら研究に主眼を置くためのようだった。実際、コープは家族を伴って、ニュージャージー州西部の著名な恐竜化石床のあるハドンフィールドに移り住んだ。しかし一八六八年、マーシュがその化石床にやってきて、そこの石切工夫と取引を始めると、トラブルが持ち上がった。新しく見つかった化石を、マーシュが何であれすべてイェール大に運ぼうとしたからだ。コープは激怒した。事態をさらにこじらせたのは、マーシュが直後に、絶滅した海棲爬虫類の骨格を不正確に復元したとして、コープを公然と批判したことだ。当惑させられたことにコープは頭部を首の上にではなく、尻尾の先に据え付けていたのだ。

こうした悶着は、いわゆる「化石大戦争（骨戦争）」の点火となった。おそらく科学史上の最大のライバル関係だろう、二人の間の競争は激烈で、それぞれがこの分野で有利な立場を得ようとし、互いのキャリアを毀損しようと努めた。十九世紀後半、アメリカの古生物学界全体に黒い雲が覆い被さっていた。コープもマーシュも、それぞれが自分のエネルギーと研究資源のありったけを注ぎ込んで相手を打ち負かそうとしたので、信じられないほど大量の研究成果を挙げた。五十七歳という早すぎる死を迎えたにもかかわらず、コープだけで一四〇〇編以上の研究論文を発表し、一万三〇〇〇点もの新化石を集めたのだ。私たちにとって一番重要なのは、二人の全精力が投じられたこの競争で、哺乳類の歯がどのようにして進化したのかが分かるようになったことである。

一八七二年、アメリカの議会は西経一〇〇度線以西の国土の地図を作成するための数次に及ぶ調査隊の派遣を可決した。コープは、二年後にこの調査隊に加わった。具体的に言えば地質図を作るためであったが、「化石戦争」はなお続いており、それはマーシュがまだ調査したことのない地域に新化石床を探す絶好の機会であった。

コープによる多数の発見の中に、ニューメキシコ州北西部のキューバという町に近い、悪地地形で石灰と粘土に富んだ堆積岩の積み重なった地層の例がある。彼は、この地層を二つの累層に分け、それぞれ「プエルコ」と「トレホン」と名付け、それらが恐竜化石を含むことが知られている下層の包含層よりもちょっとだけ年代が若いことも突き止めた。この二つの累層は、今日では六五〇〇万年前頃～五八〇〇万年前頃の暁新世の前期に形成された「ナシミエント層」に統合されている。[4] ちょうどユカタン半島に小惑星が落下し、恐竜支配を終結させた直後である。コープはその時点ではこの累層で化石を一つも発見しなかったが、ナシミエント層は、彼の若い弟子であるヘンリー・フェアフィールド・オズボーンの評のように、「コープの生涯で最も優れて重要な古生物学上の発見」として後に知られるようになる。

　コープがこの調査から得られた地質学上の研究成果を発表した直後、オスニエル・マーシュは、デイヴィッド・ボールドウィンという名の辺境住まいの男を助手に雇った。彼もまた、この地域の化石を収集するため、地図作成調査隊に参加していた。ボールドウィンと彼の連れている少しだけ忠実なロバは、マーシュのために化石を探してその後の四年間、ニューメキシコ州北西部を断続的に歩き回った。[5] ボールドウィンは、学問的訓練を受けておらず、字もろくに書けなかったが、堆積層を追跡し、化石を見つけることにかけては強運の持ち主だった。彼は、数十箱もの風化した骨片と歯を見つけ、それをイェール大に送った。しかしマーシュは、骨のかけらにはあまり好印象を受けず、ボールドウィンの努力に対する報酬をめぐって諍いを起こし、その直後にボールドウィンはマーシュの仕事を辞めた。その代わりに彼は、コープに雇われて働き始め、その後、八年もの間、コープの下で活動した。

　マーシュは、ボールドウィンの発見の意義を認めなかったが、コープは違った。特にナシミエント累層から見つかった化石を、高く評価した。これらの化石は、両米大陸で見つかった初めての暁

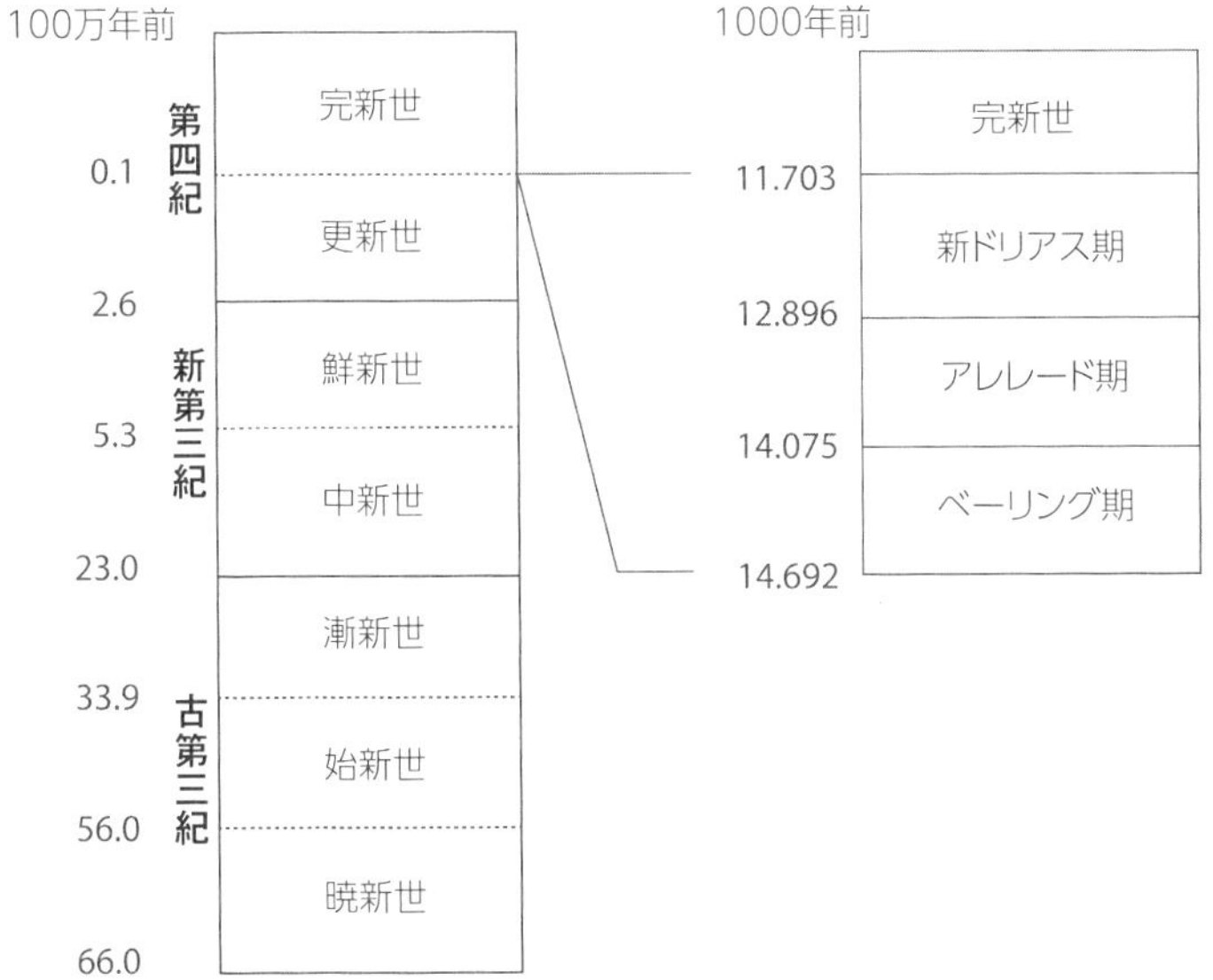

1.1　地質時代の年代表。データはInternational Commission on Stratigraphyの「International Chronostratigraphic Chart v2015/01」より。

新世の陸獣化石であり、どこにも見つかっていない、恐竜の絶滅した後に生きていた原始的哺乳類の最良の化石記録だったのだ。ボールドウィンの見つけた化石のほとんどが科学界では新発見であったので、コープはプエルコ累層から見つかった百種以上の脊椎動物を記載した。それらは信じられないほどの大発見であり、マーシュはそれらを評価し損なったわけだ。これらの骨片と歯は、「骨戦争」でそれまでに発見されていた、大きく、そして美しい恐竜化石のどれよりもさらに重要であることが明らかになった。少なくとも化石哺乳類に関心を抱く人たちにとっては、そうだった。なんとボールドウィンは、見栄えのしない円錐形の爬虫類の歯と現生の哺乳類の口にあるずっと見栄えの良い無数の形態の臼歯との間をつなぐミッシング・リンクを発見していたのだ。コープはそれまで、複雑な歯が短期間でどのようにして単純な歯から進化したのかを究明しようと努めていた。ボールドウィンの見つけた新しい化石は、彼に哺乳類の臼歯の諸形態の進化と多様化を読み解く手がかりを与えたのだ。

一八八三年、アメリカ哲学協会の総会で、コープはこの歯について報告した。上顎大臼歯《じょうがくだいきゅうし》の大部分は、頬側《きょうそく》に二つ、舌側《ぜっそく》に一つの、計三つの主咬頭《しゅこうとう》、すなわち結節を備えた三角形の咀嚼面を持っていた。コープは、これを「三結節」(*tritubercular*)と呼んだ。上顎の臼歯列は、基本的に端と端をつないでいくつもの三角形が並ぶ形をしていて、歯根は切れ間なく連続し、歯先はすべて同じ向きになっている。それぞれの歯の先端にある咬頭は、鋭い隆線(ridge)によって前面は一つの咬頭と後方は別の咬頭とつなげられていて、先が舌の方向に向いた「V」の字を形成している。歯を並べると、稜《りょう》が歯列の長軸方向に走る、一列につながったジグザグ状の切縁となっている。鋸歯状をしたクッキーの抜き型のような形である(例えばVVV)。

上顎の歯は、下顎《かがく》の歯と対をなすが、下顎の歯の方は、二つの咬頭が舌側に、もう一つは頬側にと上顎とは反対方向(例えばVVV)を向き、上顎の歯と噛み合う三角形をしている。下顎の三角形は、上顎の三角形の間にぴったり収まり、したがって反対の切縁と大ばさみのように物を切断する。ボールドウィンの見つけた暁新世の歯は、驚異的なスライス機、さいの目切り機と言えた。深

A

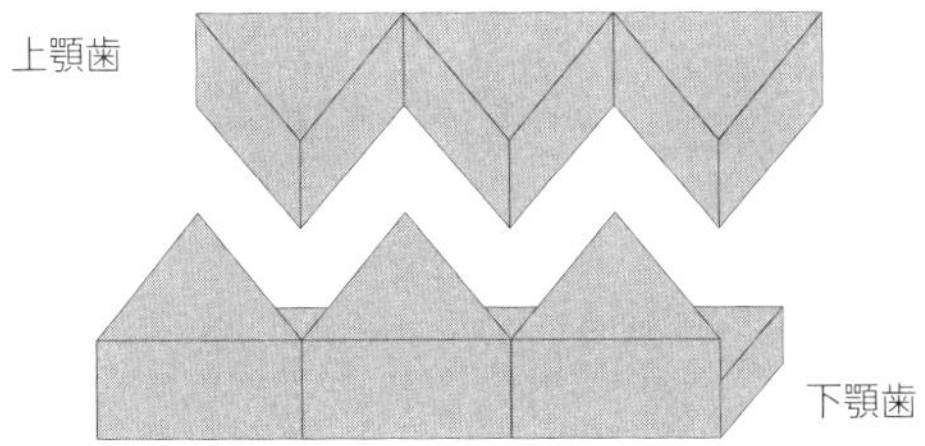

B

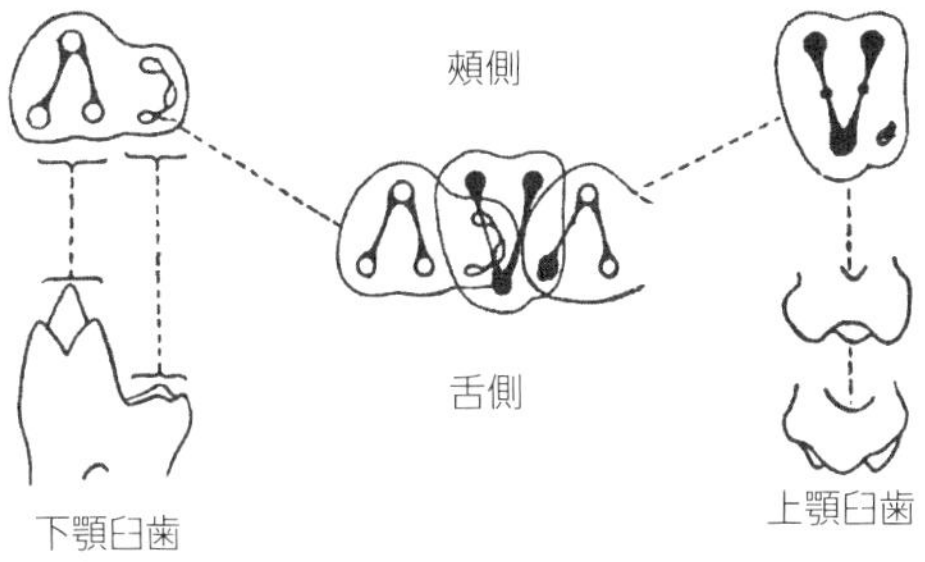

1.2　三結節型臼歯、後には三咬頭臼歯と呼ばれた。A．上顎と下顎の大臼歯の様式化した逆三角形を用いた配置、B．上顎大臼歯と下顎大臼歯の図。ヘンリー・フェアフィールド・オズボーン『Evolution of Mammalian Molar Teeth to and from the Tribosphenic Form（New York: Macmillan, 1907）』を改編。

夜番組の商品情報をたくさん盛り込んだ平均的なコマーシャルで宣伝されるフードプロセッサと互角の競争をできるだろう。だが、それだけではない。下顎の歯には低い棚状構造（shelf）もあり、上顎の歯の内側咬頭と対合するベイスン、つまり受け皿を形成していた。それで食物を噛み砕き、同時に切断もできただろう。三結節の歯は、素晴らしい仕組みの偉業であり、我々の爬虫類型祖先の原始的な円錐形の歯と、それに後続する哺乳類の特殊化した歯とをコープに橋渡しさせることになるミッシング・リンクでもあった。

哺乳類の最初の祖先は円錐形の歯を備えて出現し、その後に小さな咬頭がその前と後ろに付け加わったのだろう、とコープは推測した。時と共に自然は、元の円錐形の歯から、上顎の歯では外側に、下顎の歯では内側にずれるように新しい咬頭を回転するように動かした。その結果、正反対の歯列が互いに逆さまの三角形を構成するようになった。下顎臼歯の後方端に作られた歯の棚状構造は、その結果、出来上がった。コープによれば、この基本形態から現生の哺乳類の歯が出来上がるのは簡単なことだった。稜をまっすぐにし、棚状構造を取り去ると、ネコとイヌの持つ刃のような歯となる。また第四の咬頭を付け加え、三角形を四角形にし、棚状構造を持ち上げれば、ヒトの大臼歯となる。二、三の捻りを加えれば、ウマの歯やウシの歯になる。

コープはその後も着実に、爬虫類の歯の円錐形から祖先的な哺乳類の臼歯を経て、現生の哺乳類が持つ無数の臼歯形態へという進化の道を追跡していった。直感的洞察、そして合理的判断力、さらに化石証拠に基づいて組み立てていった彼の仮説は、見事なものであった。

半世紀以上後に古生物学者のウィリアム・キング・グレゴリーは、次のように書くことになる。「歯牙の進化という課題に関してコープの目を瞠るばかりの洞察は、ただ驚嘆するほかない。彼以後になされてきたすべては、実態としてこの予言の敷衍と確認でしかない」[6]。何の案内図もないまま、困難なジグソーパズルを組み立てていこうとすることを想像してみるがよい。しかも大半のピースは失われており、残ったピースの組み合わせ方も分からないのだ。これは、化石収集より困難だった。そしてコープは、おおむねそれをやり遂げたのである。

彼の進化モデルは、若き同僚で、当時プリンストン大学の比較解剖学の教授だったヘンリー・フェアフィールド・オズボーンによりほどなく確かめられた。オズボーンは、さらに古い恐竜の時代である中生代由来の、より原始的な哺乳類の歯を研究した。この研究でオズボーンは、コープのモデルでは見つけられなかった細部を埋めることができた。現在の古生物学者たちは、コープ＝オズボーンのモデルについて、特にオズボーンによって作り上げられたモデルを基礎としている。何点か細かいところは批判できるけれども、哺乳類の臼歯の起源と進化に関する現代の研究者の見解が、その上に築かれているという事実は変わらないのである。

咀嚼における歯の役割

コープもオズボーンも、化石の歯はその持ち主が生きていた時にどのように機能したのか、そうした歯が使われたのはどんな種類の食物についてなのかという細部の点に、多くの時間を費やして苦労を重ねたわけではない。古生物学の初期の時代は、化石を掘り出すこと、記載すること、そして学名をつけることが主目的だった。その後になって、種を分類し、それらの関係を解明し、時をかけて三結節型臼歯のように特殊な解剖学的形態の進化を追跡する時代となったのだ。しかし臼歯の型の同定と、臼歯が単純な三角錐の形状からどのような発達を遂げ、そこからどのように進化していったかの解明こそ、本書の話の核心である。そうした詳しい作業なくしては、研究者は哺乳類の咀嚼の進化における歯の役割の理解に達することはできなかったし、現生の哺乳類で機能しているように化石の歯が機能した謎の解明もできなかっただろう。

過去に生きていた動物としての化石

ジョージ・ゲイロード・シンプソンは、一九二〇年代にイェール大の大学院生であった時に既に前述したことに直感的に気づいていた。彼の指導教官であるリチャード・スワン・ルルは、そこのピーボディー博物館の新任館長で、オズボーンのかつての弟子だった。学問上の祖父に当たるオズボーンのように、シンプソンも中生代の哺乳類研究を選んだ。ここには、博物館の初代館長である他ならぬオスニエル・マーシュによって化石大戦争中に集められた膨大な中生代哺乳類化石のコレクションがあった。ところが歯や顎の化石の多くは、適切にクリーニングされていたわけではなく、また研究用に整理もされておらず、さらに記載も全くなされていなかった。そこでシンプソンは、それをする仕事を希望したのだ。ルルは、彼の考えに初めのうちは喜ばなかったが、数カ月後にやっとしぶしぶと同意した。そしてシンプソンは、この標本に関する一連のシリーズの論文を書いた。その多くは、彼がまだ大学院生だった時に発表したものである。それは、意外な運命の展開であった。シンプソンはマーシュの集めた化石で研究することによって、コープの遺産の上に業績を挙げたのである！

一連の論文のうち四番目のものは、特に重要だった。シンプソンは、化石を観察する全く新しい方法を取り入れた。彼自身の言葉を借りれば、それは「壊れた骨の破片としてではなく、肉が付き、そこを血が流れている存在として、かなり古く、ずっと前に絶滅してしまった哺乳類のグループを考察しようという試み」[7]であった。このアプローチは、現代の古生物学者にはごく当たり前のように思える。化石は、結局のところ、過去に暮らしていた動物の歯であり、骨なのである。生物学の原理を適用することによる以外、他にどのようにしたら彼らを理解できるだろうか。それなりに当時の大半の古生物学者は、化石をかつて生きていた生命体として考えていなかった。事実、ピーボディー博物館のルルの前任者であり、イェール大学教授のチャールズ・シュチャートにより「*paleobiology*」という言葉が作られてから、まだたった二、三年しかたっていなかった。[8]おそらくシンプソンは、彼に影響されていたのだ。

いずれにせよシンプソンは、上顎の歯と下顎の歯がどのように噛み合わさり、咀嚼の間、どのように動くのかを解明するために、歯の形状と咬耗面《こうもう》に残された細かい傷の方向を研究に使った。彼は自分が研究する動物である多丘歯類《たきゅうし》（multituberculates）というグループを現生種と比較した。

現生の動物には多丘歯類のような種は全く生き残っていなかった。多丘歯類の臼歯は、歯の前方から後方に、二列ないし三列のそれぞれ最大八つまで咬頭を持っていた。ところが彼らは、オーストラリアのネズミカンガルーのそれに似た、切っ先のような、（ステーキナイフの刃先のような）鋸《きょ》歯《し》状の小臼歯を持っていた。そこでシンプソンは、生きている時の多丘歯類はネズミカンガルーのように、奥歯を硬い植物を磨り潰すのに使ったに違いない、と想像した。彼らの大臼歯に残された咬耗によるひっかいたような傷跡のパターンは、噛む間、下顎歯の咬頭列が上顎歯の咬頭の列の間で前方から後方へ滑っていたことを示していた。これらの歯は、繊維質の多い植物を磨り潰すのに優れたフライス盤となっていた。何しろこの系統は一億年以上も続いたのだから、それらの歯はうまく機能もしたに違いないのだ。だから多丘歯類は、ほぼその時代の間、彼らを取り巻いた景観の支配者だった。

シンプソンは、Ph.D取得の研究を終えると、ロンドンの大英博物館やヨーロッパ中の自然史標本収蔵地で一年間、中生代哺乳類の研究生活を送った。一九二七年に彼はアメリカに戻ると、ニューヨーク市のアメリカ自然史博物館のポストを得た。彼の学問上の祖父に当たるヘンリー・フェアフィールド・オズボーンは、その時、自然史博物館の館長だった。シンプソンは、そこで数年間、歯の形態と機能について自分の考えを発展させた。一九三三年に発表した論文『ジュラ紀の哺乳類の古生物学』で、彼は自らの考えを詳細に明らかにした。シンプソンは、後年、二〇世紀で最も影響力のある古生物学者になったが、私個人にとってはこの論文が彼のほぼ四〇〇編もの学術論文の中でも最も重要なものとなった。彼は次のように書いている。「歯牙形態の変化は、それ自体は哺乳類の進化を考察する際に重要な点ではない。言うまでもなくそれら哺乳類は、生きていた動物である。そして歯は、無機質な器官ではなく、栄養物を獲得し、利用するための道具なのである」とし、さらにこう続けている。「課題に対するこの古生物学的アプローチは、それに生命を吹き込み、歯の研究に真の意味を与えるのだ[9]」。

一九三三年の論文で、シンプソンは歯がどのように機能するかを古生物学者が理解するうえでの基礎を築いた。そこで彼は、咀嚼とは顎の動きと歯の形態の所産であり、垂直方向の運動と水平方向の運動、そして反対の稜を持つ歯を咬頭とベイスン（受け皿）を持つ歯と区別することを初めて説得力をもって理論化した。彼は、互いにスライドする稜の垂直方向の動きを「切断（*shearing*）」、ベイスンを横切る稜の水平の動きを「磨り潰し（*grinding*）」、ベイスンへの咬頭の垂直方向の動きを「差し向かい（*opposition*）」と呼んだ。それから彼は、様々な食性にこれらの噛み合わせ型（*occlusion type*）――シンプソンの呼称である――のそれぞれを関連づけた。すなわち切断は肉食と、磨り潰しは草食と、差し向かいはその二つの組み合わせが雑食と関連するのだという。素直に言うと、シンプソンのモデルは、これよりもちょっとばかり複雑だったが、重要なメッセージは単純だ。つまり歯は、咀嚼の案内役であるという。したがって古生物学者は、化石の歯の形態を過去に生きた哺乳類がどのように咀嚼したか、そして何を食べたかを解くのに利用できるのである。研究者たちは、それ以来ずっと細部の調査に力を注いだ。

シンプソンは、「三結節」に代わる「トリボスフェニック（*tribosphenic*）」という用語も作った。新しい名称は、三つの小瘤、すなわち結節があるという意味で、単に歯の形状を記録するだけでなく、その機能についての考察へと研究法を変えるということを強調するものとなった。「*tribosphenic*」の「*Tribein*」とは、ギリシャ語で「擦ること、磨り潰すこと、叩き潰すこと」ということを表し、「*sphen*」は「楔」という意味だ。「tribo-」は、シンプソンがコープの上顎歯三角形の内側咬頭と下顎歯後ろの棚状構造との間でのすり鉢と乳棒のようだと記述した動きを表していた。また「sphenic」は、対合する刃の間で切断するために下顎歯のそれぞれの三角形が上顎歯の間に楔のように収まる仕方を表していた。それはまことに多用途な道具であった。一つの歯で切断、破砕、磨り潰しを行っていたからだ。彼より先人であるコープとオズボーンのように、トリボスフェニック型臼歯を全現生哺乳類の歯が生じた「共通項（公分母）、開始点」と認識した。

シンプソンと同時代の研究者たちは、上下の対合する歯が正確にどのように噛み合うのかを解明すべく、化石歯の摩耗した面を合致させる作業を何年も行っていた。彼らは、摩耗した面に見られるひっかき傷の方向や顎関節の可動性、さらに歯の動きを復元するために咀嚼筋付着面が頭蓋のどこにあったのかを考究した。

続く二十年間に研究者たちは、ますます多くの化石種を観察した。研究者の中には最古の哺乳類の爬虫類型祖先に舞い戻っていく者もいたし、一方では現生の哺乳類へと向かう個々の系統を追跡することに突き進んだ者たちもいた。哺乳類の歯の進化史が具体化し始め、古生物学者たちは、系統内や系統間で時代と共に咀嚼と食性がどのように変化していったかをあれこれ推測した。しかし誰もが同じ解に達したわけではなかった。研究者たちは、その時点ではでき得る限りの手法をとっていた。必要だったのは、歯はどのように組み合わさるのか、咀嚼中の歯それぞれの相対的な動きがどんなものかについてこれまで以上に理解することであった。だが実際には誰も、現生の動物が咀嚼の間にどのように食物を噛み砕いているのかを記録した者はいなかった。もちろん、言うのはたやすいが、咀嚼中の頬、口唇、舌を記録するのは簡単なことではなかったのだ。

化石と現生哺乳類との間のギャップに橋を架ける

化石と現生の哺乳類間に横たわるギャップに橋を架けるには、その必要性を認識している古生物学者と、技量と要領のよさを備えた実験生物学者との間の協力関係を築くことだろう。ファズ・クロンプトンは、一九五〇年代前半にケンブリッジ大学でPh.D取得のため、中生代前期の哺乳類型爬虫類を研究していた。彼は一九五四年に生まれ故郷の南アフリカに帰り、その後の十年間、初めはブルームフォンテインの、その後はケープタウンの博物館で哺乳類の顎と歯の起源と進化を研究して過ごした。彼は一九六四年、イェール大学ピーボディー博物館の館長に招かれ、ニューヘイヴンに赴く途中、ロンドンに一時立ち寄った。ロンドンでの短期滞在は、クロンプトンの研究歴のうえで、また歯の働きについての現代の古生物学者の理解にとっても、彼のその後を決定づける重要な時間となった。

クロンプトンは、噂に聞いていたカレン・ヒーマエ（Karen Hiiemae）という女性研究者を訪ねようとしていた。当時、彼女はセント・トーマス病院付属医学校の大学院生だった。エックス線動画を利用する先駆者であり、それによりラットの顎の動きを研究していた。ならば、歯はどうか。この新技術は、咀嚼中の動いている歯を観察するのに使えるのではないか。もし使えるなら、咀嚼中に対合歯がどのように協調行動するかを正確に観察できるかもしれないではないか。これは、シンプソンの業績を基にして、歯の形態が及ぼす効果と摩耗面がどのように出来るかの解明に向けて、さらに研究を進めるうえでの最良の手法になり得るだろう。クロンプトンは、ヒーマエとの面会の手配をした。それから二人は、その後四十年にもわたることになる共同研究を始めた。一九六七年、二人はピーボディー博物館の地下室に初期の動画用エックス線カメラを設置し、熱心に動物が咀嚼するのを観察し始めた。

最初は、原始的外観をした哺乳類で、どことなくネズミに似ていて、大きさはほぼ家猫大のオポッサムを対象にした。オポッサムは、アメリカ産の有袋類で、その分布範囲は西半球の大半に及び、ベリーやナッツから昆虫、さらに小型脊椎動物まで、口に入れられる物なら何でも食べる雑食動物だ。コープとシンプソンも、クロンプトンとヒーマエよりだいぶ前にオポッサムが現生哺乳類の祖先に当たると記載したものと酷似した基礎的なトリボスフェニック型臼歯を有していることを認識していた。つまりこの動物は、ある意味で生きた化石であり、哺乳類の歯の機能の研究にとって非の打ち所のない出発点となるのだ。もしクロンプトンとヒーマエがオポッサムの咀嚼を観察し、歯の形状を顎の動きと関連づけられていれば、初期哺乳類の臼歯がどのような役割を担ったかが理解できただろう。そこから、オポッサムよりも特殊化した歯が顎の動きとどのように関連するのかを解明し、最終的には哺乳類の臼歯の様々なタイプの進化を究明するまでは短い行程のはずであった。

クロンプトンとヒーマエは、オポッサムが歯を二つのやり方で使っていることを知った。オポッサムはまず尖った咬頭の先端で食物に穴を開け、押し潰すことで、食物を軟らかくドロドロにする。その後に咬頭の斜面上に形成された稜の間で食物を薄切りにするのである。下顎歯の稜は横から見るとΛ字状を、上顎歯は同じくV字状をしていて、そのため対合歯が互いに横切る時、歯の刃は先細りの菱形の壁を形成し、それらの間の食物はしっかりと捕捉され、広がらずに薄切りにされる。それは一種の両刃の葉巻カッターのようであった。多数のカット用の平面と鋭く穿孔可能な咬頭が、雑多な食物を処理できるオポッサムの素晴らしい汎用性道具となっているのだ。

動画用エックス線の研究により、数十年前にコープ、オズボーン、そしてシンプソンが推測したように、トリボスフェニック型臼歯はそれよりも特殊化した歯の多くの種類にとっての偉大なる出発点であることが明らかになった。例えばイヌとネコは、彼らの祖先の口中にあった多数の小さな切断面を、今は少数で大型の切断面にまとめている。彼らはそれで、噛み切りにくい動物の組織を薄切りにすることに自らの努力を集中させているのだ。クロンプトンとヒーマエは、上顎の最後方小臼歯と下顎の第一大臼歯に前後に走る長くて鋭い刃を備えたヤマネコを例示した。この裂肉歯によって肉食獣は、肉の大きな塊をたった一噛みで切断できる。咀嚼の間、左右方向の動きはほとんどない。トリボスフェニック型臼歯で見たように、この刃は歯の横方向にではなく、長軸方向に走っているからだ。この装置は、まさにギロチンのように上下に働くのだ。

草食獣の臼歯も、トリボスフェニック型臼歯から進化した。だが肉食獣とは別の方向に、である。肉食獣は、食物の薄切りだけを必要とし、そうやって飲み込めるように小さくする。しかし噛み切りにくく、繊維質である植物体は、消化のために腸に到達する前に小さく切らなければならない。裂肉歯は、植物を切りはしない。クロンプトンとヒーマエがある論文で述べたように、草の葉を食べようとするイヌを観察してみればよい。そうすると、それがよく分かるだろう。草食獣は通常、幅広く平らな噛むための面を備えた四辺形をした歯を持っている。小さな咬頭が連なった低い稜の列で、植物を切る。それには洗濯板か、書類を詰め込んで表面の隆起した部分がデコボコのファイルを想像すればよい。植物は、対合歯の間で磨り潰される。その時、下顎歯は上顎歯に沿って稜の長軸の正反対の方向に滑るように動いている。ウシもヒツジも、歯の稜は前から後ろに走っていて、だから彼らは左右方向に草をもごもご噛んでいる。また多くの齧歯類は、歯の稜は歯冠の上を横方向に走っている。だから咀嚼は、前後方向である。それが同じ基本的考えだ。読者には、いろいろと想像してみてほしい。

霊長類が画面に登場

オポッサム、ヤマネコ、ウシ、ヒツジ、そして齧歯類は、重要である。だが本書は、ヒトを扱う。

結局のところ、ヒトの歯がどのように進化してきたかに関心を持つなら、やはり霊長類がどのように咀嚼しているか、種間の歯の形態の微妙な違いがどのように食性に関係しているかを知らなければならない。ヒトに最も近い現生の類縁者たちは、原始的なトリボスフェニック型臼歯も、刃のような裂肉歯も、複雑な挽き臼状の歯も持っていない。旧世界ザルも類人猿も、各臼歯に四つか五つの咬頭を持った単純で、長方形の歯冠を有している。その咬頭は、鈍く、丸いという種もあれば、他方では鋭く、先が尖っている種もいる。稜は、歯冠の舌側と頬側の両方に、咬頭の上を前から後ろへ走っている。そしてベイスン（受け皿）は、稜の間に咬頭に囲まれて形成されることがある。

それを詳しく解明する仕事は、一九七〇年代前半にもう一人のイェール大学の大学院生リッチ・ケイの手でなされた。ケイは、シンプソンの遺産の上で研究を始めることに関心を持たず、ましてやファズ・クロンプトンと連携して研究することもなかった。実際のところクロンプトンは、ケイがイェール大学に入ってくる前に同大を離れ、別のピーボディー博物館にいた。すなわちハーヴァード大学のピーボディー博物館の館長になっていたのだ。

イェール大に入ってきた時、ケイは、エジプトの西部砂漠の採石場から発見された霊長類化石を相手に研究しようという考えを持っていた。だがロバート・バーンズ［一八世紀のスコットランドの国民的詩人］の詩になぞらえれば、「『二十日鼠と人間』というよく練られた計画であっても、うまくいかないのはよくあることだ」。ケイがニューヘイヴンにやってきた直後に、イェール大の野外調査隊の一部の隊員がうっかりしてエジプト軍のキャンプに迷い込んだ。しかもそれはアラブ－イスラエル間の六日戦争

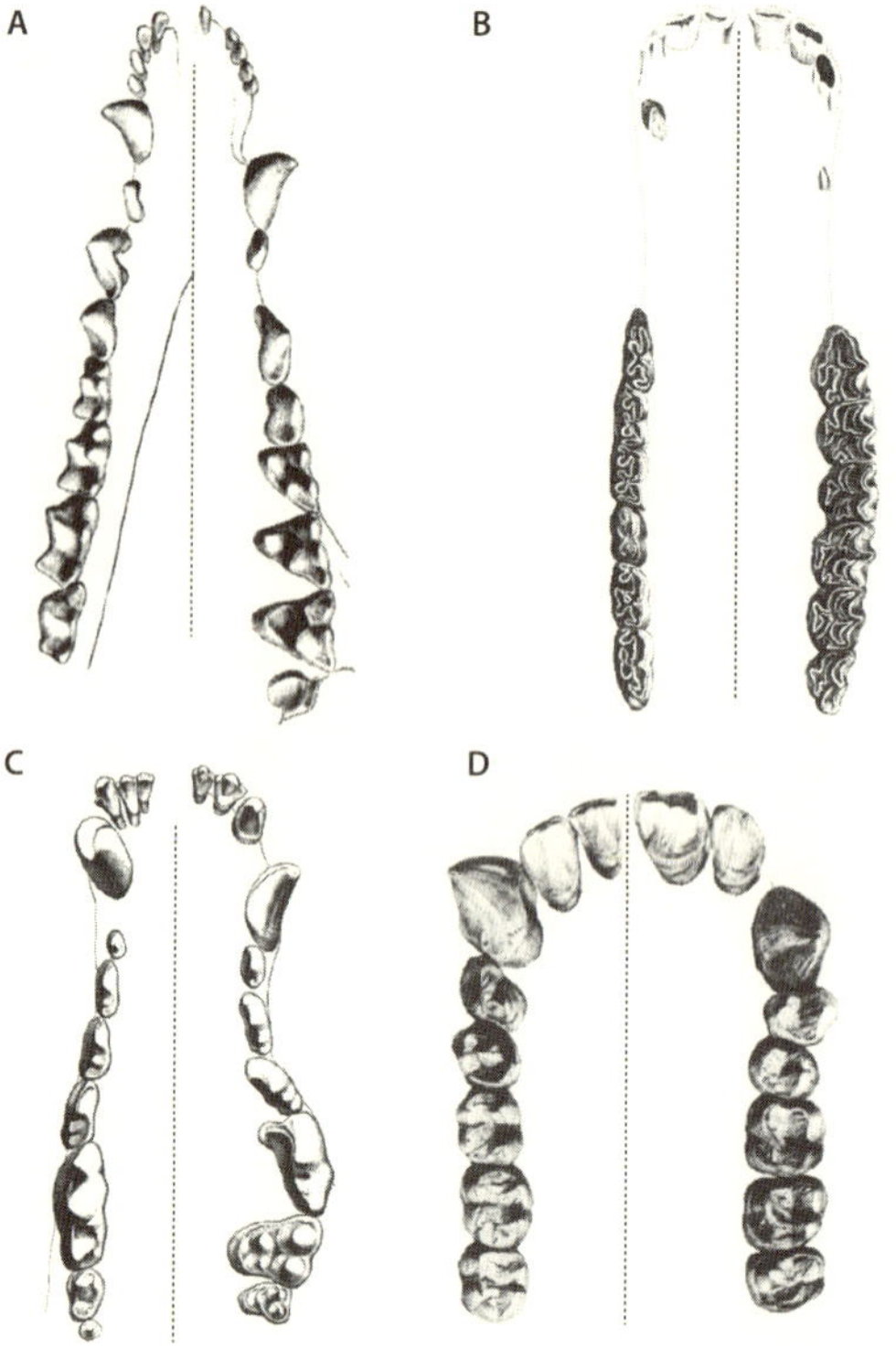

1.3　哺乳類の歯。上顎（右側）と下顎（左側）の歯列。A．雑食性動物（オポッサム）、B．草食動物（ウマ）、C．肉食動物（オオカミ）、D．果実食動物（チンパンジー）。クリストフ・ジーベル『Odontographie: Vergleischende Darstellung des Zahnsystemes der Lebenden und Fossilen Wirbelthiere (Leipzig: Verlag von Ambrosius Abel, 1855)』（AとC）、リチャード・オーウェン『Odontography（London: Hippolyte Bailliere, 1840）』（BとD）の原図を改編した図。

の後のことだったから、エジプト政府は科学調査のための採石場を閉鎖してしまったのだ。[10] ケイには、新しい研究計画が必要となった。

それは、折良くクロンプトンが哺乳類の咀嚼に関する連続講義をするためにニューヘイヴンに戻った時だった。ケイは、クロンプトンに声をかけられた。ハーヴァード大学に新しくできたクロンプトン研究所に移ってくるように招かれた。すぐに彼は、カレン・ヒーマエと一緒にその研究所で仕事を始めた。二人は数年間のほとんどを、サルが様々な種類の食物を歯で噛み潰し、切断し、磨り潰す様子を観察し、その過程を記録して過ごした。オポッサムでもそうだったが、霊長類も対合歯が互いに横切る時に、前と後ろの咬頭につながる切断用の稜の前縁の間で食物を噛み切っていた。食物は、下顎歯の咬頭が上顎歯のベイスンに押し込まれた時、そしてその逆の場合も同じように、噛み潰された。そして食物は、上下歯の間の圧迫と引き摺りによって磨り潰された。

しかしケイは、霊長類の咀嚼の仕方の方に関心を寄せた。彼は、歯の形と食物との間の関係を知りたいと願った。これが、ハーヴァードでの彼の研究と霊長類化石への興味の間の大きな架け橋となった。古生物学への意味を考えてみよう。それには彼は、切断用の稜の長さと噛み潰しと磨り潰しに使われる歯の広さのように、歯の計測をしなければならなくなるだろう。稜が長くなればなるほど、切断はうまく進む。ベイスンが大きくなればなるほど、噛み潰しも磨り潰しもうまくいく。彼には、食性が既に分かっている霊長類の歯が、それも大量に必要となる。それはやがてイェール、ハーヴァード、さらにアメリカ自然史博物館の膨大な博物館収蔵品の探索へと彼をかき立てることになる。

　自然史博物館の公共のエリアは、剝製のゾウ、恐竜ティラノサウルス・レックス、さらには一〇トンもある隕石などが展示された広大なオープンホールで占められている。だが「関係者以外立ち入り禁止」と書かれた札の掲げられたドアの向こう側には、全く別の世界がある。学芸員たちは、うずたかく積み上げられ、乱雑に散らかされている論文や本で埋まった、狭くて窮屈なオフィスで仕事をしている。彼らの仕事は、膨大な標本群を維持・管理することだ。それで貴重な標本を他ではできないほど少ない労力で保管しておける。ほとんどの来館者は、やって来ても収蔵品の五%も観ない。例えば膨大な量の霊長類頭蓋は、通常はキャビネットの中の棚の上に入れられた小さな箱の中にまとめて保管されている。ほとんどの博物館では、それらは、大きな収蔵室、小さな部屋、さらには部屋の間の廊下に、床から天井まで積み上げられている。学芸員が探せる所ならどこにでも、だ。キャビネットの流れは、訪れて来た研究者が座り、仕事をする使い古されたテーブルに運ばれてきた時だけ途切れる。彼らの後ろの色あせた壁は、一方の華やかな展示ホールとは対照的に寒々としている。

　ケイは、ちっちゃな歯を顕微鏡下で観察しながら、そうしたテーブルで多くの時間を過ごした。数千点もの霊長類の大臼歯上にある切断用の稜、ベイスン、その他の特徴を計測した。その後で彼は、計測データを図化し始めた。水平軸での歯の長さ、垂直軸での稜の長さなどだ。区分は、明瞭だった。葉や昆虫を食べる種は、果実食の種よりも歯の長さに対して相対的に長い切断用の稜を持っており、それはまさに彼が予測していたとおりだった。それはまた、理にかなってもいた。読者が葉を断片に切るとしたら、ナイフを選ぶだろう。決してハンマーではない。もちろん硬くて脆い物を壊そうとしたり、軟らかくて汁気の多い物を切ろうとするなら、別のストーリーもある。だがそれは、もっと後の方で考えよう。

ケイがして来たのは、だいぶ前に絶滅した霊長類の食性を歯の形から推定するため、客観的で定量的な方法を見つけ出して発展させることだった。化石の歯の計測値は、既知の食性の現生種のそれと同じグラフに落とし込める。果実食の現生種と同じような歯と稜の長さを持った化石種は、やはり果実食であった蓋然性は高かった。今では教科書で「切断率解析（*shearing quotient analysis*）」と呼称される彼の手法は、すぐに世界中の古生物学研究室で行われる歯牙計測の標準となり、今日でもなお広く利用されている。

ケイの手法は、今日我々が「ボトム・アップ」、あるいは帰納的推論と呼ぶところの方法である。大半の歴史に関わる科学は、ビーカーで化学物質を混ぜ合わせ、マウスが迷路を探し回っている時にクリップボード上のノートにメモする実験室用白衣を着た研究者が従事するものではない。遠い過去に起こった出来事を実験することはできないからだ。それで期待できるのは、よくても基本的原理と今日でも機能する関係を明らかにし、時を経たとしてもこの原理との関係は変化していないと想定することである。歴史にかかわる科学の目的は、「長い切断用の稜を持つサルは、葉を食べている」といったような仮説を発展させ、検証することだ。このことが過去もいつも正しかったのか、確信は持てないが、現生の霊長類なら観察できるし、それが間違っていることを証明しようとすることは出来る。もし葉食性の霊長類が長い稜を持っていて[11]、どの個体も短い稜を持っていないのだとすれば、そこに何かを感じ取れるだろう。ことに力学上はそのことが理にかなっているのだから。そうやって我々は、現生種に基づいた形と機能の関係についての諸仮説を検証し、それらを排除できないという理由で、形状からの機能の推測が信頼できるのである。

食物破砕での歯の役割

これまで本書では、歯の噛み合い方の観点からの咀嚼に、そして歯の形状の観点からの歯の噛み合い方に焦点を当ててきた。このことは、歯が基本的に咀嚼動作のガイド役として働くことを示している。稜は切断に際し相互に横切るような形状をしている一方、咬頭は破砕のためにベイスン(受け皿)へ押し込めるようになっている。その時、顎の観点からすると歯は基本的に咀嚼というゲームでは受け身のプレーヤーである[12]。

他方で、咀嚼は根本的には食物を噛み砕くことが目的で、顎を動かすことではない。食物の観点でこの過程を観察するなら、歯は決して受け身ではない。それどころか歯は、能動的なプレーヤーである。このことは意味論の問題のように思えるかもしれないが、そうではないことは確かである。食物から始め、歯に戻って考察することは――その逆ではなく――、咀嚼について考えるのとは根本的に違った方法である。歯牙研究者のピーター・ルーカスがこの研究法を導入した時、我々の学問領域の根幹を揺るがせた。ルーカスは、まず原理から始め、咀嚼過程の解明に向けてもっとトップ・ダウン的、すなわち演繹的なアプローチを採用した。彼は、食物破砕の物理法則を用いて仮説を発展させた。この場合、食物を噛み砕くために、歯は「理想化され」ている。「理想化され」た歯は、どのように理想と一致しているかを見るために、モデルを現実世界の歯と比較して、検証されることになる。

ルーカスは、一九七〇年代にロンドン大学の学生として形態人類学の学習を始めた。彼の関心は、歯と人類進化であったが、形態人類学者には欲求不満のようなものを感じていて、人類学者の中にいるよりも物理学者やエンジニアの仲間に入っている方に心地よさを覚えていた。物理学は歯がどのように食物を噛み砕くかを解明するのに役に立つのは確かだし、その知識は化石種の歯の形態からその種の食性を復元するのに応用できるだろう。彼は、霊長類の歯がどのようにして食物を噛み砕いているかについて機械工学の原理を応用した最初の成果である論文で、批判の先頭に立った。[13] そしてロンドンのガイズ・ホスピタルの研究所に入って三年間を過ごし、細部の解明に努めた。

一九八三年、ルーカスは最初の教職をシンガポール国立大学で得た。次の段階は、彼の関心事の化石の歯に、食物の噛み砕きについての新しく得た知識をマッチさせることのはずであった。ところがシンガポールには研究のための化石がなかった。何か他のなすべきことを、見つけねばならなかった。すぐに彼は、その前年にシンガポールに赴任してきていた生態学者のリチャード・コーレットを訪問した。コーレットは、ブキ・ティマ自然保護区の植物について研究していた。同保護区は、キャンパスから車で数分で行ける熱帯雨林の痕跡的な小区画である。ルーカスとコーレットは、意気投合し、餌付けの際に保護区のサルの採餌と歯の記録を取る研究を一緒に始めた。万事、順調にいった。ルーカスは、適切な場所で適切な時に、適切な考え方を備えた人物の助言を得たのである。

彼はその後、食物サンプルを集め、ラボにそれを持ち帰り、その食物がどのように噛み砕かれたのかを解明することになる。採餌行動と食物の噛み砕きを一緒にした研究は革命的で、歯の機能についての古生物学者の考え方を一変させた。

ピーター・ルーカスが野外で研究生活を始めた頃の話に戻ると、研究者は食物の噛み砕き方法を、その物理的特性に従うものと考えていた。ところが噛み砕き力学の確かな基礎がないので、正確にはこれがどのように作用しているのかに関して、大した研究成果は挙がっていなかった。小さく噛み切りにくい食物、粗末で繊維質の多い植物、硬い種子やナッツ——古生物学者たちは食物の記述を、そんなふうに勝手気ままに無造作に書き散らしていた。「硬い (hard)」、「軟らかい (soft)」、「頑丈な (tough)」、「脆い (brittle)」などのような用語は、正確な定義があるから、エンジニアたちは用語が間違って使われたなら激怒するものだ。もっと重要なことに、そうした用語を使うことで、存在していない特定の食物がどのように噛み砕かれたかを分かったかのように示したのだ。また、難しい事項を意味するのにそうした用語を使う研究者では、進歩はたやすくは進まなかった。ルーカスは、古生物学者の多くにこのことを理解させ、その過程で食物の観点から咀嚼を観察し始めるように仕向けたのである。

食物をどのように噛み砕くか

食物を、どのように噛み砕くのだろうか。それは全く単純な疑問だが、これまで大半の古生物学者がほとんど考えもしてこなかったものでもある。それに答えられないなら、実際に歯がどのように機能するかを理解できない。最も単純に言えば、食物破砕の目的は食物に裂け目を入れ、それを広げることだ。詳しく見れば、破砕力学の問題である。ちょっとだけ考えてみよう。選択肢を与えられたとしたら、ほとんどの生物は自分自身を他から食べられないようにするだろう。多肉質の果実のように例外は存在するが、植物も動物も、自らの身を捕食者から守ることに大いに努めている。一部の動物は捕食者から逃げるか、戻って闘うかする。一方で、捕食を免れるように毒を持つように進化したものもある。

有毒にすることで、食われにくくなるから、飲み込まれることはない。少なくとも飲み込むのを難しくできれば、消化されることもない。ここからは、破砕力学の出番である。植物と動物は、砕かれないようなところまで自らの組織を硬くするか、噛み砕きが始まってもそれが広がらないように噛み切りにくくする。硬い食物は噛み切りやすい傾向があり、噛み切りにくい物は堅くないことがあるので、これは、妥協の産物である。例えばクルミを考えてみてほしい。その殻は堅いし、砕き始めるには集中力が必要だ。だがそれは、脆い物でもある。破砕が始まると、簡単に砕けてしまう。その一方、生の肉は噛み切りにくい。表面に穴を開けるにはあまり力が要らないが、実際に反対側まで噛み通すには労力が要る。

しかし食物の噛み砕きとは、単にこれだけのことではない。食物は噛み砕かれる前にどれだけ曲げられているだろうか。どれだけの力で引っ張られているだろうか。食物を伸ばした後、元の形まで反発するのだろうか。固体には、多くの特性がある。いつも単純に形が変わったり戻ったりするわけではない。例えば硬さは、実際には様々な性質の組み合わせである。この用語は実際にはかなり不正確なので、材料科学界の会議で単にそう言っただけで人々の目を剝かせることはできない。しかしその意味を全員が同意できるという点では、この用語は無益ということにはならない。

歯はどのように食物を噛み砕くか

咀嚼の全過程を初めて考える場合、それを直感で理解するのは難しいように思える。食物は、対合歯間で強く圧力を受けることで噛み砕かれる。だがさらに破砕が進むには亀裂が出来て、それが広がることが必要だ。そしてその亀裂には、食物に圧力をかけることではなく、引き裂くことが必要になる。言い換えれば、歯が引っ張り力を生み出すための圧迫の用い方を見出す必要がある。これがどのように出来るかを、一、二、三の例で示そう。例えばクルミ割り器を使ってクルミを圧迫すれば、クルミを割ることが出来る。周りを絞るように圧迫すると殻を曲げ、端に引っ張り力を作り出せる。それを試し、割れる所を観察してみよう。また丸太に楔を打ち込み、それを思いっきり打撃することで、丸太も断ち割れる。楔は、丸太の内部に向けて押し込まれているが、ひび割れの進んだ先で引っ張り力が生まれる。こうした例と他の例から、どのように食物が破砕されるのかが分かる。特別の破砕特性を備えた食物に対し、理想化された歯をデザインするために得られた知識を利用できる。

まずは、ナッツやニンジンのような硬くて脆い食物、パリパリと歯ごたえのある食物の破砕から始めよう。噛んで亀裂が出来はじめても、なかなか広がっていかない。それでも力を集中すればするほど、亀裂は進む。例えば先の鋭い鋲なら、鋭くない物よりもあまり力を必要とせずに木材の中に打ち込める。半球とかドーム状の物は、良いモデルになる。そうした形なら硬い食物との接触点を最小化できるので、顎からの力を集中できる。だが同時に破砕している途中で壊れないように、歯を強化している。多くの歯の咬頭は、そうした物に似ている。対合歯表面に対し、食物を置く台は都合よくできている。特にその場に食物を保持しておくための窪んだ台としては。対合するジグザグ状の咬頭の間の空間であるベイスンは、全く良い役割を果たしている。すり鉢と乳棒を考えてみればよい。

さて次は軟らかいが、腰の強い、すなわち良く噛む必要のある食物、例えばレアのステーキやタフィーについて考えてみよう。噛み始めは、亀裂が起こるわけではないし、広がりもしない。このような食物の場合、鋭い、楔形をしたナイフがうまくいく。これは、切れ目を押し広げるのに必要なエネルギーを最小限にするために、薄くあるべきだ。噛み切りにくい食物は圧迫によって表面を広げがちなので、衝撃のリスクを低減しているから、噛み切るのにあまり引きちぎる必要はない。

対合歯の表面は、理想的にはナイフの刃のようであるべきだが、二つの歯はハサミのようにわずかにすれちがうから、ぶつかるリスクはなく、滑らかに動く。このように自然は、鋭い突起、すなわち隣り合う咬頭を連結する稜を形成することで、ナイフのような刃を作ったのである。

したがって硬い食物を噛み砕くのに理想的な歯は、大きくて球状の咬頭のある歯であり、頑丈で噛み切りにくい食物を切断したり薄切りにしたりするようにデザインされた歯は、長く、薄い、楔のような切縁ということになるだろう。もし読者がこの二つの機能を兼ね備えた歯を持つとすれば、磨り潰しと切り裂きの両機能を備えたシンプソンのトリボスフェニック型臼歯に似た歯となるだろう。それは、それぞれの要素を兼ね備え、幅広い機械的性質で食物を噛むための多目的道具を生み出す。この観点で霊長類の歯を再検討すると、稜と咬頭は、咀嚼運動を導くのに適しているとは言いがたい。それは、むしろ食物を破砕するのに向いている。葉食性の霊長類の持つ長くて鋭い切断用の稜は、切り裂きの広がるのを妨げる腰の強い葉を切り、断片にする楔として役立つ。対照的にナッツなど硬い食物を食べる霊長類の持つ丸っこい咬頭と厚いエナメル質の覆いは、歯を傷めることなく食物にひびを入れるのに必要な力を一点に集中させ、周囲に伝えるのに完璧である。

そう、歯は噛み砕くための道具である。だからといって、歯が咀嚼のためのガイド役ではありえないという意味ではない。ある事は、他の事を排除はしない。ハサミの刃は物を切るが、それは動きも管理するのだ。同じように葉食性の霊長類は、対合する稜を持つ。それは歯が向き合う時、実際に噛み合う。その歯は、横方向に動くのに十分な余裕がないので、粉を挽くように磨り潰すことはできない。だから対合する歯の表面が噛み合う時に、直接ではないとしても、歯が咀嚼の動きに影響を及ぼすことはまず疑問の余地がない。しかし細部での歯と食物の相互作用――噛み切りにくい食物に向いている楔形、硬いが脆い食物に向くドーム状に丸まった歯の表面――が関係しているのも明らかだ。

摩耗痕の役割：名匠彫刻家としての自然

歯の形と機能との関係でこれまでまだ考察してこなかった第三の側面がある。時間、である。咀嚼のガイド役として、噛み砕きの道具として、あるいはその両方として歯を考えるならば、動物の種が食べるために進化させてきた物は何であれ、噛み砕くのに最適な道具を自然は選択するだろう、と我々は想定する。だが、一筋縄ではいかない。歯の摩耗、そして歯の形は、結果として時と共に変化するのだ。これは、形と機能の関係に影響するに違いない。まさにこれが理由で、リッチ・ケイは自らの切断用の稜の研究を摩耗していない歯に限ったのである。

ある種は、別の種よりも鋭い歯を備えてスタートするかもしれないが、生活しているうちに歯が摩耗して表面が平らになる時、何が起こるのだろうか。決まった種類の食物にとって「理想的な」歯の形があるのなら、どのようにして自然は時と共に歯を変化させるという事実に対処するのだろうか。歯は使い始めるやいなや摩耗を始める。そして自然淘汰は、その時点でも止まらない。歯は生涯にわたって使い続けられ、自然は歯の形をデザインする過程でそのことも考慮するはずだ。研究者は自分の研究範囲を摩耗していない歯に限定することは出来るが、そうした歯は化石記録にはとても少ない。その代わり歯の形と機能の話の中で歯の摩耗を考えないとすれば、第一章だけで終わってしまって、我々は、話のいい所を見逃すのだ。

彫刻家としての自然はノミを使って歯を改良して強化し、できるだけ良好な使用状態に保つだろう、と私は述べてきた。我々の遺伝子は、特定の摩耗環境と食性に適応して、特定のやり方で摩滅されるべく運命付けて歯を作ったはずだ。事実、種の中には歯が適切に機能するために歯が摩耗される必要のあるものもいる。多くの齧歯類は、誕生直後からその大臼歯を摩耗させる必要があり、その準備もあるので子宮の中でも自らの歯を磨り減らし始める。齧歯類は、噛み切りにくい植物を磨り潰すのに用いる鋭く研がれた、鋸のようにギザギザの面を備えられるように、摩耗に依存しているのだ。

自然は飛び抜けたエンジニアであり、歯を強化し、それと同時に摩耗に導く素晴らしい方法を考え出してきた。ヒトの歯冠には、二枚の硬い層がある。エナメル質と象牙質である。両方とも強靱で、摩耗に耐える。エナメル質の方が硬く約九七%が無機物だが、象牙質の方は頑丈で、無機物は七〇%だが二〇%はコラーゲンの繊維質も含まれる（人の腱、靱帯、皮膚を思われよ）。同時にその二枚の層は、噛む間に歯が壊されずに食物だけを噛み砕くのに必要な強さと粘り強さを歯に与えている。歯は、その持ち主の生存中に、それこそ何百万回となく繰り返し使われる。[14] それは、歯の形成開始から五億年間で達成されたまことに最高度のデザインである。

　だがこの組織の設計は、歯の強さ以外のことも決める。歯の摩耗も、コントロールしているのだ。それぞれの隅に四本の支柱を持つベッドを想像してみよう。今、支柱の上の大きすぎる厚い天蓋にひだが寄り、ひだは真ん中で下向きに沈むだろう。それが、歯だ。ベッドと支柱は象牙質で、天蓋はエナメル質である。歯が平坦に摩耗していくと、象牙質の突起（支柱）が剝き出しになり、内側が掻き出されて穴ぼこを形成する。象牙質は周りのエナメル質よりも軟らかいからだ。穴の縁は、優れた切断面となる鋭いエッジを形成する。峰の高さ、谷の深さ、その上のエナメル質の覆いの厚みを変化させることにより、自然は歯がどのように摩耗し、その過程でどのようになるかの形を予測しているのだ。

歯を地形として考える

　摩耗で歯の形がどのように変化するかを知ることは、形と機能の関係を理解するにあたって重要なステップとなる。だがこのプロセスを記録するのは、簡単ではない。それは、単なる稜の長さの計測だけではないからだ。私がアーカンソー大学に在職していた一九九〇年代半ば、この問題についての研究を始めた。同大は、成長のカリキュラムのために新しい生物人類学者を雇用しようとしていて、私は職を必要としていた。応募者は、この頃に創設された「高度空間技術研究所（Center for Advanced Spatial Technologies：ＣＡＳＴ）」を自分がどのように利用するかに関する見解を応募書に盛り込むように求められた。同研究所での研究は、ＧＩＳを中心としていた。私は、ＧＩＳのことを調べる必要に迫られた。それは、「地理情報システム」の略語であり、空間での位置により整理された情報を捕らえ、分析し、運用するための当時のホットな新方法だった。都市の成長の方向性や、危機管理インフラ、商業地区を配置するにあたって必要な交通管理のために、道路を整備する最良の方法を知りたければ、ＧＩＳを組み立てればよい。また排水施設、土壌タイプ、地形図の整備された畑で作物を植えるための最高の土地を知りたければ、これもＧＩＳを利用しろ、である。

ＧＩＳについて知れば知るほど、以前に研究されたことがなかった方法で歯の研究に利用できると確信するようになった。アーカンソー大学でのポストに応募した時、私はデューク大学のリッチ・ケイの研究室で化石霊長類の切断用の稜の研究に取り組む研究員だった。したがって歯の形には、私は大いに関心があった。私は歯を地形としてとらえ、すなわち咬頭を山として、裂溝を谷として考え始めていた。ならば、どうしてＧＩＳを歯に対して応用できるよう発展させられないことがあるだろうか。地表面の傾き、傾斜の変化、排水パターンなどの計測値は、そうした地形の機能を良く理解するのに役立つ。だから私は、それを歯科地形学的分析と呼びたい。

当時の歯の大半の研究は、固定された点の間の距離、地表面の地形を比較するものだった。研究者は特定の点と計測値を選んだ。それらは、歯の機能について研究者が理解するのに意味があったからだ。リッチ・ケイの研究する切断率（shearing quotient）は、その好例だった。だが限界があった。表面の点のいくつかの組の間の距離よりも、歯の形の方が意味があるのだ。我々は、我々自身

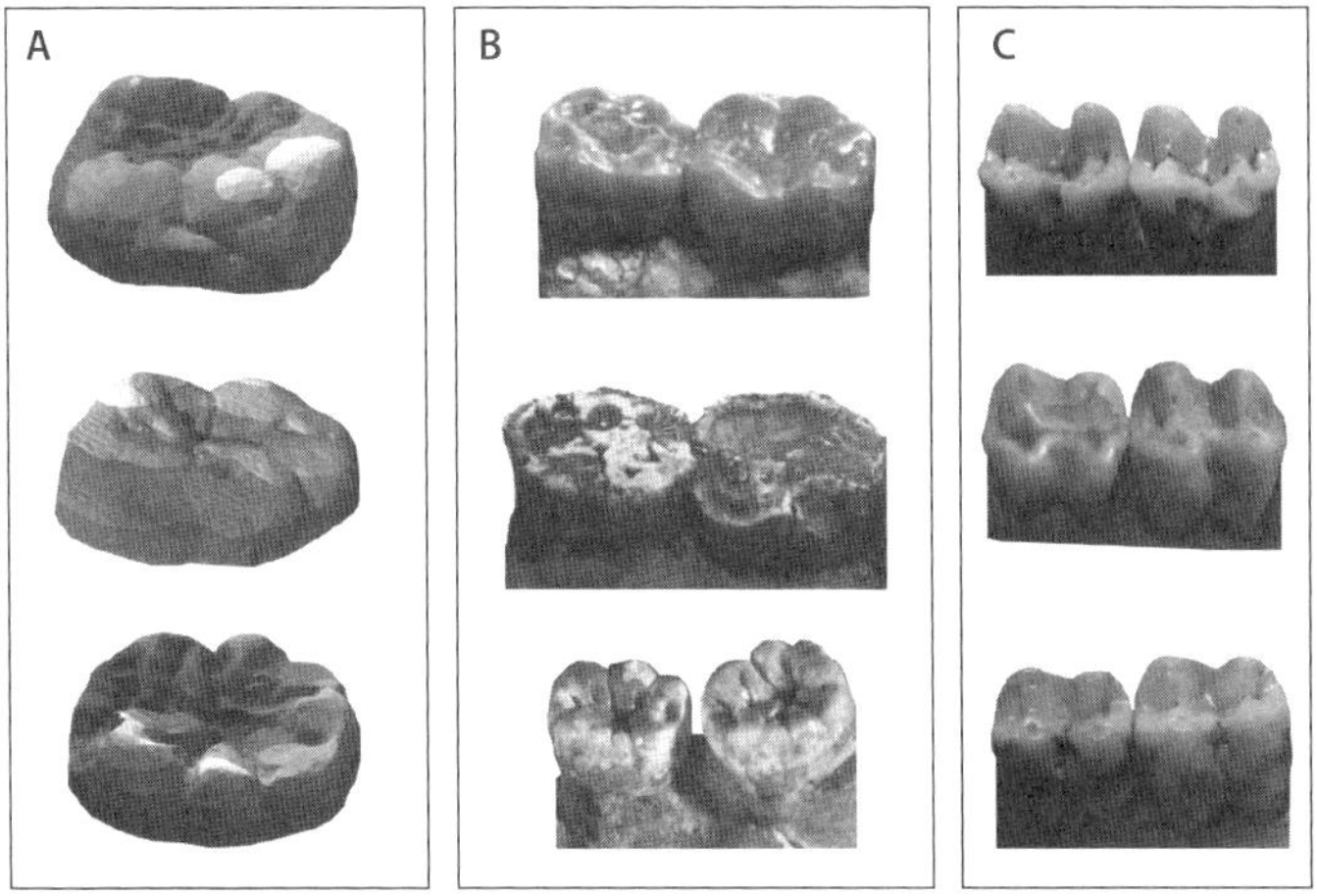

1.4　歯の「地形図」。A．化石ヒト族アウストラロピテクス・アファレンシス、パラントロプス・ボイセイ、ホモ・エレクトスの大臼歯のＧＩＳモデル。B．上と同じ種の大臼歯写真。C．ラングールの大臼歯（上）、果実食のマカクの大臼歯（中央）、堅いナッツなどを食べるマンガベイの大臼歯（下）の写真。

をそうした計測に限定して、重要な細部を失いつつあったのだろうか。

しかしそれよりも大きな問題がある。歯の表面の「地形」は、実際には固定された点ではないのだ。咬頭の先端が摩耗で変化したり消失したりしたら、その間をどのように計測できるのか。目印となるものが動く標的でなかったとしても、種が異なれば計測するのに同じ標的がないかもしれない。例えば類人猿は下顎大臼歯に五つの咬頭を持つが、彼らと隣で生活するサルは四つしか持たない。ＧＩＳモデルは、歯の表面全体を考えることで、目印問題は解決できるかもしれないのだ。我々は、計測するのは歯のどの部分かをあらかじめ決めておく必要がなくなるし、全体像を得たのかどうかでも悩むことがなくなるだろう。また摩耗した歯もそうでない歯も比較できるし、特徴ごとに歯も比べられるだろう。私が取り組める課題がみつかり、意欲がみなぎった。それは、興奮に満ちていた。

私は、小型のデジタルタブレットによる3Dモデリングで研究を始めた。タブレット上の粘土の塊に歯を押し当て、タッチペンの先で型の表面をタッチし、クリックした。クリックをしつつ、型の表面に沿ってペンを動かすと、数百もの点の雲を作れる。もっともそれも、その人の忍耐力と目の鋭さ、手の安定性次第だが。作業はゆっくりとしか進まず、解像度は決して良くはないが、それは費用もあまりかからず、撮った点はGISモデルの中に落とし込める。

次のステップは、迷宮のような場所を行く私を助けてくれる、GISをよく知っている大学院生をリクルートすることだ。地理情報システムの運用が始まりつつあったが、ユーザーに使いやすいソフトウェアとそれを十分に使いこなせる能力のあるパソコンの登場は、まだ何年も先のことだった。我々は、もともとは土地管理と環境計画用にアメリカ陸軍工兵隊によって書かれた扱いにくいコマンドラインに基づいたソフトウェアで研究を進めねばならなかった。それが動かすコンピューター・サーバーとUNIXオペレイティングシステムはもちろんのこと、その舵取りをしていくにも専門性を身につける必要があった。初心者に近い者にとって、それは非常に恐ろしいことだった。CASTとはそういう場所だった。研究所は、地質学教室ビルの地階と一階の五、六室ほどを占めていた。主要研究室は、古いSF映画の管制センターのように見えた。床から天井までコンピューターが塔のように積み上げられ、点滅する照明や大きなモニターでぎっしり埋め尽くされていた。

CASTの施設長は、私を聡明そうな若いGISの専門家のマルコム・ウィリアムソンに引き合わせてくれた。そうやって私たちは一緒に研究作業を始めた。何か他のことをしようと、あることをするための技術の利用を始める時など、フラストレーションをためたり、失敗したりするのはしょっちゅうだ。かなり異なった目的で、お互いに上手に作業をするために作られたハードウェアとソフトウェアを手に入れるのも困難だった。したがって歯の「地形学的」分析の手順は現在では極めて簡単に思えるが、それを開発していく道は、それとはほど遠いものだった。私たちが一つの問題をやっと解決したと思ったら、手に負えそうもない別の問題が現れるかのようだった。

デジタルタブレットは、細かい部分を記録するのに必要な解像度がなかった。そこで私たちは、一平方センチ当たり約十五万もの点を記録できるレーザー・スキャナーを手に入れた。ところがレーザー・ビームは表面を透過するのに適切ではなかった。歯のエナメル質、エポキシ樹脂の模型、さらには着色した模型さえも、透過できなかった。標本を包む最良の方法を見つけ出そうと、数週間も実験を重ねた。薄すぎる、厚すぎる、黒すぎる、明るすぎる、表面にくっつけない、くっつける、みんな試した。この他の欠点もすべて克服し、最高の計測にもってゆくまでに何カ月もかかった。

しかしついに私は、摩耗した歯という難問に集中できるようになった。それには歯が必要だった。何百点もの歯が。摩耗していない歯も、軽く摩耗した歯も、さらにはひどく摩耗した歯も。大きな自然史博物館にしか収蔵されていない歯のコレクションが必要だったのだ。ところが私の使っているレーザー・スキャナーときたら、あまりにもかさばりすぎるうえ、あちこち引きずり回すには壊れやすかった。そしてまた数百点もの霊長類の頭蓋を、借りることもできない。私はレプリカを作る必要があり、それには助けが要った。そこで私は、この面で最も優秀な研究者であり、当時はジョンズ・ホプキンス大学にいたマーク・ティーフォードに支援を依頼した。ティーフォードと私は、何年もかけ、アメリカ、ヨーロッパ、アフリカ、南米の十カ所以上の博物館に出かけ、一緒に霊長類コレクションの試料取りに取り組んだ。

今度はクリーブランドだった。クリーブランド自然史博物館は、チンパンジーとゴリラの頭蓋の素晴らしいコレクションを持っていた。その大半は、二〇世紀初めにカメルーンの南部と東部で活動していた医療使節団によって収集されたものだった。私たちは、一度に六個ずつの顎の骨をテーブルの上に並べ、歯にビニルシリコン樹脂の印象材を塗り始めた。それは、歯科医が歯冠の型を取るために使うベタベタした材料と同じ物で、元の歯の表面をごく細かい部分まで精密に写し取れる。ビニル樹脂ディスクの溝のわずかな起伏・振幅で交響曲を録音できるのだから、歯のごくごく細かい特徴をビニル樹脂印象材に写し取れないはずはないのだ。この材料は、最初は樹液の粘度とほとんど同じだが、いったん固まると簡単に剝がれる。全体のプロセスにかかる時間はたった数分で、研究室に戻って作った型にエポキシ樹脂を注げば、歯の高精細レプリカを製作できる。作ったキャストの歯の表面は、数百倍に拡大しても、元の資料にそっくりに見えた。

私は、別の大学院生のフランシス・ムキエラの助力も得て、さらにチンパンジーとゴリラ数十頭分の歯のスキャンをした。私たちは、葉食性のゴリラの歯は果実食のチンパンジーよりも、急角度のギザギザの咬合面を持つと予測した。確かにそうだった。私たちは、摩耗した歯の表面はさほど摩耗していないか全く摩耗していない歯よりも平坦だと予測した。これも、そのとおりだった。だが事態は、種間の差違は摩耗度の異なる歯でどのように提示されるかの観察を始めた時、俄然興味深いものになった。

チンパンジーとゴリラの歯は、摩耗した歯では未摩耗の歯とほぼ同じ程度に互いに異なっていたのだ。言い換えれば、両者の歯とも、摩耗が続いていく間もその違いを維持していたわけだ。これは、エキサイティングである。これが意味するのは、食性を知るために、摩耗度が同じ段階の標本を比較する限りは摩耗した歯や未摩耗の歯も種間で比較できるということだ。さらに興味深いことに、歯の表面のギザギザは、未摩耗の歯と摩耗した歯との間でもほとんど違わなかった。ただ最も摩耗が進んで表面が真っ平らになった歯だけ、そのエッジを失っていた。ここには、摩耗で変化しなかったと思われる属性があった。摩耗した歯の表面は、平坦になる時、ギザギザを失うと考えられる。だが摩耗が進み、象牙質に達し始めると、エナメル質の鋭いエッジがそれを埋め合わせるのだ。これは、摩耗の代わりに機能性を維持する自然の工夫なのだろうか。

クリーブランド自然史博物館収蔵の類人猿の標本は、自然は摩耗でどのように歯の形を変えるのかをうかがう重要な手がかりを与えてくれたが、博物館の収蔵頭蓋で出来ることには限界がある。資料のそれぞれの個体は、時間においてただ一つの瞬間、すなわち生涯最後の時を表している。私たちは、種の摩耗の経過を学ぶために、未摩耗の歯からひどく摩耗された歯まで一連の標本を一続きに並べられるが、これにはすべての個体は同じように歯を摩耗させると仮定することが必要となる。一方で、その仮定は化石に対して出来るすべてのことだ。それぞれ化石は、事実上、その個体の一生のただ一瞬を切り取ったものだ。他方で、ある種の中の異なる個体が各々の歯を一貫したやり方で摩耗させると明らかにできれば、前向きの多くの自信を持てる。さもなければ私たちは、摩耗に伴う種特異性［ある種のみが共通して持っていて他の種にはない形態や機能の特色］のある形態変化には実のところ賛成できない。私は、マーク・ティーフォードの研究室に戻っていったが、デューク大学のケン・グランダーの所にも行った。

ティーフォードは歯の摩耗の研究のために、一九八〇年代のほとんどを、ケース・ウエスタン・リザーブ大学の生きたサルを飼育する研究所で、生きたサルの高精細の歯のレプリカ製作法開発に費やした。人の患者の場合は、楽だ。歯科医は、患者の歯を清掃し、その後に乾かして、プラスチック製マウスピースで歯を覆う。それは、ビニルシリコン樹脂の印象材で包まれている。数分後に印象材が定着し、マウスピースを取り外す。サルの場合も、それを行う。口を大きく開けさせ、印象材が定着する間、そのままに保たせる。その間、サルを落ち着かせていなければならない。だが麻酔は咀嚼筋を強く食いしばらせることがあり、唾液を垂らさせることもある。ティーフォードは、細部まで複製したレプリカを作成し、一九八九年には次のレベルに取りかかる準備に入った。それは、野生霊長類の歯の摩耗の研究である。

グランダーは、一九七〇年にコスタリカのアシエンダ・ラ・パシフィカでホエザルの調査を始めた。ラ・パシフィカは広さ二〇〇〇ヘクタールの農場とウシの放牧場で、コスタリカのカーニャスの町からパン・アメリカン・ハイウェイを数キロ下った所にある。グランダーは、ホエザルの食性に関心を持っていた。彼らは、新大陸の他のサルよりも多くの葉を食べる。当時の霊長類学者は、樹上の葉食性のサルは食物を制約なく得られると考えていた。ホエザルがしなければならないのは、口を開け、頭を樹冠の周りで動かし、咀嚼を始めることだけだと考えられていたのだ。グランダーは、それは単純すぎると考えたが、それを言うのは困難な時だった。さてここで、食う者と食われる者との進化の軍拡競争を思い出そう。植物は、捕食者から自分の葉を守るために化学物質を産生し、機械的な防護策を備えている。ではホエザルは、どうやってそれに対処しているのか。グランダーは、その後の二十年間の恵まれた期間で、ラ・パシフィカのホエザルを観察し、学ぶ時を過ごした。この時まで、ホエザルが何を、どのようにして食べているかについて、誰もほとんど知らなかった。

ティーフォードとグランダーは、野生霊長類の歯の摩耗に与える食物の影響を記録するため、すぐに共同研究をスタートさせた。二人の協働は完璧な組み合わせであり、ラ・パシフィカは完璧な場所だった。その土地は、一九五〇年代に薬草栽培のため、巨大製薬メーカーのチバガイギー社［現ノバルティス］が購入していた。だがその土地を経営するために派遣された農業技術者のウェルナー・ハグノイアーは、じきにその土地の乾季が長く、また厳しいということに気がついた。薬草栽培の代わりに彼は、ウシの放牧地を立ち上げた。ただ、ウシが草を食む土地を侵食から守るため、防風林として森の小区画を残しておいた。その森の一角には、サルが棲んでいた。サルは、狭いが緑の茂るコロビシ川の岸沿いの帯状雨林にも棲んでおり、ラ・パシフィカを貫くコロビシ川は、白く泡だった急流が轟音をたてていた。ティーフォードとグランダーは、歯の摩耗の研究だけでなく、様々な生息地に棲む動物の比較もできた。

ラ・パシフィカは、学生や私を含むポスドクの世代のためのちょっとした研修地になった。グランダーがサルに吹き矢を射ると、私たちは木から落ちたサルをネットで捕獲した。私たちは捕獲したサルをキャンプに連れて帰ると、ティーフォードが歯の印象を取った。麻酔が切れかかると、私たちはサルを森に返した。ホエザルはサルの中では最も賢いというわけではなく、ほとんどの個体は印象取りの過程を気にしていないようで、幾度もの再捕獲を回避する仕方を理解できなかったようだ。ジュリオとシンディ、ホセとフィオナ、チーフとチャヤ、トリンカとET——毎年、十年間も、グランダーとティーフォードとそのチームは、彼ら古い友達から歯の印象を集めるために雨季と乾季に森に戻った。それは、歯の形状の経年変化を私が研究するのに完璧な資料になった。

私は、プロジェクトにもう一人の大学院生のジョン・デニスの参加を決めた。そしてその結果は、チンパンジーとゴリラに対して発見したことすべてを裏付けた。歯の表面の傾きと凹凸は年と共に減ったが、傾斜度は何年にもわたってほとんどそのままであった。どのサルも、パターンは同じだった。サルが川沿いの深い森に棲もうが、食物を食べる土地を隔てるもっと乾燥した、開けた森に棲もうが、ほとんど関係がなかった。その意味は、明らかだった。ホエザルの歯は、特定のやり方で摩耗されるようになっている。自然は、歯の形状に対してだけでなく、一連の摩耗を通じて形状の変化を導く口内の構造に対しても選択する。私たちは、そのパターンを記録するために、生体であれ化石であれ、様々な個体を利用することができる。

この章の結び

伝えられるところによると、十八〜十九世紀の博物学者ジョルジュ・キュヴィエは、次のように言ったことがあるという。「私にあなたの歯を見せなさい。そうすれば、あなたが誰であるか、私は断言できます」。歯が食性の反映であるなら、その言葉は筋道が通っている。そしてキュヴィエの同時代者であるジャン・アンテルム・ブリア゠サヴァランが提起したように、あなたはあなたが何を食べているかなのだ。だがそれは、重要な疑問も引き起こす。

生物学とは、厄介な課題である。歯と食物の関係は、本当はどれほど密なのだろうか。それについて考えよう。ヒトは、口に合う食物を変えながらなんでも食べるという、信じられないほど融通無碍な食性を持っている。第八章で読者は、カラハリ砂漠の狩猟採集民グウィ・サン族がメロンと根茎類が主の伝統的な食性を持ち、その一方で高緯度極北圏のイヌイットが何カ月も続けてほとんど海獣と魚だけを食べて生きることを目にするだろう。このような食の多彩さは、人間に独特のものなのだろうか。他の動物は、食に制約を受けないのだろうか。それとも口中の歯により制約されるのだろうか。

　この疑問が、古生物学者に非常に重要な意味を持つ新しい領域へとあなた方読者を導いていく。しかしそこにたどり着くためには、歯がどのように機能するかだけでなく、動物はどのように歯を使っているのかを知る必要がある。生物学での形態と機能の関係は、複雑である。化石記録を使って進化の歴史を探究しようとするなら、この複雑さを理解することが決定的に重要である。そのとおり、歯は私たちに過去の種は何を食べて進化してきたのかについて、ちょっとしたことなら教えてくれる可能性がある。だが過去の動物たちは実際には日々、何を食べていたのかを、私たちに教えてくれるのだろうか。時にはイエスであり、時にはノーだ。このことを理解するには、動物たちは自然の生息地で何を食べ、なぜ食べているのかの評価が必要である。

第二章　歯はどのように使われるのか

灯油ランプの灯火の下でフィールドノートに音声筆記する時、私は妻のダイアンに「彼らがそうするなんて思えない」と口述した。ここは、インドネシアのグヌン・レウセル国立公園（Gunung Leuser National Park）に設置された私たちの調査基地、ケタンベだ。私たちはこの熱帯雨林に、つい一週間前に到着したばかりであった。そしてアラス川左岸沿いにパッチ状に残る狭い熱帯雨林に生息するカニクイザルの群れの「アンタラ」の追跡を終わったばかりだった。何ページにもわたる採食行動の観察で記録されたのは、葉っぱ、葉っぱ、そしてまた葉っぱ、だった。ところが彼らの歯は、果実食専門のものだ。彼らの犬歯は大きく、外皮を剝くのに適しているし、臼歯と言えば果肉をどろどろに磨り潰せるように稜は短く、咬頭は丸くなっている。彼らの生物学的な亜科名は、「果実食のサル」でさえある。歯の形態と機能に関して、明らかにこのサルは文献に書かれているのとは違う。

ラボで歯を学ぶことと森という自然界に暮らしている野生霊長類が歯を実際に使っている様子を

観察することとは、全く別のことだった。そのことを私はその晩、理解したのである。そして両方とも重要だ。本章では野外の霊長類学者を訪問し、彼らの研究対象の霊長類は生計を営むために森をどのように利用しているのか、それを研究者たちがどのように観察しているかを見ていくことにしよう。重要なのは、次のことだ。ケタンベに着いた最初の週で私が学んだのは、歯よりも食物選択の方が意味があるということだ。確かに、歯は重要だ。歯は動物たちに、歯がなければ食べることもできない食物を利用できることを保証している。だが霊長類はまた、自分たちの需要を満たしてくれる栄養物を適切に組み合わせることに頭を悩ませ、[1] 競争相手と争い、採食時に捕食者に襲われないようにもしなければならない。さらに、いつ、どこで食物が得られるかという問題もある。食べ物になりそうな物は、持ち帰り用のデリに並ぶ毎日の特売品のように、森に現れてはすぐになくなっているのだ。

第一章で、噛み切りやすい大臼歯を持たない霊長類はより多くの果実を食べ、長い稜を備えた霊長類はより多くの葉を食べる傾向があることを学んだ。だがこのことは、食物選択は歯の形によって必然的に決まることを意味するのだろうか。その関係は、化石霊長類の食性を復元するのに歯を利用してよいほどに密接なものなのだろうか。野生動物の研究は、こうした疑問に向き合うことを始めるのに必要な予備知識をもたらしてくれるだろう。

種特異的な食の適応

ケタンベを訪れる前、私は一年の大半をアメリカとヨーロッパの自然史博物館を訪ねることに充て、サルと類人猿の歯の模型造作りと計測に時間を費やした。そこには二〇世紀前半のスマトラ島北部への科学調査隊の遠征で収集された、多数の霊長類の標本が集まっていた。例えばフィラデルフィア自然科学アカデミーの標本棚には、一九三九年に遠征したジョージ・ヴァンデルビルト調査隊によって集められた標本が詰まっていた。私の目論見は、これらの標本の歯を使い、歯がどのように機能するか、これまでわかっている知識に基づいて歯の利用に関する仮説を作り出すことであり、同じ種の野生個体の採食行動を観察してその仮説を検証することだった。当時、他の大半の研究者たちが推定していたように、霊長類は自らの歯——その種が食べるために進化させてきた歯——に適した種類の食物を探し、食べていると私は推定していた。セントルイスのワシントン大学のボブ・サスマンは、野外霊長類学の始まった前半期からこの考えを支持するチャンピオンだった。彼の考えは、一部はインド洋のマダガスカル島とモーリシャス島での自身の調査から発展させたものだった。

マダガスカルからモーリシャスへ

一九六〇年代後半のデューク大学プロジェクト調査の時、サスマンは大学院生だった。調査されたノースカロライナ州ダーラムでは、刺激的な時期を過ごした。ジョン・ブエットナー＝ジャヌシュが、大半がキツネザルである九十頭ばかりの飼育下の霊長類のコロニーをイェールから広大なデューク森林の調査保護区に移してきた頃だった。しかし欠けていたのは、自然の居住地にいるキツネザルの大半の種に関する生態学的な基本情報だった。彼らキツネザルは、野生の森で生計を得るためにどのように森を使っていたのか。ブエットナー＝ジャヌシュは、サスマンをたきつけ、マダガスカル島に行き、詳細を明らかにするための協力をしてくれるように頼んだ。サスマンは、一九六九年に初めて同島を訪れた。[2]

マダガスカル島は、赤道の南のインド洋に浮かび、モザンビークの東岸から約四〇〇キロに位置する。同島は世界で最も大きい島の一つであり〔世界最大の島はグリーンランド〕、南北約一六〇〇キロ、東西約四八〇キロもある。島には、砂漠から草原、そして熱帯雨林にまで及ぶ多様な環境がある。ここで調査する生態学者にとって、島は謎めいた所である。マダガスカル島は、恐竜の時代にアフリカ大陸から切り離され、今日でもマダガスカル島と隣接する小さな島々にしかいない数千種もの植物と動物がいる。キツネザルは、そうした固有種の一つのグループである。

ガラパゴス諸島のフィンチがそうであるように、マダガスカル島でそれに該当するのはキツネザルである。マダガスカル島がアフリカ大陸から切り離されて以後の一億年の間に、アフリカ大陸から霊長類が漂着した。マダガスカルには大陸に生息しているような大型の陸棲肉食動物も草食動物もいなかった。さらにこの島には、キツネザルが競合しなければならなかった類人猿も他のサルさえいなかった。それは、霊長類の進化にとって完璧にお膳立てされた自然の実験だった。そしてキツネザルは、期待を裏切らなかった。今日、このグループは百種以上に分化し、どこか一カ所だけとっても十種以上のキツネザルが見つかっている。

このことが、初期の霊長類学者たちに難問を突きつけた。同じ食資源を争う二種以上のキツネザルの種がどうして共存できたのだろうか。進化理論に従えば、最も適応した一種だけが他の種を打ち負かすはずだ。さほどに「適応」していない種は、他の食資源を探して退くか、絶滅に直面させられるのだ。これほど多くの密接な関係のある、似たような霊長類種が、同じ時に同じ場所で、どのようにして一緒に暮らしていられたのか。サスマンは、その答えが欲しかった。その意味でマダガスカル島は、その答えを見つける最適の場所だった。

ブエットナー=ジャヌシュの携えてきた捕獲霊長類の研究をしていたアリソン・ジョリーは――二人はその時、まだイェール大学にいた――、マダガスカルでキツネザルの生態を記録した最初の研究者の一人だった。彼女は一九六三年に、島の南端にあるベレンティー私設保護区で調査を始めた。既に彼女はその後も影響力を持つ書物『キツネザルの行動：マダガスカルの野外研究』[3]を出版していた――その時、サスマンも調査を始めた――。この本の中で彼女は、一頭だけになったブラウンキツネザルを養育していたワオキツネザルの群れのことを記述していた。ブラウンキツネザルは、マダガスカル島北部に分布し、ベレンティーの固有種ではなかった。この一頭は約八〇キロも遠くで捕らえられ、ベレンティー地域に連れてこられ、その後に囚われている場所から逃げ出し、ワオキツネザルの群れに加わったのである。ブラウンキツネザルは、ワオキツネザルと一緒に眠り、一緒に移動し、一緒に採食した。ではこの二種の行動は、二種の生息域が重なり合う場所で同じ食物を食べていたかもしれないことを意味していたのだろうか。ワオキツネザルと一緒に行動する際の競合の効果はもちろん、誰もブラウンキツネザルの食性を野外で詳しく記録していた者はいなかった。サスマンはその機会をつかみ、キツネザルの生態に関する知識全体が大きくなっていくのに与った。そして同時に、同じ体のサイズと形態を持った密接な関係のある二種の霊長類種がどのように森の食資源を分け合い、平和的に共存しているかを学んだのだ。

ボブ・サスマンと妻のリンダは、地図にも載っていない南西部の低地森林に向かい、そこに自分たち自身の調査キャンプを立ち上げた。二人は、二カ所のパッチ状の森を見つけた。まずトンゴバトだが、そこにはブラウンキツネザルはいたが、ワオキツネザルはいなかった。そしてアントセラナノンビーには両方がいた。計画は、複雑になった。サスマンは、両方の森でブラウンキツネザルを調査し、競合の影響を調べるために彼らの食性をワオキツネザルのものと比較することになった。彼は、ベレンティーでワオキツネザルも調査する。そこで両者がどのように違うかを観察するためだ。今一度言うが、そこにはブラウンキツネザルの群れはいない。三つの森は、非常に良く似ていた。特にトンゴバトとアントセラナノンビーは、そうだった。それもそのはずで二つの森は、耕作地によってほんの数キロ隔てられているだけで、そこは放棄されて荒れた植生になっていた。ベレンティーには、西部には見られない数種の巨大な木が生えていた。しかし三つの森すべての林冠は、タマリンドの木が見下ろしていた。マメ科のこの木はたくさんの鞘の実をならせ、その豆は今日では世界中で多くの食材に利用されている。読者は、ウースターソースの独特の香りからタマリンドに接しているはずだ。キツネザルも、タマリンドの実を食べる。同時に季節次第だが、タマリンドの葉、花、樹皮も食べる。調査計画は、乾季にアントセラナノンビーの森で、雨季にはトンゴバトとベレンティーで調査するという形で組み立てられた。その方がサスマンには、二種のキツネザルが一緒に棲む森と別々に棲む森との間だけでなく、乾季と雨季の季節間の二種の食物を比較できるからだ。

一九六九年と七〇年の数カ月間の調査の後、彼は一つの成果を得た。その二種の食物は、重複していたのだ。両種とも果実、葉、花、樹皮を食べていた。だがそれでもブラウンキツネザルは、ワオキツネザルよりも主に葉の方を食べ、ワオキツネザルはブラウンキツネザルよりも多くの果実を消費し、しかもたくさんの数の植物を食べた。[4] ワオキツネザルは、毎日、約〇・八キロを移動し、垂直移動範囲は林冠から地上にまで及んだ。それに対してブラウンキツネザルは、九〇メートルほどしか動かず、主に林冠に留まっていた。こうした違いは、二種の食性という点で辻褄が合うし、森の場所の間と季節間の違いで矛盾しなかった。まさに同じ食物が所定の時期、場所で利用できるか否かにかかわらず。言い換えればキツネザルは、彼らが採食している場所、時期、他のどの種と共存しているかといったことにかかわらず、彼らの順応した多様な食物を探し、食べていたのだ。このことが、二種のキツネザルが一緒にいる森の食料を分け合うことを可能にした。

2.1　ワオキツネザルは多様な生態的環境で暮らす。写真はロバート・サスマンの提供。

だがそれでは完全に異なる環境に暮らす霊長類ではどうなのだろうか。彼らは、その環境に特有の種類の食物を探して食べるのだろうか。サスマンはキツネザル調査の後に、マダガスカル島の七二〇キロばかり東方にある美しい熱帯の島であるモーリシャス島のマカクの調査を行った。当初、彼はモーリシャス島で調査をする意図はなかった。パリからマダガスカルの首都、アンタナナリボへの搭乗便が欠航となった一九七七年、サスマンはアンタナナリボに向かう途上にあった。妻、それに同僚でアメリカ自然史博物館の人類学者イアン・タッターソールと一緒だった。サスマンは、モーリシャス島からアンタナナリボへのフライト便に乗れるかもしれないと考え、モーリシャス行きへ経路変更をしようとした。だがマダガスカルはリシャール・ラツィマンドラヴァ大統領の暗殺と社会主義新政権を打ち立てた軍のクーデターの結果、なお動揺中だった。食料やその他の生活必需品の欠乏で、アンタナナリボではデモが続いていた。マダガスカルに行く手段は全くなかった。

どうしたら、この調査旅行の危機を救えるだろうか。モーリシャス島には、調査が可能なキツネザルも別の固有種霊長類もいない。だが移入種のサルであるカニクイザルはいた。カニクイザルは、四五〇年前頃、ヨーロッパ人航海者によりインドネシアからこの島に連れてこられて、数万頭にまで個体数を増やしていた。これは、興味深いプロジェクトを始められるかもしれなかった。サスマンは、その夏をカニクイザル個体群の調査で過ごし、二年後には人の手の入らない森に棲む群れと荒れ果てたサバンナの群れという群れごとの食性を比較するためにモーリシャスに戻った。

ブラウンキツネザルとワオキツネザルとまさに同じように、カニクイザル個体群は生息地が異なっても似たような食性をしていた。食べる植物種の多様さにおいても様々な植物可食部の比率についても似ていた。しかしここのカニクイザルの場合、彼らはかなり異なる環境で暮らしていた。アクセスできる食物の種類は、相当に違っていたのだ。事実、モーリシャスのカニクイザルは、先祖の棲んでいた東南アジアの森から数千キロも離れた島で、父祖の地と似たような食物を食べていた。

マダガスカル島での先行した調査と共に、この調査からサスマンは、霊長類が「種特異的な食の適応」と彼が名付けた適応形態を持っているという結論に行き着いた。彼らの食物の好みは、その祖先が食べるために進化させた、食物を獲得してそれを消化するのに有利な歯と腸に左右されていた。これが、一緒に暮らす異なる霊長類種が、同じ食物を利用可能であるにもかかわらず食性が異なる理由なのであり、同時に、異なる環境に暮らす同一種の個体群が異なった食資源を利用可能であるのに、似たような食物を探し回る理由である。サスマンにすれば、食性とはなによりもまずその祖先から受け継いだ歯と消化器官の適応に関係していたのだ。それは、進化の遺産というものだった。

サスマンの調査結果は、古生物学者の耳にはまるで心地よい音楽のようだった。それらの結果は、化石の歯に基づいて食性を復元するのにとびきりの信頼性をもたらした。我々は、過去の霊長類が食べることのできた食物を細かくは推定できないし、競争相手によってどのように森の食資源を共有するよう強いられたのかも正確には分からない。だがもしサスマンの調査したキツネザルとカニクイザルから考えれば、ともかくも歯は食性の非常に良い目安になるはずだ。これは、リッチ・ケイの食物を切断する稜の長さと噛み砕き面積の研究とも辻褄が合う（第一章参照）。葉を食べる動物に分類される霊長類は、果実食動物よりも長い稜と狭い噛み砕き面積を持つ傾向のあることを思い出してほしい。

自然は単純ではない

とはいえ、所与の歯の形態を備えた現生霊長類が特定の種類の食物を食べる傾向があると実証されたことと、歯の形と機能の関係が所与の化石種の食性を復元するのに使えるだけ十分に強いものであると確信できることとは全く別だ。ライターのリチャード・プレストンは著書『ホット・ゾーン（*The Hot Zone*）』[5]で、「生物学では明らかなことは何一つない。万事が込み入りすぎており、すべてが混乱であり、何かを知りたいと考えた時も、ベールを一枚ずつ剝がし、その下のより深い複雑さを探すのだ」。確かに葉食性の霊長類は、現在、密接に関係のある果実食のサルより長い切断用の稜を持つ傾向がある。だが化石霊長類が果実を食べていたのかそれとも葉を食べていたのかを判断するために稜の長さを用いるとして、その関係は十分に密接なものなのか、どのようにして知ることが出来るだろうか。

一つのアプローチは、ある特定の現生霊長類を化石とみなし、歯の形に基づいてその霊長類の食性を推定し、「復元された」食性と実際の食性がどれだけ一致するかを調べることだ。例えば我々は、ブラウンキツネザルとワオキツネザルを見ることが出来る。リッチ・ケイ、ボブ・サスマン、イアン・タッターソールは、一九七〇年代後半にまさにそれをやった。驚いたことにこの二種は、かなり似通った歯を持っているのだ。この二種を化石記録で観察すれば、我々は二種は同じ食性を持っていたと推定するだろう。私が推測するに、三人は二種が同一の食物を食べているとはとうてい考えないはずだ。ところがブラウンキツネザルはワオキツネザルよりもたくさんの葉を食べ、後者は前者よりも多くの果実を食べている。両者の切断用の稜の長さは同じという事実があるにもかかわらずだ。

このように歯と食性の関係は、結局のところ、それほど単純ではないのだ。正直に言うと、二種のキツネザルはほとんど同じ種類の食物を食べている。すなわち果実、葉、花、樹皮で、ただその割合が違うだけだが。ケイ、サスマン、タッターソールは、たぶん歯の形状は、食物の食べられる比率よりもサルの食べる食物の「種類」に関係しているのだろうと推測した。言い換えれば、おそらく切断用の稜の長さは、どれだけ多くの葉を食べるのかを示すのではなく、むしろその葉を食べる必要があるのかどうかなのだろう。ケイ、サスマン、タッターソールは、その時は明らかにそのことを理解していなかったが、核心を突く新しい着想を思いついたのだ。しかしそれには二十年近い歳月を要し、それが注目されるようになるまで、かなり多くの種類の霊長類の調査をすることになる。

我々の中のゴリラ

ヒトの食性の進化に関して歯が何を教えてくれるのかを理解するのが我々の最終目標だとすれば、ゴリラを選択するのは賢明のように思われないかもしれない。彼らはかなり特殊化した鋭利な大臼歯を持ち、それには長い稜が備わり、エナメル質は薄いからだ。彼らの大臼歯は、平らで分厚いエナメル質で覆われた初期ヒト族の歯とほとんど正反対だ。だがその一方でゴリラは、我々人類に最も近い現生の類人猿の一種であり、他のどの大型類人猿よりも長期間、野生で観察されてきた種である。ゴリラの食物の好みについては、時間と空間を通じ、また季節、それに高地から低地の森に至る多様な生息地を通して、多くのことが分かっている。だからゴリラに対して歯の形状と機能の関係について解明できなければ、人類の遠い祖先と他の化石霊長類の食性を復元するのに歯を利用する望みはない。

ヴィルンガ

ゴリラを学ぶには、最初の野外調査者のように、まずウガンダ、コンゴ民主共和国、ルワンダにまたがる壮大な火山の山並みからスタートしよう。これがアフリカ中央部のヴィルンガ山地で、その雲霧林は霧に包まれ、山岳の頂上は標高三〇〇〇〜四五〇〇メートルもある。ヴィルンガ山地は、孤立したゴリラ小集団の生息地で、この半世紀以上の間、わずかの中断期を挟んだだけでずっと調査は続いていた。

ドイツ生まれのアメリカの動物学者ジョージ・シャラーが、初めてこの山中に分け入った。その時、彼はまだウィスコンシン大学の大学院生だった。彼と妻のケイは一九五九年、今日のコンゴ民主共和国領のミケノ山とカリシンビ山の間にあるカバラに調査拠点を置いた。その先駆的な仕事は、有名な霊長類学者であるダイアン・フォッシーを含む同世代の研究者たちに鼓舞激励された。フォッシーは実際、一九六七年に自分自身での調査を試みたが、カリシンビ山のシャラーとは別の山裾から、調査キャンプをルワンダのカリソケに移さざるを得なかった。理由は、コンゴ危機の政治的大混乱と騒動のためだった。カリソケもいつも平穏だったわけではないが、そこにあった研究所はフォッシーが初めて立ち上げて以来、束の間の中断期を挟んだだけで内戦中に略奪を受けても機能していた。その研究所を拠点に、我々はマウンテンゴリラの生活を覗く驚くべき窓を持ったのである。

我々は今、シャラーの著書『長年観たゴリラ（*The Year of the Gorilla*）』とフォッシーの著書『霧のなかのゴリラ（*Gorillas in the Mist*）』を読むことができる。[6] ヴィルンガ山地のゴリラは、科学者が実際に野生ゴリラを知ることになった最初の例であり、また彼らの暮らしを細部に至るまで徹底的に知ることのできた初めての例なのである。私が大学院生だった頃に遡っても、シャラーとフォッシーから既に学んでいたので、ゴリラの生態についてほとんど分かっていた。シャラー、フォッシー、そして二人の後に続いた霊長類学者たちは、ゴリラが十九世紀の博物学者に想像され、ハリウッドの初期の映画に描かれたような野蛮で残酷な獣ではなく、知性的で平和的な植物食動物であることを確認したのである。

ヴィルンガ山地のゴリラは、平均標高三〇〇〇メートルほどの山岳性の森と疎林の生息地に暮らしている。彼らは通常、標高三六〇〇メートル以上の高い所には登らない。それ以上になると霧が立ちこめ、気温が下がり、強風が吹くからだ。そこでマウンテンゴリラは、樹皮、木の葉、地上近くの野生セロリのような非木質系植物の髄を食べている。こうした食物は、地上性草本植物（THV）と呼ばれる。THVは、一年中豊富にあり、どこでも食べられる。マウンテンゴリラは、笹の芽も好きだ。彼らは、こうした軟らかい植物可食部が食べられるシーズンになると、ヴィルンガ山地の低地部へと移動する。

この食性は、合理的で納得できる。成体ゴリラの雄の体重は、百五十キロ強もあるのが普通だ。だから彼らは、大量の食物を必要としている。そして森には、ＴＨＶがたくさんある。ゴリラはまた、無数の微生物を棲みつかせている長い腸を持っている。その微生物は、それらなしでは消化できない、繊維質の多い植物を分解してくれるのだ。ゴリラたちは、チンパンジーよりも約六〇％も長い時間、消化に費やしている。そうした食物の栄養を諦めるのはもったいないから、できるだけ多くのエネルギーを搾り取ろうとしているのだ。もっと重要なのは、彼らは大きくて鋭い大臼歯を持っていることだ。それには葉と樹皮を切断し、薄く切る長い稜が備わっている。さらに強力で大きな顎も備えている。それは絶え間なく行われる咀嚼から来る衝撃に耐えている。そうした顎は、こうした噛み切りにくい食物を裏ごしするのにも必要不可欠だった。

このような解剖学的構造と食性の関係は、ゴリラを他の大型類人猿、すなわちチンパンジーとオランウータンと比較すると、さらに明確になるだろう。チンパンジーは、軟らかくて多汁質の果実の食に特化し、オランウータンはそれらよりもっと硬い、例えば樹皮や殻で包まれたナッツを食べる。両種とも、果実の皮を剝くための大きな切歯と果実の実をどろどろにするのに必要な丸くてボウル状の形をした大臼歯を備えている。オランウータンは、歯を覆う厚いエナメル質も持っている。それによって、歯を強化し、硬い殻を割って開けるのに必要な集中力による破壊から歯を守っているのだ。それに比べれば、ゴリラとチンパンジーの歯のエナメル質ははるかに薄い。自然は、人類に最も近い現生のいとこの歯と食性の間の関係の三つの明瞭な例を我々に提示しているように思われる。私が大学院生だった時、そう考えたのだが。
今、ほとんどの研究者は、ゴリラを二種いると認めている。東の種（ゴリラ・ベリンゲイ）と西のもう一種（ゴリラ・ゴリラ）である。マウンテンゴリラは、東の種に含まれる。ジョージ・シャラーがヴィルンガ山地で調査するのを選んだので、東の種の方がよく知られている。だがこのゴリラたちは、今、絶滅の瀬戸際にある。したがってそうなる前に、彼らの生態を記録する必要に迫られている。アメリカとヨーロッパの調査隊が二〇世紀の初めにヴィルンガ地域に入り、標本を集めていたので、見つけるのが容易にもなった。ダイアン・フォッシーが後続し、さらに他の者が続いた。現在のゴリラについて考える時、我々の多くは彼らが霧の中で野生セロリをモグモグと食べていると想像する。だがそれは歴史の偶然である。ヴィルンガ山地のマウンテンゴリラが、ゴリラの代表ではない。彼らは、あらゆる類人猿の中でも最も辺境の生息地に棲む、周縁のぎりぎりの個体群なのだ。彼らは、ゴリラの中でも最も稀少な個体群でもある。今日では、数百頭しか生き残っていないからだ。

バイ・ホコウ

一方、この西方のコンゴ盆地の低地熱帯雨林帯には、二十万頭のゴリラがいる。研究者たちは、一九六〇年代にこちらのゴリラの追跡を始めたが、初期の食性についての大部分の研究は、ほんのちらりと観るだけ、新しい踏み分け道に落ちている食物探し、後に残された糞の選別程度だった。

ニシローランドゴリラは、マウンテンゴリラよりも臆病だったので、彼らの調査はずっと難しかったのだ。彼らは、深い植生に隠れた樹上でほとんどの時間を過ごしていたし、群れは放散しがちだった。しかし当初からニシローランドゴリラは、ヴィルンガ山地のいとこよりも果実を多く食べることが明らかになっていた。それでも詳細については、漠然としたままだった。やっと一九九〇年代に入って、ニシローランドゴリラも調査する霊長類学者に警戒心を解くようになり、研究者たちがヴィルンガ山地での調査から期待するようになっていた水準の詳しい成果を彼らにもたらし始めた。

メリッサ・レミスは、ニシローランドゴリラの中に入っていった最初の研究者だった。彼女は、中央アフリカ共和国南西部の、カメルーンとコンゴの間に割り込むように位置する細長い地形のザンガ＝ンドキ国立公園で調査した。この公園は、この地域に住むバ・アカ・ピグミーたちに「バイス（*bais*）」と呼ばれる自然に出来た空き地によって分断された、大部分が原始のままの低地熱帯雨林である。一九九〇年代のレミスは、イェール大学の大学院生だった。そして私がケタンべで調査をしていたほぼ同じ頃、彼女はバイ・ホコウでゴリラの調査に専念していた。バイ・ホコウのゴリラたちは非常に用心深かったが、少なくとも自分たちが樹上にいる時は、時々、彼女が遠くから観察するのを黙認してくれた。レミスは、二年間でたった二百時間の直接観察を記録できただけだったが、糞と地上に落ちた食物の研究と結びつければ、それで十分だった。当時は、それがニシローランドゴリラの食性の最も完全な観察結果だったのだ。

かいつまんで言えば、バイ・ホコウのゴリラは、見つけられた時はいつでも、見つけられた所ならどこでも、多汁の、どろどろの中身を持った果実を食べていた。彼らは、果実のなる木を探して、食べられる葉や樹皮を素通りして時には一キロ近くも歩いた。ゴリラたちは、果実を入手するために熱心に動き回った。言うまでもないが、彼らはマウンテンゴリラほど繊維質の多いＴＨＶを食べなかった。実際にそうしていた。彼らは手に入る限りは、甘くてジューシーな果実を好んで食べていたようだ。事実、果実の手に入りやすさは、バイ・ホコウのゴリラたちの食性理解の鍵だった。

ザンガ＝ンドキ国立公園には、独特な乾燥する季節がある。例えば一九九一年十二月から九二年二月までの三カ月間、雨は三〇ミリ以下しか降らなかった。平年ならこの間、一四〇〇ミリ以上の降水量があるのに、である。植物は、乾燥した季節の終わりに開花し、三月の雨季の始まりと共に葉を開き、みずみずしい色合いとなり、雨季の半ばの七月から八月頃に果実の結実はピークを迎える。当然のことながらゴリラたちは、雨季のほとんどの間、もっぱら多汁質の果実を食べ、他の物には目もくれない。他の物、すなわち葉、木の芽、樹皮、ＴＨＶは一年中食べられるのだが、それらは果実のない乾季に主な食物になるに過ぎない。

そうなのだ。バイ・ホコウのニシローランドゴリラは、少なくとも雨季の間は果実食家なのである。これは、意外な事実でも何でもない。十九世紀の解剖学者のリチャード・オーウェンは、熱帯の西アフリカ沿岸低地の旅行者と居住者から自分が集められる限りのどんな情報も集めた。そこでは「あるゆる種類の果樹が、丘といい谷といい、どこにでも溢れている」。オーウェンによれば、これらの果樹は「森のたくさんの居住者たちに、土着の果実を継続的に、無尽蔵に供給している」[7]。だが果実食家のゴリラという考えは、ほとんどの人たちにまだ受け入れられなかった。レミスの論文査読者の中には、彼女の結論に釈然とせず、なかなか容認しない者もいた。なぜならヴィルンガ山地での数十年もの調査は、ゴリラが葉や野生セロリの茎、地上の噛み切りにくい草を食べている、と伝えてきたからだ。低品質で繊維質の多い食物のために進化した腸と歯を持つ動物が、果肉の多い果実の方を実際に「好む」ことなどあり得るのか。ゴリラは本当に季節的な果実食家なのか。それともバイ・ホコウの観察結果は、ここのゴリラたちがヴィルンガ山地のゴリラたちよりも活動的だったから、彼らの追跡と観察が困難だったので、結果がいくぶんバイアスのかかったものになっただけだったのだろうか。

サンフランシスコ動物園

レミスには、ゴリラが噛み切りにくくて繊維質の多い食物よりも甘くて多汁質の果実が好きであるという証拠が必要だった。そのことは、直感的には納得できる。もし読者が五歳の子どもにチョコレート・バーとブロッコリーの頭を差し出したら、その子はチョコレート・バーを取るだろう。ゴリラも、そうしないわけがない。チョコレート・バーが選択肢ではないとしても、ゴリラが甘くて多汁質の果実かセロリやキャベツの選択権を与えられたら、それでも彼らは前者を選ぶだろうと、読者は予期できるだろう。レミスは一九九九年に、それをはっきりさせるため二カ月ほどサンフランシスコ動物園で、五、六頭のゴリラと共に過ごした。[8] 飼育下の典型的なゴリラは、果実と野

2.2　採餌する動物園のゴリラ

菜を混ぜた餌を一日に四キロ程度と、葉食家の霊長類として毎日五、六百グラムの葉を食べる。その餌は栄養が豊富で、小さなクッキー大のビスケットも餌に入るが、動物園のゴリラたちはクッキーほどはそうした餌も好まないと私は聞いたことがある。サンフランシスコ動物園のゴリラたちは、二通りに給餌されていた。ゴリラたちは朝と晩の二回、全員に公平に行き渡るようにケージの中で独りで餌を食べる。そしてお昼には動物園の強化プログラムの一環として、ケージの外の囲いの中で群れで一緒にスナック菓子をもらう。これがレミスにゴリラたちの個体と群れの双方の食物の好みを観察する機会をもたらした。

ゴリラに何を食べたいか、どうやって尋ねたらよいのか。二頭一緒になっての給餌実験を行えばよい。一頭の前に二つの異なる食物を置き、その個体がどちらを最初に食べるかを観察する。糖分の多い食物を取るだろうか。蛋白質や脂肪ではどうか。食べた後に辛さや渋さを残す毒素やタンニンのような植物の化学防御物質を含んだ植物を避けるだろうか。噛み切りにくい、繊維質の多い食物や硬い殻を持つ食物のような物理的防御を備えた植物部分はどうか。レミスは、自分が観察できた、野生ゴリラの食べられる物にできるだけ近い新鮮な果実と野菜を求めて、サンフランシスコ市内のアジア系とヒスパニック系の食品マーケットを探し回ったが、限界があった。食品マーケットにたくさんの有毒果実や葉があったわけではないのだが、最終的には彼女はそれでもなお多くの食物選択肢をゴリラたちに提示することができた。すなわち甘いマンゴー、苦いタマリンド、酸っぱいレモン、硬いセロリなどである。

食事時のちょっと前に、レミスは二種類の食物をそれぞれのケージの反対方向に置いて、ゴリラがまずどれを手に取るかを観察した。ゴリラたちは、特にマンゴーには興奮して手に取った。あるオスの如きは、容器に盛られたマンゴーが到着した時、交尾時に出す叫び声さえ上げたものだ。イチジクとバナナも、大喜びではないが、好意のウッフーッという声で迎えられた。キンカン、シロニンジン、レモンは、それほど歓迎されなかった。お昼のスナック菓子も、手応えがあった。優位のオスは、素早く好みの菓子をすくいとった。まるで小さな子どもが、きょうだいが袋の中に手を突っ込む前にできるだけ多くのポテトチップを握るかのようだった。マンゴー、メロン、コーンは、特に素早く確保した。地位が上のゴリラは、ブロッコリー、キャベツ、ケイル、そしてセロリを、後に残した。以上の結果は、明らかだった。ゴリラたちは、大半の人間たちが選ぶように、選択肢を与えられたら糖分が高く、繊維質の少ない食物を選ぶのである。

　だがレミスの観察したゴリラとヴィルンガ山地のゴリラとの間の違いについて、もう一つの説明も可能だった。サンフランシスコ動物園のゴリラは、バイ・ホコウのゴリラと同様に、ニシローランドゴリラである。実際、動物園などの飼育下のゴリラは、ほとんどがそうだ。それと全く別種のマウンテンゴリラも、同じ好みを持っていると想像してよいのだろうか。ヴィルンガ山地のセロリ食のゴリラも、選ぶ機会が与えられたらやはり果実を食べるのだろうか。それともニシローランドゴリラは、マウンテンゴリラたちよりもただ甘い物を好んで食べているだけなのか。この最後の設問に対して短い答えを言ってしまえば、おそらく「違う」、だ。

　ウガンダのブウィンディ原生国立公園にも、マウンテンゴリラが棲む。それらはヴィルンガ山地のマウンテンゴリラと遺伝子上では全く違いがない。ヴィルンガ山地は国立公園から三〇キロほどの距離の、森が皆伐され耕地となっている丘陵地を越えたところにある。しかしブウィンディのゴリラたちは、ヴィルンガ山地よりも標高の低い、一五〇〇メートルから二二五〇メートルの所に棲んでいる。ブウィンディも、密度濃く多種多様な果実がなっている。当然、ここのマウンテンゴリラも、そうした果実を好んで食べる。コンゴ民主共和国東部及びウガンダとルワンダの国境沿いの低地のほどほどの標高の所で見られるグラウアー－ゴリラ（ヒガシローランドゴリラ）たちにも、同じことが言える。彼らは、マウンテンゴリラと同じ種でもあり、一年を通じて手に入れられるだけの割合の果実を食べる。事実、東のゴリラや西のゴリラに関わりなく、標高、果実の手に入れやすさ、ゴリラ生息地の間の果実消費には強い相関がある。

だがこれは、もう一つの謎を提示する。ゴリラが果実を好むのだとすれば、いったいなぜゴリラたちはヴィルンガ山地に棲んでいるのだろうか。そこは寒く、雨が多く、彼らが一年を通じて食べられるのは野生セロリ以外にほとんどなく、果実は無い物ねだりなのだ。答えは、ヴィルンガのゴリラたちは他にどこにも行く所がないから、なのかもしれない。ヴィルンガ国立公園とブウィンディ原生国立公園は、拡大する人間の居住域に侵食され、そこだけ島のように孤立している。この地域の肥沃な土壌は、アフリカ大陸でも最も濃密な田園の人間集団を支えている。ニシローランドゴリラは一年のほとんどの期間、果実を食べられたが、その一方でヴィルンガのゴリラたちは、狩猟と耕作地造成のための森の火入れで、ＴＨＶに頼る以外に選択の余地のない高地に追いやられてきたのだ。ヴィルンガ山地のゴリラたちは何も好き好んでそうしているわけではなく、そうせざるを得ないからなのだ。彼らの解剖学的構造がそれを可能にしているからでもある。彼らは、終わりなき代替食家と呼ばれてもいいかもしれない。

要するに、ゴリラたちは軟らかくて甘い果実の果肉を食べられるならそれを食べるが、それが食べられない時は噛み切りにくくて繊維質の多い植物部分で間に合わせる必要のある歯と腸を備える適応をしたのだ。この場合、歯と腸は、ゴリラにあまり好きではない食物でも食べられる選択肢を与えているわけだ。歯は、食べる可能性への対処である。一方で食物の選択は、食物の入手しやすさの問題でもある。ゴリラたちは我々に、この二つは必ずしも同じではないことを教えてくれるのだ。我々の最終的な目標が食性の進化への究明であるなら、双方への理解が必要だ。我々は動物が何を食べ「られる」かだけでなく、彼らが実際には何を選択しているかを知る必要がある。我々は、食物の入手しやすさがどのように変化するかを理解する必要がある。どのように調査をしたか、私が最もよく知っている場所はケタンベである。

グヌン・レウセル国立公園――生命の目の詰まった網

グヌン・レウセル国立公園は、ユネスコの世界遺産である「スマトラの熱帯雨林遺産」の一部である。同国立公園は、スマトラ島西部を約一六〇〇キロにわたって走るブキット・バリサン山脈の主要脊梁山脈沿いにあり、赤道をまたいで広がる。ケタンベ研究基地は、人の手の入らないこの広大な熱帯雨林二〇〇ヘクタールの一部を占めている。この熱帯雨林は、北を二本の岩がちの河川、アラス川とケタンベ川に、南をバリサン山脈の支脈に挟まれている。さらにここには、見る限りは無限の種類の動植物がいるようだ。ここで研究者たちは、四十年以上も七種の霊長類の調査を続けてきた。妻のダイアンと私は、一九九〇年代前半に彼らサルと類人猿と共に数千時間をここで過ごした。

霊長類研究の野外調査を始めて印象的なものがあるとすれば、その最初のことは、動物を調査する場所が非常に広大な森林のほんの小さな部分だということだ。それは、通常の感覚を圧倒する

――空を覆うほどの褐色と緑の無限の影、鳥とセミのけたたましい鳴き声、花と土のムッとくる香り、イラクサと蟻の一刺しなど。私たちは、生命の網により――いや、その一部で――包囲されていた。その網は、きっちりと目が詰まっているので、熱帯雨林自体が一つの生き物、その部分部分のすべてが同調し活動し呼吸しているように感じられた。身体から脳や心臓を切り離した後、それらの臓器がどのように機能するかを理解できないのと同じように、サルと類人猿はより大きな全体の一部であり、この脈絡から切り離しては彼らをもはや理解できないのだ。

生命のリズム

熱帯雨林は、そこの植物と動物が一体となって活動する時、繁栄する。イチジクの木が実を付ける。サルがそれを食べ、素敵な肥料に包んで種子を拡散する。フンコロガシが種子を埋め、そこから新しい芽が生え、育ち始める。それは、信じられないほど複雑な連携である。そこには、システムのバランスを維持すべく常に動いている部分間の相互活動がある。そしてそのタイミングは、極めて重要である。

このタイミングが、生物季節学、すなわち植物と動物のライフサイクルと何がそれを調節しているかの研究の中心である。私が住むアーカンソー州北西部のオザーク高原では、四月のにわか雨が五月に花を咲かせる。葉が三月に芽吹き、十一月に落葉する。ブラックベリーが六月に育ち、リンゴの実は十月に熟す。これらは、植物の通常のライフサイクルの一部であり、気温、降水量、日照時間の年間変化と結びつき、ほとんどの年でそれが時計のように正確にやってくる。年ごとの気候変化が開花、芽吹き、結実にどのように影響を及ぼすかの知識の進歩は、今日では、速く、すさまじい。地球規模の温暖化は、ライフサイクルを変え、混乱させかねない。だから生物季節学は、その結果の理解について我々の助けに重要な役割を果たす。だが、それはここでは直接の関係がない。

生物季節学は、霊長類と彼らの歯にとって重要である。植物のライフサイクルは、一定の場所の一定の季節に食べられる食物を決めるからである。雨林は、いくつもの季節的商品といつでも手に入れられる通年商品を揃えた、読者の住む土地のスーパーマーケットの製造部門のようなものだ。霊長類は、個々の食物について要するコストと得られる利益をはかって、その時にストックされている商品から自分のカートに満たせる食物を拾って選べる。

季節はオザーク高原の奥地のような比較的高緯度の場所に棲む植物と動物に影響を及ぼすのは明らかだが、ほぼすべての霊長類が棲む熱帯ではどうだろうか。大半の熱帯の植物は、一斉に新しい葉を開き、開花し、実を付ける。こうした生命のほとばしりは、森の植物の種内と種間で同期し、植物は一年を通じて広がってゆける。そして植物の共同体が衰弱するかそのライフサイクルで成果を挙げるかは、草食動物にとっては重要な結果をもたらす。それは、森が支えることのできる動物の個体数、動物たちが食べ物を集めるための戦略、季節ごとの繁殖行動と出産の間隔といったような動物たち自身のライフサイクル過程における諸イベントのタイミングを左右する。

生物季節学は、植物が実を付け、花を咲かせ、葉を茂らせる時期に影響を与える数多くの要素があるので、複雑に込み入っていることがある。だから我々はまず最初に、「直接の」原因――開花や結実といった個体ごとのイベントを引き起こす原因――と「最終的な」原因――そうした事を起こすタイミングの進化的な理由――とを識別しなければならない。

開花、葉の芽生え、結実といったライフサイクル過程のイベントを引き起こす一般的なきっかけは、降水量、気温、植物の受ける太陽エネルギー量の年間での変化である。[9] 場所によっては他の所よりも一年を通した気候に幅があり、ライフサイクル過程のイベントもはっきりした季節の違いのある所に良く同調する傾向がある。適切なタイミングは、例えば年に一度の乾季や日照量の限定のような恒常的な、また循環的にやってくる環境上のストレス要因に、植物が対応するのを助けられる。木は、雨季の初めの頃に実をならせるだろう。そうやって種子は、林床上で休眠している時間を最小限にするために、すぐに発芽に必要な湿り気を確保している。葉は、日光量が最大になる時に合わせて開き、茂っていくだろう。というのも若葉であればあるほど、二酸化炭素と水から動物の食物を作るのに必要な太陽エネルギーをたくさん捕らえられるからだ。だが植物はそれぞれ、植物ごとの規則で活動している。多くの二酸化炭素と水を蓄える大きな木ほど、果実のなる期間は長くなり、一年を通じて実を落とす。その条件は樹高で変わるので、樹冠と低木層での結実のピーク差をそれで埋め合わせられる。もっと重要なのは、それぞれの森は独自の土壌と排水パターン、地形的特徴、生物学的共同体を持っていることだ。それらのすべてが、一定の時期に霊長類が食用に利用できる植物の可食部に影響を及ぼすのである。それでも研究者たちが霊長類を観察できる場所のほとんどは、ある程度は濃密に集まり、ある程度はずれる。主として彼らの生物学的コミュニティーが複雑だからである。

それでは、これから最終的な原理に入っていこう。[10] 植物の世界は、しばしば実のなる時期を調整している。毎年の渡りの際に通過する鳥が、種子を散布できるようにしているのだ。集中的な開花も、昆虫などの授粉媒介動物を惹きつけるのに必要な多量の花粉を用意している。それに同調するライフサイクル過程のイベントは、捕食者によって引き起こされたダメージの結果を緩和することもある。秋の間、私の住むオザークではオークの群生が一斉に大量結実するが、そのドングリすべてを食べつくすにはたくさんのリスが必要で、それは不可能だから、オークは一斉結実しているのだ。また葉の芽吹きも、虫に食われやすい若葉が、葉を食べる昆虫がまだ少ない時に開くように調節されているのだろう。一方で、結実、開花、葉の繁茂の時期をずらすのは、有利なこともある。果実をあちこちに分散する鳥獣や授粉媒介者を惹きつけようとする植物間の競争を最小限にできるし、種子や葉を維持していくのに必要で重要な食物群を森の捕食者から守ることができる。特定の森の環境が何であれ、ライフサイクル過程での諸イベントのタイミングは、ともすれば壊れやすい生態系のバランスを保つのに役立っている。こうしたことは、霊長類が一年の食事メニューを考える時、彼らが知っている必要のある事柄だ。

それでは、ケタンベはどうか。観察調査地域では、例年、平均三〇〇ミリ以上の雨が降り、四月頃と十一月頃のピーク期には月に約四〇〇ミリほども降る。二つの雨季と二つの小雨季がある。しかし、少雨期を乾季と呼ぶことはできない。なぜなら最も乾燥する月でも、通常は一〇〇〜二〇〇ミリくらいの降水量があるからだ。だがその違いは、確実に言える。雨季には物がいつも湿って、かび臭くなる。一日のほとんどを、ヒルを払いのけ、双眼鏡が曇るのを防ぎながら、ポンチョの下で身を縮めて過ごす。一方で、一月と七月には、雨季よりもずっと多い晴天の日があり、服やタオルは洗濯したその日のうちに木の間に架けた紐に渡して乾かせる。

森の生物季節学は、ケタンベの季節性を反映する。霊長類学者のカレル・ファン・シャイクらの調査チームは、一九八〇年代の七年間、森の実のなり方、開花量、葉の茂りを測定した。毎月、彼らは熱帯雨林の中を何キロも歩き、数百本の木の実生をチェックし、踏み分け道の上に落ちた果実の数を数え、ナイロンの網から落葉落枝を拾い出した。その結果、若葉は十二月から翌年二月（第一少雨期）に、花の量は一月から四月（第一少雨期と雨季）に、イチジクの仲間の絞め殺しの木（Strangler Fig）は四月と十月（雨季の月）に、その他の熟した果実は七月と八月（第二少雨期）に最も多くなることを、調査チームは知った。

このパターンは、ケタンベで私たち二人が調査していた時も変わらなかったが、その法則も、年によってはやや異なる。特に樹冠の上まで聳え立つ堂々としたフタバガキの木では、そうだった。エル・ニーニョ＝ラ・ニーニャ南方振動に対応したサイクルの後に続いて、数年ごとに降水量は少なくなる。まだ完全には分かっていない理由で、熱帯太平洋東部の表面海水温が、数年ごとに特に温かくなったり冷たくなったりする。それぞれエル・ニーニョとラ・ニーニャと呼ばれるこのイベントは、地球全体の天候に影響を及ぼす。海面温度と気圧の波動は、風向のパターンと海流を変える。それが次には、地球全体の降水量の配置に影響を及ぼすのだ。東南アジアでは、一般にラ・ニーニャからエル・ニーニョに転換する時期に旱魃が起こる。ことに乾燥した時期に、その次に大規模な開花と結実を引き起こす。それは、他の年の倍以上の生産量となる。したがって単なる年間の季節性以上に、森での食物の利用しやすさのサイクルがあるのだ。

こうしたことすべてが、霊長類の食物選択に影響する。それは、私の子どもたちがまだ小さかった時の家での夕食を思い起こさせる。ある晩、年下の娘がまだ料理が出されていなかったので、機嫌を悪くした。姉の方が厳格に反応した。「おばかさんね、ばかなことして。癇癪起こしちゃダメよ」。現実の世界でも、そんなことが起こっている。ケタンベやその他の場所の霊長類は、その時に食べられる食べ物には制約がある。食べられる物が好みでないとすれば、それは霊長類には愉快ではないだろう。たとえ彼らが長い切断用の稜を持っていようといまいと、選択肢は葉を食べるか、それとも何も食べないか、しかない。だから彼らが好きでもない物をなぜ食べるかを学ぶには、メニューに何があるかを知り、時と共にメニューがどう変化するかを理解する必要がある。

歯の問題

歯が問題ではないと言うつもりはない。問題である。そしてケタンベは、現実の世界の諸条件下で歯と食性の関係を検証する最高の場所である。この小区画の同じ森には七種の霊長類が共存し、同じ時に同じ食物を食べている。ところが彼らの歯と腸は、特別の食物に合うように特殊化し、これらの歯と腸は明らかに食物の選択に影響している。マダガスカル島で見たように、霊長類の異なる種がどんな時も同じ種類の果実、葉、昆虫を食べることがある。だが食物選好の違いは、一年の経過の過程で表れてくる。ケタンベのラングールは、他の霊長類より多くの葉と種子を食べる。マカク、テナガザル、オランウータンは、前者より多くの多汁質の果実を食べる。テナガザルは、小さな、漿果サイズの果実を探し回る一方、オランウータンは大きな果実の方を好む。そしてマカクはと言えば、他の霊長類よりも多くの昆虫を食べる。長い期間をかけて出来上がったこうした違いは、霊長類の身体の大きさ、歯と腸の形状に応じた変異と考えられていることである。それは、長期にわたって霊長類のいくつもの種が共存し、森の食資源を分け合うことを可能にする違いである。

だが問題としているのは、食性面でのこうした幅広い違いだけではない。時には、それは微妙な違いである。その違いは、どの種が森のどんな食物を食べるかを決めるのに歯がどのように霊長類を助けているかを最も良く示すものだ。一つの例が、私の脳裏に思い出される。地元の言葉で「アカル・パロ（*akar palo*）」（グネツム属のヒロハグネモンの仲間に分類される）と呼ばれる実は、だいたいプラム大の大きさだ。だがこの実は、堅固な殻に包まれ、中にいくつもの大きくて軟らかい種子を囲むどろどろとした中身を持つ。テナガザル、マカク、ラングールは、切歯を使って殻を割り、可食部分を剝き出すために破片にする。他方でオランウータンは、アカル・パロの実を対向歯の間で噛み潰し、実を開ける。オランウータンは一分以内に何個も食べるので、これが彼らのメリッ

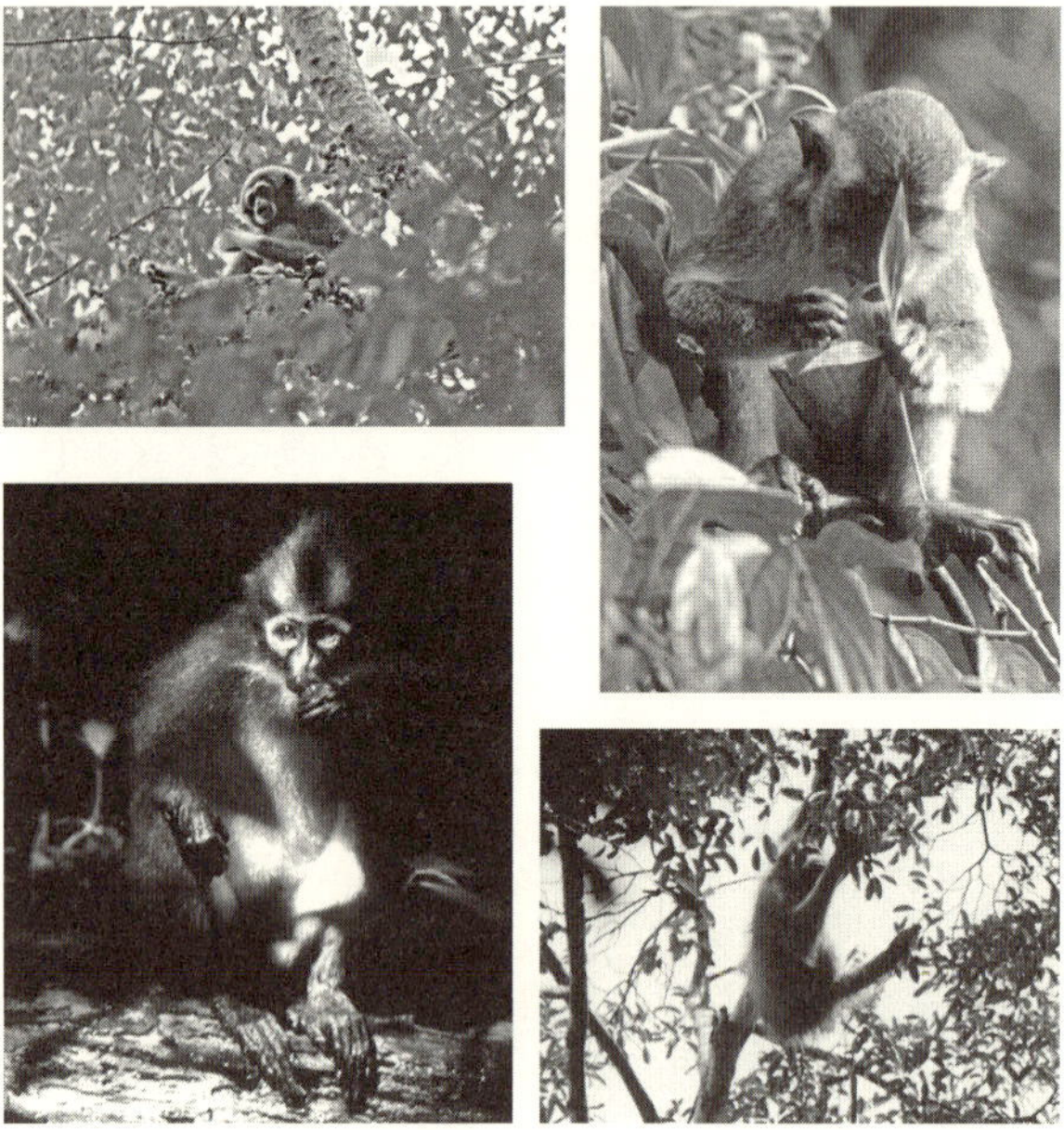

2.3　ケタンベの霊長類。テナガザル（左上）、マカク（右上）、ラングール（下左）、オランウータン（下右）。全部、同じ小区画の森に棲んでいる。

トになる。

だが、これだけではない。アカル・パロの実の殻は、熟するとむしろ硬くなる。だからテナガザル、マカク、オランウータンは、熟した時よりも軟らかい、未熟な実しか食べない。私はこれらの霊長類の何頭もが熟した実の殻に穴を開けようとして失敗し、食べられないまま実を地面に落としたのを目撃した。オランウータンは、アカル・パロの木の蔓に毎日、そして時には毎週訪れ、森の他の霊長類が諦めて立ち去らざるを得なくなった後、実を食べる。強靭で分厚いエナメル質で覆われた歯と強力な顎で、オランウータンは森の他の霊長類より有利な立場に立っているのだ。

オランウータンは、ケタンべの他の霊長類が避けがちな、アカル・パロの熟した実、ドングリ、樹皮のような硬い食物を食べるけれど、それでも彼らは、森のマカクやテナガザルと同じように軟らかで多汁質の果実や、ラングールのようにジューシーな若葉をたくさん食べる。オランウータンは、ニシローランドゴリラが葉や樹皮を食べる偏食家ではないのと同じように、硬い食物を食べる偏食家ではない。オランウータンもゴリラも、魅力的な植物性食物の機械的防御に打ち勝てる歯の特殊化を成し遂げている。だがそうだからといって、彼らがいつもそればかりを、あるいは食の大半として食べているわけではないのだ。

このことは、ブラウンキツネザルとワオキツネザルを思い出させる。彼らは似た歯を持ちながらも、全く似たところのない食性だった。両者とも果実、葉、樹皮を食べるが、その比率は大きく異なっていたことを思い出そう。さらにまたリッチ・ケイ、ボブ・サスマン、イアン・タッターソールが、キツネザルの食べる食物の種類は種それぞれがどのように食べているかよりも、歯の形状による自然のままの選択の方が重要かもしれないと述べたことも。このことは、ケタンべのオランウータン、バイ・ホコウのゴリラに対しても当てはまりそうなことは確かだ。比喩的に言えば、もし読者のあなたが年に十一カ月もプディングを食べているとしても、あなたがどんな種類の歯を持つかはどうでもいい。だが仮にあなたが残りの一カ月間、岩を食べる必要があり、そうしないと飢えるしかないとすれば、あなたの歯は岩を食べるのに適応したものになった方がいいのだ。

辛い時と幸福な時のマンガベイ

たぶん自然は、霊長類が日々、もしくは時々、特殊化した歯をうまく使っているかどうかにはあまり関心はない。特殊化した歯が個体の生存と再生産を許している限りは、どうでもいいのだ。ウガンダのキバレ国立公園とコートジボワールのタイ国立公園に棲むマンガベイというサルの比較以上に、その好例はない。それではアフリカに立ち戻ろう。

キバレ国立公園

キバレ国立公園は、ヴィルンガ火山群の北東に位置する。エドワード湖の西岸を登り、ルウェンゾリ山地を越えた所にある。ウガンダ南西部、アフリカ大地溝帯の端に位置する国立公園には、保護された熱帯雨林約七八〇平方キロが含まれる。キバレは、十種類以上の霊長類の故郷であり、世界でも最も濃密なサルと類人猿の集中地である。これらの霊長類の調査のほとんどは、国立公園の北にあるカンヤワラ村近くで行われている。コロラド大学の霊長類学者であるジョアンナ・ランバートは、ここで過去四半世紀近く、調査を続けてきた。この調査によって彼女は、キバレでは長期にわたってどのように霊長類の食物の入手しやすさが変化していくのか、その変化はここの霊長類の食性にどのように影響するかについて、驚くべき全体像を得た。

2.4　タイ国立公園の森の林床でサコグロッティスの木の実を食べるスーティーマンガベイ（左）とキバレ国立公園で軟らかい果実を食べるホオジロマンガベイ（右）。写真提供は左がスコット・マクグロー、右はアラン・ウールから。

ランバートは一九九七年夏、二種のサル――アカオザルとホオジロマンガベイ――の頬袋の使用を研究するためにキバレにやって来た。この二種のサルは、食物を集め、それを貯蔵できる特殊な袋を自分の頬に持つ。彼女は、頬袋がどのように、そしてなぜ利用されているのかを良く知りたいと思っていた。ところがランバートが調査地に到着するとすぐ、彼女は別のことに興味を惹かれた。その時、森は雨が降らないのが原因で枯れそうになっていた。下層の葉はしおれ、果実はほとんど実らなかった。旱魃がキバレにやって来ていたのだ。その結果は、ランバートが以前はもとより、その時まで見てきた中でも最悪だった。

降水量の年による変動は、ウガンダ南西部では普通のことだ。それは、ケタンベでエル・ニーニョ＝ラ・ニーニャ南方振動に続いて旱魃が起こったように、ここでもこの振動と一致する。ウガンダ南西部では、山岳と湖沼の複雑な地形による影響が、これに加わる。一九九七年は、特に強力なエル・ニーニョ現象があり、キバレの森は混乱していた。サルたちは、飢えた。彼らは朝早く起き、一日の大半を食物探しに費やし、噛み切りにくい古い葉のような、普段は決して食べない物までしばしば食べた。キバレのアカオザルとホオジロマンガベイは、通常は同じ種類の食物、すなわち軟らかくて汁気の多い果実や若葉をかなりたくさん食べる。だがこうした食物は、その夏はとても少なかった。ランバートは、両者の食物の違いに注目し始めた。すなわちホオジロマンガベイはアカオザルよりも多くの樹皮と硬い種子を食べ続けたが、アカオザルはそれらを食べなかったのだ。

ジョアンナ・ランバートは、その夏はサルの頬袋の使用の研究に着手していたが、歯と食性との関係に関心を抱く霊長類学者たちにとって、それよりもはるかに重要なことを発見していたのだ。キバレでの彼女の観察結果から教えられることは、二種のサルは食物の入手しやすさの変化が通常どおりならそれでも似たような食性を示したかもしれないが、特に強力なエル・ニーニョ現象のようなめったにない気候現象によってもたらされる極端な条件下では違いが鮮明になってくるということだ。緊急時の頼みの綱としての適応、好みの食物が食べられない時に霊長類があまり好きではない食物も食べられるようにする適応は、数多くのいろいろなスケールで働くことがある。食物の少ない時期は、季節の良し悪しによっていつでも起こりえるが、そうした飢饉のような時期は年によっても起こる。この場合の食性の違いが始まるのは、一世代に一度という旱魃で起こった。ランバートが観察したホオジロマンガベイは、硬い物も食べられる解剖学的な特殊性を備えるに至っていたので、樹皮や硬い種子への食の転換をすることができた。彼らは、硬いが脆い食物を噛み砕くのに十分に適した、厚いエナメル質の強力な歯と大きくて頑丈な顎を備えていたのだ。特殊化した解剖学的構造はキバレのホオジロマンガベイに優位性を与えはしたが、キバレでそれが有効性を発揮するのは一世代に一度くらいしかない。

タイ国立公園

タイ国立公園のマンガベイについては話は全く違ってくる。タイ国立公園は、コートジボワールの南西隅にあり、キバレとはコンゴ盆地とギニア湾を挟んで西方に約四二〇〇キロ離れている。タイ国立公園は原始のままの熱帯雨林が残された最大の空間で、霊長類十一種の故郷である。ここの霊長類密度はキバレより低いが、国立公園そのものの広さはキバレの四倍もあり、霊長類の種の多様性は実際には極めて良く似ている。両公園ともチンパンジーがおり、それより下等の霊長類が二種、さらにマンガベイを含む八種のサルがいる。

タイとキバレのマンガベイは、いくつかの点でかなり異なる。キバレのホオジロマンガベイは樹上を好む一方、タイのスーティーマンガベイはほとんど地上を移動し、食物を探す。かつて私が大学院生だった時、大半の研究者たちは二種のマンガベイは単一のグループだと考えていた。二種とも大きな切歯、厚いエナメル質で覆われた平べったい大臼歯、木の実や樹皮のような硬い食物を噛み砕くのに適した強力で頑丈な顎を持っている。しかしその後、両者の遺伝子を研究したところ、二つのマンガベイは自然群ではないことが明らかになった。事実、ホオジロマンガベイは実際にスーティーマンガベイよりもサバンナに棲むヒヒにずっと近い関係にある。その差違はわずかだが、両種の歯を含む解剖学的構造を細部まで精査すると、その違いを見ることができる。これが、硬い食物を食べるための特殊化という方向に収斂して、全体的な類似を作り出しているのだ。それだけにいっそう注目に値する。

一九九〇年代前半、スコット・マクグローと私は共にストーニー・ブルック大学の大学院生だったが、彼は私より二、三年、遅れてスタートした。私が大学院を修了した年の一九九三年、彼はタイ国立公園で学位論文のための調査を始めた。少なくとも初めは、タイ国立公園で共存できるようにサルたちが森の食資源をどのように分け合っているかを知ろうというところから研究を始めた。ボブ・サスマン、ジョアンナ・ランバート、そして私の全員がこの立場で始めたように。その当時は、そうするのが当然だったのだ。だが私たちと違って、マクグローは食性そのものについてよりも、サルたちがどのようにして、どこで優位な位置に就くかについての違いに焦点を合わせた。タイ国立公園のマンガベイたちが、ここの他のサルたちとは根本的に違っていることは最初から明らかだった。マンガベイは、散乱した葉のゴミの中から落果した木の実を漁りながら、一日のほとんどを地上で過ごした。マクグローの初めの観察は採餌に集中していたわけではなかったが、彼がそれを無視するのは難しかった。百頭ほどから成るマンガベイの群れが一緒に集まって林床に落ちている木の実を噛み割るのは、大騒ぎとなるのだ。

マクグローは次の数年間も断続的にタイ国立公園で調査を続けた。彼の注意は、林床に散乱した木の実にますます向けられた。巨大なサコグロッティスの木の高さは、通常は三十五メートル以上もある。サコグロッティスの木は、タイ国立公園の樹冠に聳え立ち、毎年二カ月間も大きな果実を大量にならせる。熟した、繊維質の多い多汁質の実は、ちょっとアップルパイに似た香りを放ち、この実は森のたくさんの霊長類の食物になっている。この果実の核は腐りにくく、クルミのような大きさと形をしていて、木の下の林床上で一年中、見つけることができる。この核の外側の層、すなわち内果皮は極端に硬く、中に軟らかい種子を包み込んでいる。タイ国立公園のマンガベイは、年間を通じて採餌時間の半分以上をそれを食べるのに費やしていた。

キバレのホオジロマンガベイのようにタイ国立公園のスーティーマンガベイの歯は後歯のエナメル質が厚く、顎は強くてそれには強力な咀嚼筋を着けている。そしてマクグローは、スーティーマンガベイが小臼歯と大臼歯を使って、硬い内果皮を噛み砕くのを観察していた。他のサルたちは、内果皮が硬くて食べられないので、サコグロッティスを食べない。チンパンジーは時折食べるが、歯ではなく石で内果皮を割ってやっと食べている。タイ国立公園のスーティーマンガベイは、その歯と顎のおかげで恩恵を受けていると言える。他のサルが簡単には食べられない食料源に一年中、アクセスできるからだ。この状況は、キバレのそれとはかなり違っている。キバレでのメリットは、代替食として食べることであり、好みの食物を食べられない食物不足の時しか堅い物に手を出さないのだ。

キバレのマンガベイとオナガザルは、タイ国立公園のサルより互いに良く似た採餌をする。確かに、これらのサルは種が異なる。だがそれでもスーティーマンガベイは、誇り高い果実食をする他のサルたちのように、甘い果実の果肉を食べないのだろうか。バイ・ホコウのゴリラたちが食べられる葉や樹皮を素通りするように、近くの樹冠に熟した果実があるのを知っているなら、彼らもサコグロッティスの実に目もくれないのだろうか。たぶん彼らは、そうするだろうが、その問いは現実的に意味をなさない。マクグローが調査で学んだように、タイ国立公園のスーティーマンガベイは、歩いているほとんどの時間を地上かその近くで過ごしているからだ。彼らが樹上で食べ物探しをしないなら、樹冠になる果実は、それが熟していようといまいと彼らには無縁なものに過ぎない。たぶん陸上での採餌のニッチは、限定的だ。だがそれは、これらのサルたちの立ち位置などを明確にもしており、森で他の霊長類と平和的に共存できるようにしているのだ。さらにまた食と歯の関係は非常に複雑でもあるから、それは考察されている霊長類の種とその種がアクセスしてきた食資源次第で変わり得る。

生物圏のビュッフェにまっすぐ進む

序章で述べたように、自然界で食物選択を考える時、私は生物圏、巨大なビュッフェのように生命を優しく抱く地球の一部を思い描く。動物たちは皿を手にしてスニーズ・ガード（透明なプラスチックやガラスの覆い）に向かってまっすぐ進んでいく。彼らは何を取るのか。それは、彼らが食べるのに手にできるキッチン器具に部分的には左右されるが、列の先頭に来た時に残されている物次第でもある。言い換えれば食物の選択は、必要な食物と一定の場所、一定の時に歯が食べられるようにしてくれる、そして自然が食べられるように設定してくれる物品との合致の問題なのだ。

本章で接した霊長類のすべてが物語るのは、適切な歯は特殊な植物性食物——特に自らの組織を噛み切りにくくしたり、硬くしたりして自らを守る植物性食物——にアクセスするのに重要かもしれないということだ。だがそうした植物はまた、歯が突破しなければならない防御の種類はどんな時にも費やされる時間割合よりも重要かもしれないことも教えてくれる。ヴィルンガのマウンテンゴリラやタイ国立公園のマンガベイと同様に、必要以上に鋭かったり強かったりする歯は、確かに毎日、必要なのかもしれない。あるいはそうした歯は、バイ・ホコウのゴリラと同様に季節の変化と共に、あるいはキバレのマンガベイのように数年ごとにやって来る特に厳しい時期の間だけに必要であるとも考えられる。古生物学者たる者は、自然史博物館で霊長類の生きていた日のジオラマを製作する時にこうしたことを肝に銘じておかねばならない。古人類学者は、人類の食性を進化させた諸要因を考える時、やはりこうしたことを理解しておかねばならない。

これは、あまり重要なことのようには思えないかもしれないが、実際は重要なのだ。それは、化石記録を研究する我々の適応に関する考え方に、根本的な変化を起こす。似たような歯を持った化石の種といえども、同じ食性をしていたとは単純には推定できないのだ。アントセラナノンビーのブラウンキツネザルとワオキツネザルを考えてほしい。同様に、それぞれ異なる歯を持った化石の種は、日常的に異なった食べ物を食べていたとも想定できない。キバレの大抵の場合のアカオザルとホオジロマンガベイについて考えてほしい。自然はそれよりもはるかに複雑であり、化石霊長類に食べられた食物を推定する際の示唆は核心を突く。

たとえ歯がどのように機能するか、歯が何を噛み砕くのにデザインされたかを私たちが理解したとしても、それは個体が歯をどのように使っていたかを知ることにはならない。一握りの歯の化石を観察し、「我々が手にしているのは、ほとんど葉を食べていた種だ」と大きな確信を持って断言することは、もはやできない。霊長類は、毎日のように、毎週のように、あるいは毎月のように食べることのできる物は、めったに食べはしない。食物選択に影響を与えるのは、時間と空間を超えて隣にいる種との競合から食物の種類の手に入れやすさの変化まで多くの他の要因がある。本章で読者は食物のそうした入手しやすさが季節により、年によっても変動し得ることを学んだ。霊長類が生物圏のビュッフェのテーブル上に望んだ物を見つけられないなら、そこに存在する物や飢えを免れさせてくれる物を食べなければならない。

これを頭に入れたうえで、さあ、化石を観察に行くことにしよう。

第三章　楽園の外へ

読者がスタンリー・キューブリックの『二〇〇一年宇宙の旅（*2001: A Space Odyssey*）』を観たとすれば、ストーリーはご存じだろう。映画は、二〇〇万年前の乾燥したアフリカの平原で始まる。絶滅の瀬戸際にさらされた、のどが渇き、飢えた「人猿」――アーサー・C・クラークが映画を書籍化した本の中で彼らをそう呼んでいる――のバンド（群れ）が、そこにいる。ある個体が地表の骨格から四肢骨を拾い上げ、その頭蓋を叩き始める。そのシーンは、バクの落下に変わる。バンドは食べる。クラークはそれを、書籍ではやや変えて書いている。それは、槍先のような石器とイボイノシシだが、結果は同じだ。人猿は、自分たちの不運な犠牲者を上から見下ろし、「世界の将来は彼らの決断を待つ」[1]。その後に夜明けの覚醒がやってくる。我らがヒーローたちは、もはや自分たちが決して飢えないことを理解する。

それは、人を魅了する物語である。旱魃が人猿から、祖先から受け継いだ青々とした森の住まいという安楽と安全を奪う。彼らは、森に取って代わった不毛で荒涼とした開けた土地で飢えた状態でか弱い立場に置かれる。彼らは、自然と対峙し、征服する立場に直面する。決意、才覚、粗雑な道具以外は何も持たずに。その道具たるや、サバンナに散らばった不運な動物の骨から作ったものだ。移り変わる世界は、我々の祖先を人間へと向かう道に置く。そして、その変質の中で食物が中心的な話題になる。

開けたサバンナは、乾季には無慈悲とも言える場所になる。息苦しいまでの暑さと、埃っぽさ。草原となだらかに起伏する丘を分断するのは、貴重な木陰を作るまばらな木を生やした岩の露頭だけだ。時折、深い植生で縁取られたくねくねと曲がった流れ、小河川が見られる。しかしそこには、どこにでも危険が待ち受ける。ライオン、ハイエナ、ヒョウ、チーターなどが隠れているのだ。そうした無慈悲な世界に置かれていた我々の祖先が、そんな世界にどのような闘いを挑まれたかを想像してみられたい。しかし祖先は、その要求に応えたのだ。そうして今、読者は本書を読んでいる。その一方、読者と遺伝的に九八％一致するチンパンジーは、どこかの森で昆虫を探して木に登っていて、せいぜい瞑想にふけるだけだ。祖先は、決して惜しげもなく熱帯雨林を後にしたわけではなかった。

現代人は、過去数百万年という長い道を歩んできた。ここまでどのようにして、たどり着いたのか。人間は、なぜ他の霊長類とこれほど違っているのか。環境が人類の起源に一定の役割を果たしたことは間違いない。では環境は、進化でどのような役割を演じたのか。我々は、ヒトに最も近い現生の類人猿を樹冠の閉ざされた森で見つけることができる。ところが初期ヒト族（ホミニン）化石は、今ではとうてい快適とは言えない開けたサバンナで見つかるのが普通だ。我々の遠い祖先が地球上を歩いていた数百万年前、祖先はどのような動物に似ていたのか。彼らはサバンナへと出て行き、サバンナが拡大して、彼らやその子孫を収容したのか。いずれにせよ過去の様々な時点で、捕食者、競争相手、もちろん食べられるかどうかという食物の挑戦を受けた。我々ヒト族祖先は、それにどのように応じたのか。

読者は、第二章で生物圏のビュッフェはいつも変化していて、霊長類は与えられた場所、与えられた時に提供される食品を選ばなければならないことを学んだ。結実、開花、実の熟しといった植物の通常ライフサイクルに沿ったイベントはすべて、一年の間で食物を得られるかどうかに影響を与えるし、食物が得られる可能性は、エル・ニーニョ＝ラ・ニーニャ南方振動のような長期的気候循環に従って年々の間でも大きく変化し得る。数千年、あるいは数百万年という単位での環境変動の効果を想像してみられよ。そのような長期的スケールで見れば、ビュッフェが空になるリスクは避けられない。動物は、たとえその時に食べられる食物を利用できるのに適した歯や腸を持っていなくても、たまに襲う飢餓期ならしばしばなんとか乗り切っている。しかしそれが毎年、あるいは毎月のようにと変われば、話は全く別になる。数世紀も続けば、変化する世界がもたらす新しい食物を何でも食べて生き延びるという適応を進化させない限り、種の絶滅に直結する。

それで歯の出番となる。第二章で見たように、自然は、種が食べるのに適応した食物は何であろうと、それに適した歯のサイズ、形、構造を選択する。歯の形や機能の微調整でメリットが得られる限り、食物が好みか否かは問題ではない。したがって環境の変化が種にとっての食の選択肢の変化を意味するのだとすれば、我々自身、ホモ・サピエンスを含む進化している系統の歯にはこの変化の証拠が見つかることを期待できるだろう。言い換えれば歯は、変化する自然界での食の選択、そして環境のダイナミックスの役割とヒトを人間にした食性についての手がかりをもたらしてくれるのである。我々にとって幸いなことに、人類の化石記録には考察するのに十分な量の歯がある。

アフリカの子どもたち

世界で最も重要な化石の一部は、南アフリカ、ヨハネスブルクのヴィッツヴァーテルスラント大学（ヴィッツ）医学部の小さな金庫室に保管されているものだった。医学部の前学部長で私自身の学問上の祖父に当たるフィリップ・トバイアスは、この化石コレクションを「半端でない量の財宝」とよく呼んだものである。

金庫室のドアは、質素な研究室に通じていた。部屋には、古い石膏製の胸像やアフリカとアジアで発見された人類祖先の石膏製顔面復元模型、彼らの歯や骨の模型を詰め込んだ棚が並んでいる。人類祖先のレプリカがそこにあるので、研究者は金庫室のコレクションにある貴重なオリジナルの標本とそれらを比較できるようになっていた。部屋の中央には、黄緑色のフェルトで覆われた大きなテーブルが置かれていた。研究に訪れた客員研究員が仕事をするのは、そこだった。私は初めての訪問をよく覚えている。私は、我々のはるかな祖先、数百万年前に生きていた祖先の現物の化石を観察し、手で触れるのを待ちきれない思いだった。それら祖先について書かれた文献を大量に読んでいた。それぞれの化石は、私にとって今も生きていて、呼吸をしているように思えたのだ。

金庫室の管理人が、五、六点の標本、アウストラロピテクスの歯と顎を載せた木製のお盆を持ってきた。彼は、くだんの黄緑色のフェルトの上にそれを置いた。私はそれまでに何年間も研究していて、この瞬間のために世界の裏側まで飛んできていたので、それらの化石に対面すると謙虚に接し、畏怖の念を覚えるものと予期していた。ところが実際はそうではなかった。それは、あっけないものだった。それらはただの歯――冷たくて、生気のない歯に過ぎなかった。私はそれらの歯がある種の根本的な本質、かつての持ち主が誰であり、どのように生き、私とどのように関係してくるのかを教えてくれるある種の叡智を滲み出させていると期待していた。しかしそうではなかった。

それから、分かった。私がアウストラロピテクスについて学んできたすべてのこと、その生活様式、類縁関係は、以前にやって来た何世代もの研究者たちにより、その歯と骨にははぐらかされてきたのだ。化石はそれ自体は、謙虚ではなかったし、賢くもなかった。化石に意味を与えたのは、科学者だった。本章で、化石、そしてそれを発見し、解明してきた研究者という古人類学界の主要プレーヤーを紹介する。それぞれの化石、研究者が人類進化の理解にいかに貢献してきたのか、そしてヒトを人間にしたことの食性と環境の役割を考えていこう。

物語は、まずレイモンド・ダートについてから始まる。私は彼に、大学三年生だった時に会ったことがある。それは、ニューヨークのアメリカ自然史博物館で開かれた『祖先（Ancestor）』というシンポジウムにおいてであった。そこに出席していたのは、全員が当時の古人類学者の大物だった。私は、その歴史的なイベントの目撃者に過ぎなかった。出席者たちは、人類化石記録でも最重要のオリジナル標本を初めて持参してきていた。セッションの間の休憩時間に、参加者たちが会議場から出てきた時、私は会議場のすぐ外のトイレに向かった。コーヒーを飲み過ぎていたのだ。私の記憶では、男性用小便器に向かい、左隣に目をやった。そこに彼がいた！　人類はアフリカで進化したことを六〇年も前に証明していた気高い老研究者が。ダートは、たった独りで当時の学界の主流の見解に挑み、変えさせていた。私は畏敬の念に打たれ、先に外に出て行って、自己紹介するために待っているのが私のできることのすべてだった。彼は、非常に親切だった。その後の三〇分間、私たちは会議場の外のフロアで一緒に座り、ダートがタウング・チャイルドを発見した時――人類起源の調査の歴史上で決定的な瞬間であった――の話を詳しく語るのを聴いた。[2]

当時、ダートは、新設されたばかりのヴィッツ医学部で解剖学教授のポストを得ていた。彼には、教育プログラムを構築するために未整備の骨格や化石が必要だったので、学生たちを督励し、医学部の休暇の間に南アフリカの広大な荒野、すなわち「ヴェルト（*veld*）」（アフリカーンス語で「フィールド」の意味）から自分のために化石を収集してくれるように依頼した。一九二四年の夏、一人の女子学生がヒヒの頭蓋化石をダートの所に持ってきた。彼女はそれを、家族の友達から手に入れていた。その友達は、石灰岩採掘会社の監督だった。化石は、ヨハネスブルクの南西約四〇〇キロのタウング村近くにある石灰岩採掘場で発見されたものだった。石灰岩は、化石を保存するのに最適の岩石だ。そして採掘人たちは石灰岩を爆破し、そこから南アフリカの別の場所に搬出する仕事に勤しんでいた。ブームになっていた金採掘産業用に石灰を供給するためだった。ちなみに石灰は、金属鉱石を処理するのに使われていた。

ダートは、即座にその頭蓋が大きな掘り出し物であることを知った。それは、少なくともダートの知識ではサハラ以南のアフリカでこれまで見つかったことのない最初の霊長類化石だった。[3] 他にも、もっとあるのではないか。幸いにもその採掘場の古くからの鉱夫の一人が、化石に興味を持って収集し、しかも保管していた。手短に結論だけ言えば、その後すぐに大きな木箱二個がダートの自宅に届けられた。その時彼は、ちょうど友人の結婚式に出る支度をしている最中だった。彼はその時の光景を、あたかも昨日起こったかのように私に語って聞かせた。六〇年後のニューヨークで会議場の外の床の上に一緒に座っていた時に。

さて、木箱が届いたので、彼は式が終わるのをもう待てなかった。箱を壊して開け、中に化石化した脳の鋳型を見つけた。それは、ヒヒにしては大きすぎた。これは、ダートが初めに考えた以上にずっと重要な物だった。そこで彼は——新郎の介添人役なのに、まだ結婚式のための衣装の着付けが完全には終わっていなかった——、頭蓋の残りを探すために砂礫《されき》混じりの石灰岩で包まれた化石の詰まった木箱の中の岩を探った。すると石灰岩の中に埋まっていた顔面が現れた。それは間違いなくそこにあったのだ。

ダートは、数カ月間をかけ、妻の編み針を借り、それで石灰岩を少しずつ剝がしていき、包んでいた岩から頭蓋を分離した。顔面は、驚くべきものだった。それは、ほぼ完全だった。顎は死んだ当時のまま、ギュッと締まっていた。第一大臼歯は歯茎から萌出したばかりのようで、亡くなった時には口腔に突き出ていた。この頭蓋がヒトのものだとすれば、その子は六歳くらいだっただろう。[4] 顔面と顎がヒトらしい部分で、現生の類人猿の持つ紛れもなく大きな犬歯を欠いていた。だが脳の鋳型の方は、素晴らしかった。頭蓋の内部が、生前に頭蓋内部を押しつけていた脳表面を、細部まで保存していたのだ。

タウング・チャイルド頭蓋内は、埋没後に堆積物で満たされた。炭酸カルシウムの溶液と水が急速に沈積し、数十万年以上もかけて石のような天然の頭蓋内鋳型を作っていた。元の脳の右半球表面の隆起や溝も残っていて、それを観察できる。さらには脳の周りを取り巻く保護のための脳膜に血液を供給する動脈さえも、観察できた。頭蓋内鋳型の反対側は、光の下ではダイヤモンドのようにきらめく方解石の結晶で覆われている。もっと重要なのは、若いチンパンジーやゴリラの脳よりも、それはずっと大きかったばかりか、ダートの考えた表面の特徴が我々ヒトに似ていたことだ。そして脳幹は脳の基底部から出ていて、後方からではなかった。このことからダートは、この子は四本脚ではなく二本脚で立ち、その時に頭部はまっすぐに保たれていたと推定した。

ダートは、この化石の種を「アウストラロピテクス・アフリカヌス」——アフリカの南のサル——と命名し、タウング・チャイルドは「現生の類人猿と人類との中間の類人猿の絶滅種」と公表した。[5] だがみんなが、それに納得したわけではなかった。石灰岩採掘場の堆積岩の年代は不確かだったし、頭蓋が見つかった正確な場所は分かっていなかった。実際、タウング・チャイルドの発見を最初に発表した時、ダートはまだ上顎骨と下顎骨を分離してもいなかったから、歯冠を十分に観察することは不可能だったし、ましてや他のヒト族のものと比較するなど論外であった。また頭蓋はまだ幼い子どものものだった。成体なら、どのように見えたのかは分からない。最後に、脳幹の位置からその個体が二本脚で歩いていたと推定するのはいかがなものだろうか。その主張を支持する首から下の骨格の一部が全くないのに、アウストラロピテクスが二足歩行していたという説は拡大解釈のように思われたのだ。

3.1　ヴィッツ医学部のヒト族化石を納めた金庫室でタウング・チャイルドを手にする著者。

　事実、当時の学界全体は、ダートの主張を受け入れる雰囲気ではなかった。ほとんどの研究者は、人類はアジア、もしくはヨーロッパで進化したと信じていたのだ。ダーウィンが『人間の由来（*The Descent of Man*）』で「我々の最初の祖先は他大陸ではなく、どこよりもアフリカ大陸に住んでいた可能性がやや高そうだ」と推測したにもかかわらず、である。[6] 猿人ことピテカントロプス・エレクトス（今ではホモ・エレクトス）はインドネシアに住んでいたのであり、またネアンデルタール人はヨーロッパにいた。さらにいわゆる「エアントロプス・ドーソニ」はイギリスにいたのだ。そしてそのすべては、タウング・チャイルドよりずっと大きな脳を持っていた。また「エアントロプス」は類人猿のような犬歯を持つなど、タウング・チャイルドよりずっと原始的でもあった。[7] タウング・チャイルドの報告された諸特徴は、間違っているように思われていた。もしアウストラロピテクスが本当に『現生の類人猿と人類との中間』だったら、エアントロプスよりもはるかに小さな脳から考えて、エアントロプスよりももっと原始的な犬歯を持っていてしかるべきだった。

サバンナの夜明け

ダートは、解剖学や地質学からの主張で古生物学界の既成勢力を説得しようとしたが、全く前進をみなかった。奥の手、すなわち進化の根本的な原理を持ち出す時だった。チャールズ・ダーウィンはこの半世紀前に我々の祖先が木から下りたのは、「食物調達の方法が変化したか原郷土の環境条件が変化した」[8] からだ、と説明していた。だがサバンナ仮説は、全くダートが提示したものだ。彼は、人類進化には草原環境――水と食物が欠乏し、競争者と捕食者がいる――への進出が必要だったと推論を出した一番手だった。自然が我々の祖先に圧力をかけ、そのために二本脚で立ったことから生まれた手先の器用さと、よりヒト的な脳を備えることで生じた知恵を進化させたからである。

だが一九二〇年代には、南部アフリカの気候は、タウング・チャイルドの時代からはもちろん、恐竜の時代以来、実際には大きな変化はなかったと考えられていた。したがって乾燥し、荒涼とした居住地が我々の祖先に降りかからなかったのなら、彼らは全く頑張る必要もなかった。これこそが、ダートの主張の拠り所だった。現在のアフリカ産類人猿のチンパンジーとゴリラは、広大で乾燥したカラハリ砂漠と周辺の開けた草原でタウングから隔絶されたはるか北方の熱帯雨林で暮らしている。樹上生活の類人猿なら、彼らを寄せ付けない、乾燥し、荒涼とした土地を旅して生き残るなどできることではなかっただろう。そんなことに敏感でない地上性の人猿なら、生き残りも可能だったろう。タウング・チャイルドは、ヒト族であった「に違いない」。彼らのいた所がそうだったというばかりでなく、そもそもまず第一にそこに行けたからだ。ダートは次のように書いている。「暮らしの変化と相まって土地と動物の障壁という恐るべき本質は……選択とぬけめなさを求めた」[9]。

多くの研究者は、タウング・チャイルド、もっと言えばアフリカの荒野は、人類進化には関係がなかったという懐疑論を維持した。それでもダートは、スコットランド生まれの外科医で、当時、南アフリカのカルー地方で化石を探していた古生物学者のロバート・ブルームという協力者を見出した。カルー地方はタウングの南西の、乾燥して、平原と草木のない丘陵が混じる所だった。カルー地方は、古生物学界では約二億六五〇〇万年前から二億四〇〇〇万年前までの注目に値する哺

ステルクフォンテイン洞窟前庭部に置かれたロバート・ブルーム像。クロムドラーイで見つかったパラントロプスの化石を手にして見ている。（訳者撮影）

乳類型爬虫類化石の見つかることで著名だった。ダートの発表の直後、ブルームはタウング・チャイルドを観るためにヨハネスブルクを訪れた。彼も、タウング・チャイルドはヒトだと確信し、それから数日内にダートの結論を支持する短い論文を『ネイチャー』に投稿した。これは短期的には批判を鎮めるのにあまり役立たなかった。けれどもブルームは、最終的には批判を沈黙させた。もっともそれには二、三十年の歳月と彼自身の化石の発見を必要としたのだが。

ブルームは、一九三四年にプレトリアに移住し、トランスヴァール博物館の形態人類学・古脊椎動物学の専門職員になった。[10] そこには、一時間も車を走らせるだけで、クルーガードルプの真北のブルーバンク渓谷周辺に、たくさんの石灰岩採掘場があった。そこなら、ブルームは自分自身の人猿を探せるだろうと考えた。博物

ステルクフォンテイン石灰岩採掘跡。この上に歩道が作られ、見学者はこの上を歩いて全体を見学できる。（訳者撮影）

館に着任後すぐにブルームは、「タウング類人猿の成体標本探し」に取りかかった。[11]

今日ではユネスコ世界遺産の「人類の揺り籠」に登録されている地域の周辺には、放棄された無数の小規模な石灰岩採掘場が点在している。人類遺跡は、高速道路N1号のわずか二十五キロほど西のハウテン州と北西州にまたがり、ヨハネスブルクとプレトリアをつなぐ無秩序に採掘場跡の残る回廊にあり、農場、野生動物保護区、そして世界最高の味のチキンパイの店のある四六〇平方キロほどの灌木林と草原の広がるなだらかな起伏地に点在する。人類の揺り籠地帯には、十カ所以上もの化石出土地のあることも知られている。化石はすべて洞窟包含層に埋まり、ヴィッツヴァーテルスラント・リーフ・ゴールドラッシュの時期に、石灰を採取するため鉱夫が爆破したのち放置された穴だけが地上に露頭している。穴の周りの表面には、現在ではたくさんの角礫《かくれき》岩の岩塊が散乱し、砕かれた岩が採掘過程の廃棄物として一帯に山を成している。それぞれの角礫岩は、硬く凝固した土壌、小石、そして時には骨も混じった塊で、炭酸カルシウムと一緒になって強く硬く固まっている。炭酸カルシウムは、包含層が形成された際に地上から水に溶けて浸透してきたものだ。

ブルームは一九三六年、ダートの数人の学生と共にそれらの廃鉱跡の一つ、ステルクフォンテインを訪れた。するとすぐにアウストラロピテクスの最初の成体頭蓋が見つかった。骨格の残りの最初の部分、大腿骨が、翌年、そこから発見された[12]。さらにその翌年、そこから数キロ離れた遺跡、クロムドラーイで、全く異なった種類のヒト族化石を見つけた。ブルームは、新しいヒト族化石をパラントロプス・ロブストス、すなわち「頑丈な近人」と命名した。その化石は大きく、頑丈な造りの顔面、顎、頬骨からできていたからだ。こうやってそこからは、タウング出土頭蓋の成体版だけでなく、一九三八年中頃までに別の仲間の骨も見つかったのだ。かくて南アフリカからは、二種の化石ヒト族の存在が知られることになった。この証拠は、もはや否定しようがなかった。我々は、実際、アフリカの子なのである。

殺人獣の饗宴

ダートが自説を築き、証拠をつなぎ続けていたので、人類進化への過酷な、だが肉の満ちたサバンナの意義は、注目を集め始めた。ダートは、我々祖先が原始の森を立ち去った時に世界は変わったと確信した。そしてその変化と共に、祖先は無邪気だが愚かで怠惰な果実食動物の生活を捨て、代わりにずる賢く勤勉な捕食者の暮らしに移った、と考えた。彼がそう考えた証拠は、南アフリカの石灰岩採掘場でアウストラロピテクスの化石と共に見つかる、壊された動物の骨の化石であった。ダートは、それらの化石についてこう考えた。それらの骨は、棍棒の殴打による紛れもない破砕の跡であり、むごたらしい筆致で、その一部はアウストラロピテクスが獲物を殺し、食べるために使われたのだろうと書いた。[13] 彼は、続けた。「人間の祖先は、殺し屋と確認された点で、今いる類人猿とは違う。暴力で生きた獲物を捕まえ、それをぶっ叩き死に至らしめた肉食動物は、獲物の四肢を引きちぎった。それで、熱い血で自らのあくなき渇きを癒やし、ぴくぴく動く生肉をガツガツとむさぼり食ったのだ」。[14] 彼は、常にスパイ小説の工作員であった。科学論文でなぜそんなどぎつい文章を表現するのかと問われると、ダートはこう答えたのだ。「しゃべることが大切だ！　そうだろ」。[15]

だがアウストラロピテクスについての彼の見方は、現在の草原に棲む霊長類からの類推でもあった。ダートは、当時、シュシュルウェ野生動物保護区の保護管理者だったハロルド・ポッターから受け取っていた手紙を、『サルからヒトへの肉食への移行』という論文で転載した。「サルの投げ縄取りのポッター」という異名で知られたポッターは、冬季のヒヒの罠かけ狩りについて記し、「おそらくその時は他の食物が欠乏しているという事情によるのでしょう」[16] と書いていた。現在も南アフリカの地上性のヒヒは、ジューシーな果実などが手に入らない時に狩りへと移行するが、それならアウストラロピテクスも過去に確実に同じことをしていただろうと書いていた。彼は、メリッサ・レミスやジョアンナ・ランバート、あるいは私が生まれる数十年前に、森に入って行ったことはもちろん、霊長類の食物が季節的に変化する重要性を認識していた（第二章参照）。

しかし季節性が人類の食性の進化に一定の役割を果たしたという実際の証拠が得られたのは、なお半世紀先のことであった。それについては、第五章でまた立ち戻ろう。これら初期ヒト族の食性について、包含層に彼らの化石と共に見つかった食物滓と想像される遺物と現生霊長類からの直接の類推を超えて、その時点で何を言えただろうか。ロバート・ブルームの弟子のジョン・ロビンソンは、これを明らかにするためにヒト族化石そのものを詳しく考察した最初の人物だった。ロビンソンは、当然のことながらアウストラロピテクスの歯に目を付けた。

歯、食物、そして変貌する世界

ロビンソンは最初から、歯に、ましてや人類進化に興味を持ってその問題に着手したわけではなかった。[17] 一九四五年にケープタウン大学で、学位論文を書くために彼はプランクトンの研究をしていた。その年彼は、トランスヴァール博物館から新しく入庫した蛾の標本群の整理を手伝う助手の職のオファーを受けた。[18] この職は研究歴を積むという点では全く意に染まぬものだったが、第二次世界大戦が終わったばかりで、職は限られていた。そこでそのポストを受け入れ、彼はプレトリアに赴任した。その直後にロバート・ブルームと会い、形態人類学・古脊椎動物学部門でブルームの研究に加わった。ブルームはその時、八十歳となっていたが、その一方、ロビンソンの方はまだわずか二十三歳だった。その年齢差にもかかわらず、二人は意気投合し、一緒にブルーバンク渓谷周辺の石灰岩採掘場から見つかる化石を熱心に探索し始めた。その五年後にブルームは亡くなるが、その直前まで二人は共著で二十数編の論文を発表した。こうした論文の中には、一九四九年にロビンソンが発見した第三のヒト族化石の顎と歯の記載も含まれていた。この化石は、ステルクフォンテインから谷を隔てたすぐ隣のスワルトクランス遺跡から見つかった。スワルトクランスからは既にパラントロプスが見つかっているが、この化石はそれと明らかに違っていた。歯と顎は、パラントロプスより小さく、ずっとヒト的だった。ブルームとロビンソンは、この化石に「テラントロプス・カペンシス」と新種名を命名し、他の初期ヒト族と現代の人類とをつなぐ中間段階の種だと宣言した。テラントロプスは、後にアジア産のピテカントロプスと一緒にホモ・エレクトスにまとめられた。

舞台は整い、三つの主役、アウストラロピテクス、パラントロプス、そして早期ホモが揃った。ではこの三者は互いにどのように関連し、現代の我々とはどのような関係があるのだろうか。人類進化において彼ら三種の役割はどのようなものだったのか。その証拠は、ダートのサバンナ仮説にどのように適合するのか。こうした疑問はすべて、ロビンソンの心に重くのしかかってきた。彼は自分より年かさの盟友であるブルームの死後、彼の仕事を引き継ぎ、一九五〇年代前半にこれらヒ

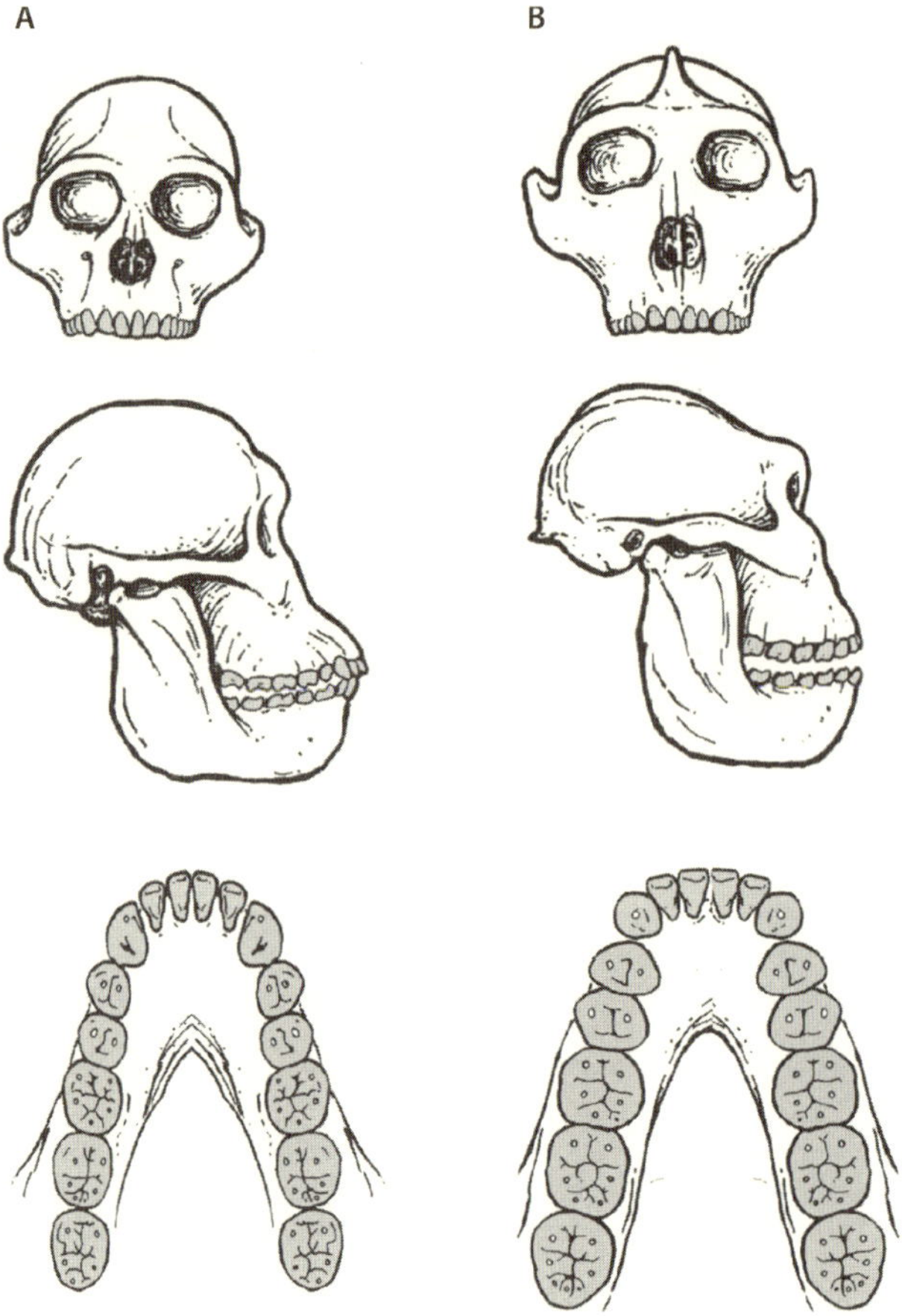

3.2　南アフリカ出土の初期ヒト族の頭蓋と下顎の復元図。A．アウストラロピテクス・アフリカヌス、B．パラントロプス・ロブストス。絵はジョン・フリーグルによる。

ト族の歯に研究の焦点を合わせた。彼は前例のないほど詳しくそれらの歯を記載したばかりでなく、食性の違いによる種間の歯の大きさ、形態、構造の差も説明した。ロビンソンのこの研究は、こうしたことを説明した最初の研究だった。ロビンソンはまた、初期ヒト族の二つの系統は何を食べたか、居住地をどのように分け合ったのかで違いがあったために、共存「できた」と主張した初めての研究者でもあった。

アウストラロピテクスと比べると、パラントロプスは非常に大きな小臼歯と大臼歯を持つが、その一方で前歯は比較的小さかった。また臼歯は分厚いエナメル質を備え、歯冠表面は平坦に磨り減り、表面には左右に横切る無数のひっかき傷があった。ロビンソンはこのことが意味するのは、若芽や葉、漿果、頑丈な野生果実のような植物性食物を磨り潰すのに大いに歯を使ったためであると推測した。その歯にはまた、刃こぼれのような細かい傷があった。たぶん、と彼は考えた。パラントロプスは、根や塊茎のような砂粒混じりの食物も食べていた、と。他方、アウストラロピテクスは犬歯を含めて前歯は大きく、小臼歯と大臼歯は小さかった。アウストラロピテクスに関する彼の推定は、ダートのストーリーとうまく合致するように思われた。彼らは肉を含む様々な食を摂っていたのだ、と。ロビンソンはパラントロプスはアウストラロピテクスよりも原始的なタイプであり、後者は人間へと向かう方向に進化したと考えた。二者よりさらに大きな前歯、小さな臼歯を備えていた早期ホモは、さらに進歩していた。そのようにジョン・ロビンソンは、初期ヒト族の食性について、今日の我々の理解の基礎を築いたのである。

ロビンソンの次のステップは、人類進化の過程で環境が果たした役割と同様に、進化の大きな謎である食性の違いの意味を理解することであった。彼は、化石の生成した背景を知ることが必要だった。それは、化石出土地はどのように形成されたのか、どんな食物が当時の彼らの周囲にあり、利用できたのか、である。彼は、ヒト族の暮らした居住地について詳しい情報を欲した。

彼がその仕事を委ねたのは、若いローデシア（現ジンバブエ）生まれの地質学の学生であるチャールズ・キンバーリン（ボブ）・ブレインだった。ブレインは一九五四年、ブルーバンク渓谷のヒト族遺跡とその北東約二四〇キロのマカパンスガットというもう一つの遺跡の地質学の研究を始めた。三年後、その研究でPh.Dを取得し、そのすぐ後に『トランスヴァール地方の猿人化石を包含する洞窟堆積層』を出版した。[19] この業績は、当時の古人類学者が我々の祖先が進化した環境条件をどのように見るべきかを、根本的なやり方で変えた。ダートが推定したように、恐竜が地上をうろついていた頃から、草原は本当に不変のままだったのだろうか。様々な遺跡のそれぞれ異なったヒト族は、同じ居住地に暮らしていたのだろうか。こうした謎は、アウストラロピテクス、パラントロプス、早期ホモそれぞれの歯の間の違いを解釈する上での鍵となった。

だがそれでは、どこから始めるべきか。ブレインは、現在の降水量がそれぞれ異なる南アフリカとその周辺の各地で土壌サンプルを集めることから始めた。植物が青々と茂るドラケンスバーグ山脈のグラスコップは年間平均降水量は約一五〇〇ミリであり、一方でナミビアとの砂漠の国境地帯にあるアリグザンダー・ベイは同五ミリ以下だ。それぞれの土地の土壌は違い、その違いは降水量とそれぞれのサンプルが出土した居住地という観点でうなずける結果になった。すなわち降水量の多い環境ではかなり風化の進んだ砂粒、乾燥した土地では大量の石英の土壌であった。ブレインは、デコーダー・リング［暗号作成・解読に用いる指輪］のダイヤルを合わせるように、土壌タイプを利用すれば、ヒト族包含層から採取した岩石サンプルを解読できる、と推定した。分析の結果、ステルクフォンテインとマカパンスガットはあたかも乾燥した時代に形成されたかのように、一方でスワルトクランスとクロムドラーイは湿潤な時代に堆積したかのように思えた。前者の二遺跡で見つかった絶滅動物化石は、後者よりも原始的なように見えたので、ブレインはステルクフォンテインとマカパンスガットはスワルトクランスとクロムドラーイよりも古いだろうと考えた。そう考えると、トランスヴァール地方の環境条件は、時代によって変遷していたかのように思われた。この地方のヴェルト草原は、恐竜の時代から開けた草原のまま不変であったのでは全くなかったのだ。だから一種きりのヒト族居住地でもなかった。アウストラロピテクスは乾燥したヴェルト草原のような環境に耐えて生きていたが、パラントロプスと早期ホモは緑の多い時代に暮らしていたように思われた。

　これこそロビンソンが必要としたような詳細さだった。カラハリ砂漠で調査活動している地質学者たちも、当時の南部アフリカの古環境について以前より幅広い見方を発展させつつあった。彼らは、中新世（図1・1の地質時代の年代表を参照）はほとんどの期間、湿潤であり、その中間期の大半もこの地域には森が広がっていたと考えた。しかし中新世の末期から鮮新世にかけて、この環境もすべて変化した。カラハリ砂漠が形成され始め、南アフリカ、ナミビア、ボツワナの広大な領域を赤い砂で埋め尽くすようになった。[20] 森林は縮小し、気候は前期更新世まで乾燥したままだった。この時代、河川が基底の石灰岩層まで分厚い砂層を削った。基本的な傾向は、湿潤から乾燥へ、その後、再び湿潤へと戻るという考えだ。古環境というジグソーパズルのピースは、組み合い始めていた。ステルクフォンテインとマカパンスガットの主要なヒト族包含層は中間期、すなわち乾燥亜期に適合し、スワルトクランスとクロムドラーイのそれは、その後の湿潤亜期に形成された、と思われた。

ロビンソンは、歯の役割、食性、そしてヒトを人間にする過程での変わりつつある世界についての道筋を組み立て始めた。ダーウィンがほぼ一世紀前に提唱して以来、一般的な考えは実質的にはほとんど変化していなかったが、今や細部が分かってきた。第一幕は、アウストラロピテクスの祖先が森を離れた時に、もしくは今ではこちらの方が可能性が高そうだが、森が彼らを見限った時に、二足歩行のヒトが登場したということだ。これにより、物を運び、石器などの道具を使えるように、二本の手が自由になっただろう。そしてそのことが次には、以前より小さな前歯になる進化を導いたことだろう。犬歯と切歯は、もはや獲物の摂取や闘争にとって重要ではなくなったのだ。しかしこの初期の祖先は、現生の類人猿のように依然として植物食であった。彼らは、現生のヒヒが行っているように、必要となった時に肉を補っただろうが、肉は十分に得られなかったから、森から完全に追い出されたわけではなかった。

次が第二幕である。ブレインが人類遺跡の地質研究に取り組み始めた直後、マカパンスガットで風化した礫《れき》を見つけた。それは、薄片が剝がされ、石器に加工された物のように見えた。彼は、続いてブルーバンク渓谷の各遺跡を念入りに探索し、ステルクフォンテインでさらに確信の持てる数十点の石器、スワルトクランスでは数点、クロムドラーイでは二、三点の石器らしい遺物を見つけた。ブレインは、これらは早期ホモの手で作られたに違いないと推定した。というのもステルクフォンテインの石器らしい遺物は（マカパンスガットのそれもおそらく）上の層から出土し、またアウストラロピテクスの主な包含層よりも上位に位置したからである。スワルトクランスとクロムドラーイの時代までに、我々の祖先は骨器使用者から石器製作者へと飛躍を遂げていたかのように思われた。

ロビンソンは、石器に初めて依存するようになったのは乾燥した季節の長期化や乾燥した環境条件がきっかけになった、と考えた。彼の考えでは、肉は早期ホモが、乾燥化し、荒廃した原郷土に直面したために重要になったのだ。その後に石器の使用頻度が高まり、知性が発達した。狩りが成功することに次第に生き残りがかかるようになったからだ。このことが、続いて以前よりも人間に近い生活様式を発展させ、それがまたより洗練された石器の利用、大型化した脳、効率化した狩りへとフィードバックしたであろう。それは、「実際上、後戻りできないその適応はアウストラロピテクス段階を完全な過去へと運び去っただろう」[21]。それゆえ早期ホモも、増大した脳サイズと道具使用者から道具製作者への転身で、新たな適応に入った。

パラントロプスは、もちろん前二者とは違った。ロビンソンの考えでは、パラントロプスも最古のヒト族の子孫だが、極端に大きな奥歯と小さな前歯から想定されるのは、彼らの祖先の摂っていた植物食から脱け出せるように進歩していたわけでは決してなかったということだ。この食性は、クロムドラーイとスワルトクランスの時代のトランスヴァールの湿潤で緑深い環境と良く適合する。パラントロプスが早期ホモと同じ層位で見つかるという事実は、この二種のヒト族はかなり異なる生活様式を持ちながらも、共存していたに違いないという考えを支持するものだ。

一九六〇年代には、この物語はしっかりと定着した。南部アフリカの草原と砂漠の環境は、鮮新＝更新世を通じて湿潤から乾燥へ、そしてまた湿潤へと繰り返し変動していた。アウストラロピテクスは、次第に肉食化を強めるように進化した。鮮新世を通じて乾燥した環境条件によって、森の植物を主体とした食物から、前よりも動物性蛋白質を多く含む食物へと食性が移るように促されたからである。他の二種は、前期更新世というもっと後の時代に、その後も続く湿潤な環境条件下で生きていた。早期ホモは、道具使用者から道具製作者へと変身したことで、人間へと向かうトーチを掲げていた。最古のヒト族の最後まで生き残っていた「遺残」であるパラントロプスは、依然として食は植物に大きく頼っていた。彼らの祖先は樹上から下り、道具を使用し始めていたのに。ブレインのヒト族の古居住環境に関する研究と結びついて、ロビンソンの歯のサイズの研究は、食性と変遷する世界に脚光を浴びせた。

現在は過去の情報をもたらす

しかし研究者が人類進化に関する疑問にとりくんだ方法と彼らが得た答えは、変化へのスタートを切りつつあった。第二次世界大戦が始まり、そして終わると、世界経済は成長を始めた。新たな繁栄は、新しい着想と新しい研究法を持った新世代の若い研究者たちに先導された科学にとっての恵みであり、一種の「黄金時代」の到来であった。古人類学にとってそれは、現在普遍化している認知過程と記録過程、さらに歯と食物、環境と進化との関係を含む過去を復元して得られた知識を用いることを意味していた。ブレインによる現代南アフリカの降水量がどのように土壌に影響を及ぼしたかという研究は、その一例だった。

次は、ジョン・ネイピアの登場する番だ。ネイピアは、解剖学と自然史に情熱を燃やすロンドンの外科医であった。非常に熱意があったので彼は、王立自由病院医科大学（Royal Free Hospital Medical School）の霊長類研究部で研究者への道を歩み始めた。彼の手法は、モデルとして現生の霊長類を使ってヒト族化石記録を理解することであった。ブルーバンク渓谷の遺跡群の包含層を究明するために、今日、形成されている土壌をブレインが用いたのと全く同じ手法だった。ネイピアの所属した部門は、活気があり、刺激に富んだ所だった。彼が教えた大学院生の多くは、その後、学界のスーパースターになり、その学問分野を前進させるに至った。

ネイピアと彼の教え子の一人のコリン・グローヴズは、初期ヒト族の歯のサイズの違いは彼らの食性の違いを意味するというロビンソンの考えを再検討した。二人は現生の類人猿を考察し、彼らの歯のサイズを計測し、行動と解剖学的特徴を合致させるためのパターンを探した。チンパンジー

3.3　南アフリカ、スワルトクランスで活動するパラントロプス・ロブストスの復元図。絵はフレッド・グラインによる。

とオランウータンは、果実の外皮を剝くための大きな切歯とその果肉をペースト状にするための小さな大臼歯を持っていた。一方、ゴリラが備えているのは、彼らより小さな切歯と大きな大臼歯であった。それは、「粗い植物質」を磨り潰すためだった。[22] アウストラロピテクスと早期ホモの歯のサイズの違いは、オランウータンとゴリラのそれとほぼ同じだった。パラントロプスは、前二種よりさらに歯ごたえのある頑丈な植物を消費していたことを物語るように、奥歯に対比して小さな前歯しか持っていなかった。こうしたことは、ロビンソンの説いてきたことと符合し、彼の考えを実証した。しかしグローヴズとネイピアは、細かい違いを説明することまではしなかった。

その説明は、もう一人のネイピアの学生で

あるクリフ・ジョリーの課題として残された。ジョリーは、初期ヒト族と同じ包含層から出土したゲラダヒヒとヒヒの化石に関する学位論文で課題を解決した。ヒヒ類、特にゲラダヒヒは、今日では大型で開けた環境に棲むサルである。ところが過去には多くが、さらに大型で、地上での生活に極端なほど適応していた。現生の子孫種のように、化石ゲラダヒヒは、他の指に対して長い親指、小さな前歯と大きな奥歯、さらに頑丈な咀嚼筋を持っていた。ジョリーはその時のことをそう呼ぶのだが、「なるほど、そうかの瞬間」は、化石ゲラダヒヒのこれらの事柄が初期ヒト族化石が道具使用と狩りの証拠を伴っていたのとまさに同じ属性の一部だったという理解に到達したのである。今日、ゲラダヒヒは手と歯を、小さくて硬い種子を食べるために用いている。大型の霊長類なら、石器も使わず狩りもしないで、地上でそれと同類のことを上手にできるのだ。さらにジェーン・グドールは観察地のゴンベで、森に棲むチンパンジーが様々な歯と手を使い、小動物を狩り、道具を作る事実を報告した。地上性の大型霊長類は、生活をしていくのに道具を必要としていなかったから、道具使用はヒト族の起源のきっかけになったわけでは必ずしもない。何か他にあったに違いない。ジョリーにとってその答えは、環境の変化であった。

ジョリーは、一九七〇年に「種子食仮説」を発表した。それは、パラントロプスの小さな前歯と大きな大臼歯は噛み切りにくい植物食者の歯列だったとするロビンソンの考えを基礎に構築された。しかしこの説は、ヒト族のような手は道具使用のために進化したとするロビンソンの考えに異を唱えるものだった。ゲラダヒヒの食べるような小さくて噛み切りにくい種子食物は、そうした歯で間に合う。ジョリーの考えでは、果実を基本とした食から野生穀物種子への変化は、低湿地で始まり、ヒト族が広大な氾濫原や草原へと広がった時まで続いただろうという。たぶんこの変化で、ヒト族が肉食と道具使用のために必要となった解剖学的構造がもたらされた。わずかな環境変化でさえ、それを促すのに十分であっただろう。彼は「たまのごちそうではなくてさらに安定した食物を得るため、肉を獲得することを重視した赤道周縁地域での季節的活動の強化」[23]について熟考した。彼より前にロビンソンやダートも考えたように、当時は彼も、そのことがアウストラロピテクスが動物の骨、歯、角という道具を手にして肉食に飛躍し、拡大した脳、向上した二足歩行につながったと信じていた。[24]彼は、こう主張した。早期ホモはその道をさらに前に進んだのだ、と。

種子食仮説は、その当時の伝統的とも言える常識――遺跡で見つかる動物の化石は当時のヒト族の食べかすであり、またパラントロプスはアウストラロピテクスに比べて原始的であり、さらに鮮新＝更新世のヒト族の居住地は湿潤から乾燥へ、そしてまた湿潤へ、さらに乾燥へという気候の振れで不安定であった――の上に構築されていた。しかしジョリーが自分の仮説を発展させた時までに、こうした考えは既に動揺し始めていた。新しい化石の発見、新しい技術の登場、過去についての新しい思考方法が、東アフリカでのヒト族の発見で既に始まっていたのだ。ブルーバンク渓谷遺跡群でブルームとロビンソンが探査活動をしていた時代以来、南アフリカは独特のアパルトヘイト政策のせいで次第に世界から孤立するようになっていた。その一方、それよりはるかに北で見つかる化石は世界中からどんどん研究者を吸引し、彼らを化石探しに参加させた。古人類学者が仕事をするやり方は、変わり始めていた。その新しいやり方に沿って変化しつつある世界がどのようにしてヒトを人間にしたのかという新しい洞察に至らせたのだ。

東へ

それは、一九五九年にメアリー・リーキーによって、大地溝帯がタンザニアを貫くオルドゥヴァイ峡谷でパラントロプスの頭蓋が発見されたことで始まった。メアリーの夫のルイスは、最初はその化石にジンジャントロプスと命名した。「ジンジ」とは、東アフリカに対して中世アラビアの地理学者が用いていた地名であった。ルイスにとってこの発見は、南アフリカがもはや我々の祖先の唯一の起源の地ではないという事実を強調するものであった。早期ホモもその数年後に、同じ包含層で発見された。オルドゥヴァイ峡谷はマカパンスガットよりも二五〇〇キロも北東に位置したので、その発見の意義は大きかった。今や東アフリカが研究者の作業テーブルに載ったのだ。

ここでどれだけ多くの新化石が発見されただろう。古生物学上の「ゴールド・ラッシュ」がその後に訪れ、一九七〇年代半ばまでにさらに数カ所の人類遺跡が見つかり、その領域はさらにもう二〇〇〇キロ近くも北東に広がった（タンザニアから、ケニアに、そしてエチオピアに）。東アフリカからも、南アフリカとは異なる新種ではあったが、同じ三種類のヒト族化石、すなわちアウストラロピテクス、パラントロプス、そして早期ホモが発見された。化石記録での三種の出現順序も、南アフリカと同じだった。最初にアウストラロピテクスが、次いでパラントロプスと早期ホモ、である。そしてまた南アフリカと同じように、石器も後者二種の出土した更新世の包含層でのみ見つかった。

だが東アフリカと南アフリカのヒト族の間には重要な差違があった。火山灰を年代測定する新しい方法により、地質学者たちは東アフリカのヒト族包含層の実年代を特定できるようになったのだ。それ以前は、ヒト族が、またそれと関係する他の化石種も、「本当のところは」どれくらい前に生きていたのか、誰も知らなかった。レイモンド・ダートとロバート・ブルームの時代の地質学者は、一つの遺跡内の地層の大まかな相対年代を明らかにはできたし、異なる遺跡ごとの化石包含層が似たような動物化石を含んでいるなら類似した年代のものだと言うことはできたが、それ以上の詳しい年代、絶対年代の推定となると、当て推量に近かった。例えばその地層が堆積するのに、実際にどれくらいかかったのか。当時のほとんどの古生物学者は、更新世は六〇万〜五〇万年前頃に始まったと推定していた。だが実際の年代は、ヒト族の遺物・遺跡をもっと正確な時代に位置づけることになった。その年代は、地球上のヒト族の時代に実感をもたらした。これにより古人類学者は、アウストラロピテクス、パラントロプス、早期ホモのいた年代、種間でどれだけ長く共存していたのかということばかりでなく、解剖学的構造の変化のタイミングが機能と関連していたこと、それが気候の地質学的証拠と合致することも明らかにできるようになった。

一九五七年、年代測定の試料を集めるために、バークリーの地質学者のジャック・エヴァーデンは、初めてリーキー夫妻の調査キャンプを訪れた。東アフリカには、鮮新＝更新世の間、たくさんの活火山が活動しており、オルドゥヴァイ峡谷には年代測定できる火山灰から形成された分厚い凝灰岩層が積もっていた。実のところ東アフリカでは遺跡でもそれ以外の所でも、南アフリカの石灰岩採掘場のような所はなかった。オルドゥヴァイの地層は、硬い火山性の基盤岩の上に、軟質の火山灰層と化石包含層が毛布のように下から上に幾重にも積み重なっていた。オルドゥヴァイ峡谷には主に四枚の化石包含層があり、それは薄い火山灰で分かたれていた。それはまるでレアーケーキの重なりを分かつアイシングのようであった。深さ一〇〇メートルほどの主な二つの深い峡谷が、その地層を削り込み、十数キロの幅で地層を曝け出していた。ただオルドゥヴァイ峡谷については、後の方でもう少し見ていくことにする。

エヴァーデンは、渓谷の底部の近くで最初の火山灰試料を採取した。その試料は、エヴァーデンに一七五万年前という年代値を与えた。だがその後数年間は、オルドゥヴァイ峡谷でヒト族化石は全く見つからなかった。そのためその年代値は、ほとんど研究者の注意を引くことはなかった。しかしその後、オルドゥヴァイでパラントロプスが発見されると、エヴァーデンの同僚のガーニス・カーティスが渓谷を訪れ、さらに試料を集めた。カーティスは、エヴァーデンの出した年代の一七五万年前を実証した。これは、まさに革命的な発見だった。パラントロプスは、ほとんどの古人類学者が想像していたよりはるかに古かったのだ。それ以前の推定値の大勢は、オルドゥヴァイのヒト族は約五〇万年前に生きていたというものだった。ほんの一撃で、人類進化の年代幅はほぼ四倍になったのだ！　それと共に、人類進化の過程、ある種から次の種へという年代系列、それに進化の引き金を引いた環境変化も、落ち着くべき所へと向かうスタートが切られた。

オルドゥヴァイ峡谷でのパラントロプスの発見は、アウストラロピテクス、パラントロプス、早期ホモの関係についても新しい見方に導いた。ルイス・リーキーは、レイモンド・ダートの弟子で、新しく指名されたヴィッツの後継者であるフィリップ・トバイアスに、妻のメアリーが発見した頭蓋の分析と記載を依頼した。それは一九五九年の発見のすぐ後のことだった。トバイアスは数年間をかけた入念な分析と南アフリカ産ヒト族との比較の後、それらの標本について膨大な分量のモノグラフを書き上げた。彼の結論は、ロビンソンがかつて想定していたように、パラントロプスはアウストラロピテクスよりも原始的な、実体のない系統の最後の喘ぎではない、というものだった。その小さな犬歯、巨大な大臼歯、咀嚼システムに関連する諸特徴は、実のところ高度に特殊化したものだ。それに対して、小さな大臼歯と大きな犬歯とを併せてのアウストラロピテクスの脳サイズを再分析した結果、より古いこのヒト族は実際にもっと原始的であったと推定された。実際、トバイアスは、早期ホモとパラントロプスの祖先は、アウストラロピテクス・アフリカヌスとは「実質的に区別がつかない」と判断した。[25]

ほぼ同じ頃、東アフリカでたくさんのヒト族遺跡が続々と発見されつつあった。フランス、ケニア、アメリカの研究者たちによる大規模な合同調査隊が、一九六〇年代末から一九七〇年代半ばにかけて、エチオピア南部のオモ河谷南部に出かけ、二百点以上のヒト族標本を含む五万点もの動物化石を収集した。化石のほとんどは、シュングラ層群と呼ばれる累層から見つかった。地質学者たちは、化石包含層の年代の全貌をつかむために、懸命に取り組んだ。最終的に彼らは、約三六〇万年前から一〇五万年前にわたる、年代で二十五枚に識別された層位群を把握した。オモの年代測定された化石包含層の識別は、途方もない大事業だったが、究極的にその成果は、オモで発見された化石ヒト族ばかりでなく、南アフリカやその他の地域のヒト族の推定年代の基準を研究者たちにもたらしたのである。

南を振り返る

さてここで南アフリカに立ち戻ると、東アフリカと違ってここには年代測定の試料となる火山灰がなかった。しかし動物化石だけは大量にあった。そこで古生物学者は、様々な種が進化した順序付けを行うという包括的な考えに至った。一九五〇年代の研究者たちは、出土した動物化石を基にして、各地の遺跡の——南アフリカ内の諸遺跡や世界の他の地域の遺跡群の両方——包含層を対応させることに懸命に取り組んだ。南アフリカのヒト族は、すべてが前期更新世のものと考えられた。ステルクフォンテインとマカパンスガットのヒト族の大半は、スワルトクランスとクロムドラーイのそれよりは少し古かった。そしてそのすぐ後に、オルドゥヴァイでパラントロプスが発見された。そこで研究者たちは、オルドゥヴァイの動物化石をスワルトクランスとクロムドラーイのそれと比較し始めた。それらは大変うまく一致した。今や研究者たちは、いい線にたどり着き始めたのだ！彼らは東アフリカの諸遺跡で得られた推定年代を基準にして、両地域に共通する動物化石種を観察することで、南アフリカの初期ヒト族の年代を推定するという着想を得た。

南アフリカ生まれの地質学者で、当時はカナダ、ノヴァスコシア州ハリファックスのダルハウジー大学にいたバジル・クックが、その仕事を引き受けた。クックは、この三十年前にステルクフォンテインで調査する一方、ヴィッツの教官を務め、ヒト族包含層についてはよく知っていた。彼は正確に年代測定されたオモの層のイノシシと南アフリカ産のものをマッチングさせるために、オモへの遠征で得たイノシシ化石から研究に取りかかった。クックは、イノシシの第三大臼歯が年代が経過するにつれ長くなっていくことを見つけた。実際、大臼歯の長さと年代の関係は、非常にうまく合うので、南アフリカの遺跡で見つかった化石イノシシの大臼歯を計測することによって、南アフリカヒト族包含層の年代を合理的に推定することができた。ゾウの奥の歯も研究に用いた。プリンストン大学のヴィンセント・マグリオは、だいぶ前に進化の時間の中で、ゾウの歯冠は高くなり、歯の稜（咬板）は発達していくことを見つけていた。イノシシとゾウが共に示唆しているように、ステルクフォンテインとマカパンスガットの主なヒト族化石包含層は実際に後期鮮新世の約三〇〇万〜二五〇〇万年前と推定され、一方でスワルトクランスとクロムドラーイのそれは実際に前期更新世、年代にして二〇〇万年前頃かたぶんそれよりやや若い、と考えられた。

一九七〇年代半ばに、アウストラロピテクス（「ルーシー」の属する種であるアウストラロピテクス・アファレンシス）[26]の骨がオルドゥヴァイから三〇キロ余り離れたラエトリで見つかり、さらにここから一六〇〇キロほど北のエチオピアのアファール三角地帯でも同一種の化石が発見された。ラエトリのヒト族化石は三八〇万～三六〇万年前と年代推定され、またアファールの同一種は、三〇〇万年前よりなお古いが、前者よりやや若いと推定された。したがってヒト族化石のフィリップ・トバイアスの研究がアウストラロピテクスはパラントロプスとホモへと進化した可能性があると推定させたばかりでなく、それが起こるまでにはかなりの時間があったことも示したのだ。

若い研究者たちがどんどんこの分野に参入して来るにつれ、化石の解釈をするための新しい考え方と研究法が浮上し始めていた。一部の研究者は、人類遺跡で発見された動物の骨と歯がなぜそこに残されていたかという謎についてのダートの解釈に、まず疑いを投げかけ始めた。それらの骨と歯は本当に初期ヒト族の食べかす、ゴミだったのか、それともそれらの骨と歯ばかりか「ヒト族の化石も」、大型ネコ科やハイエナなどの肉食動物か死肉漁り屋に食い散らかされた名残だったのか。言い換えれば、アウストラロピテクスは本当に狩る側（ハンター）だったのか、それとも狩られる側（ハンテッド）だったのか、ということだ。ロビンソンと不仲になっていたこともあり、ブレインは故郷のローデシアの国立博物館副館長のポストに就くために一九六一年、南アフリカを去っていた。しかしこの課題が、ブレインを南アフリカに引き戻した。彼は、四年後に古くからの指導助言者ロビンソンがいたトランスヴァール博物館のポストを埋めるために戻ったのだ。ロビンソンは、アメリカのウィスコンシン大学に移った。

「狩る側だったのか狩られる側だったのか」の問題に向けてブレインが迫った手法は、ある学問分野全体を基礎に置くことだった。それが「タフォノミー（化石生成論）」で、動物が死んだ瞬間から研究者がそれを発掘し、あるいは洞窟から爆破されて転がり出すまでに起きたことについての研究である。彼の解答は、南アフリカ人類諸遺跡の化石がどのようにしてそこに存在するに至ったのかというダートの解釈、すなわち捕食者としてのアウストラロピテクスという見方と人類進化初期の狩りの役割を、根こそぎ解体してしまったのだ。彼は、化石が埋まった時のスワルトクランス周辺の環境を復元することから研究のスタートを切った。スワルトクランス洞窟の骨は、地下の洞窟内部に集積していたが、その洞窟は直径約一・五メートル、長さ約十五メートルの垂直の縦穴で地上とつながった。ヒト族が、深い暗黒のその洞窟内で生活していたり、食われたりしていたようにはどうしても思われなかった。おそらく骨は、地上から洞窟内に落ち込んだか、雨の後に流されて来たのだ。ヒト族の骨とヒト族以外の動物の骨の双方にはっきりと見られる動物による噛み跡、破砕パターン、発見される骨の種類から判断すると、これらの骨は実は大部分がヒョウ、ハイエナ、剣歯ネコなどによる不幸な犠牲者だった。遺跡の獲物になった他の動物のように、ヒト族も肉食獣に食われたのだ。ただヒト族は、特にもっとずっと新しい層位の物は、一緒に発見される石器から考えて、骨の堆積に主体的に関与したかもしれない。しかし鮮新＝更新世の洞窟包含層は、アウストラロピテクスと早期ホモの肉屋でもなかったし、食堂でもなかったことは確かである。

ヴルバの化石　ウシ科化石研究

一九七〇年代半ばには、研究者たちは自分たちの前に活躍した先人たちへの長く続いた、根本的な信頼の多くについて疑い始めていた。ブルーバンク渓谷はステルクフォンテインからスワルトクランスまでの間、「本当に」湿潤化し、緑が豊かだったのか。ジョリーの種子食仮説が正しければ、それは辻褄が合わなかった。ゲラダヒヒは現在は乾燥地、ほとんど木のない山岳の草地に棲んでいる。森が景観を埋め、身近に迫り始めていたまさにその当時に、パラントロプスは本当にゲラダヒヒのような食性を進化させたのか。実際に草原がもっと緑豊かな植生になり出していたとしたら、早期ホモが出現して大型獣ハンターになっていたのか。エリザベス・ヴルバは、だがそうは考えなかった。彼女は、ハイスクールの教師で、後に化石羚羊類の専門家に転じていた。

ヴルバは、一九六〇年代前半にケープタウン大学で動物学と数理統計学を専攻し、二十年先輩のジョン・ロビンソンのように海洋生物学者となることを希望していた。しかし学資が続かず、ケープタウンを去ってプレトリアのハイスクールで教えることになった。[27]彼女はそこで古生物学に関心を抱き、一年もたたないうちに化石を研究する機会を求めて、トランスヴァール博物館のボブ・ブレインを訪ねた。ブレインは、ヴルバに研究を始めるチャンスを与えた。最初は無給の助手として、膨大なウシ科（羚羊類とその近縁種）化石を研究用に準備し、分類することに従事させた。それらは、ブルーバンク渓谷遺跡で堆積していたものだった。化石を包み込んでいる角礫岩から骨と歯を取り出す作業は、多くの時間がかかる、退屈な仕事だった。だがその仕事は、環境が進化に働きかける影響についての桁外れに創造的で、影響力のある考えを発展させる道の入り口にヴルバを立たせることになった。

ヴルバは研究上、哺乳類の中でもこれ以上の好適な科を選ぶことができなかっただろう。第一に、ウシ科は分類しやすい。古生物学者なら、羚羊類の角でその種を識別できる。サファリ・ガイドブックのどれでもいいから、それを見ればいいのだ。角を頭蓋に留めている骨質の軸はそれぞれに特徴があり、それで古生物学者は種を特定し、選別することが可能だ。さらにウシ科の骨は有り余るほど大量にあった。ウシ科は、初期ヒト族遺跡群の中ではしばしば最もありふれた大型動物である。それは、ブルーバンク渓谷の遺跡でも、アフリカの別の地域の遺跡でも同じことだった。だからクックのイノシシ、マグリオのゾウのように、それらは南アフリカ産ヒト族化石をさらに正確に年代推定するのに利用することができた。ただウシ科がイノシシやゾウと違うのは、現在のアフリカでも実に七十五種ものウシ科の種がいることだ。しかしここでウシ科について重視すべきことは、特に彼らがどこに棲んでいるか、である。より開けた草原で草を食んでいる種もいるし、もっと木の多い、森林性の環境で樹木や疎林の葉を食べているものもいる。初期ヒト族と同じ包含層で発見された化石ウシ科を利用して、ヴルバは初期ヒト族が棲んでいた環境を推定することができた。

彼女は過去のウシ科の種は、現生の子孫種が食べているのと同じ種類の食物を食べていて、子孫種と同じ種類の場所に棲んでいたと仮定するところからスタートした。例えばヌー、ガゼル、そしてその近縁な仲間たちの何十種もの種の大半は、今は開けた草原で草を食べているのを見られる。そしてヴルバは、現在のある地域をとってみれば、これらのウシ科と他の類型の草食獣との相対比は、樹木に対する草の比率と緊密な関係があることを見出した。草を食べるガゼルとヌーは、現代アフリカのサバンナのウシ科社会では優占種なので、そのアイデアは化石の出る遺跡での彼らの比率は過去の居住地の代理人として使えるというものだ。これは、一九七四年のヴルバの学位論文のみならず、以後の彼女の大部分の研究の基礎となるものだった。

それは、最初の試験的検討をした時であった。化石種の埋まった土を研究したブレインの推論が正しければ、アウストラロピテクスはパラントロプスや早期ホモよりも乾燥した環境で暮らしていたことになり、したがってスワルトクランスやクロムドラーイよりも古いステルクフォンテインとマカパンスガットの包含層では前者よりもガゼルやヌーの方が多くなるはずであった。だが、そうではなかった。実際にはヴルバは、「逆」を見出したのだ。アウストラロピテクスの包含層の羚羊類は実際には森林や疎林に適応していた種であり、パラントロプスと早期ホモの化石と共伴する羚羊類は草原に適応した種だった。ブレインは、気候の変化を正確に探知していたと思われたが、細部を明らかに取り違えていたのだ！　彼は、洞窟内の堆積層はそれらが積もった時の気候を反映していると仮定した。土壌が形成され、その後に風が土壌を吹き上げ、塵となって洞窟内に運んだと考えたのである。だが実際には、風で運ばれた塵は、ずっと前に形成されていた古い地表面で長期間、風化されているのが普通だ。事実、風化は、より古い、湿潤なアフリカのあちこちの地表面を剝き出しにしつつ、深いカラハリ砂漠の砂層まで及んでいた。実際には風は、もっと古い時代の堆積土をスワルトクランスやクロムドラーイの時代へと運んでいたのだ。それが、両遺跡の土壌が湿潤に見えた理由だった。

ヴルバが取り組んだ南アフリカのウシ科の研究は、ブレインが洞窟堆積岩から推定していた気候の迷いではなく、その代わりに長期間をかけて徐々に乾燥化した傾向がみられることを示唆していた。乾燥していく状況は、鮮新＝更新世の間に東アフリカでも次第に進行していったようだった。イノシシの大臼歯が時と共に長くなり、ゾウのそれも歯冠が次第に長くなるというパターンを思い出していただきたい。それは、少しずつ景観が開けたものになっていき、砂の多い、侵食の進んだ草原となっていったという考えと良く合致する。それはまた、当時の研究者たちがどのように初期ヒト族の食性の変化――ゲラダヒヒのようなパラントロプスの特殊化と早期ホモによる高まる狩猟への依存度の両方――を解釈しつつあったかの点からも納得できる。ヴルバの研究は、環境、食性、そして人類進化を素晴らしく、かつ巧妙な蝶結びでまとめて結びつけていた。更新世が始まった時の広がりつつあるサバンナ、すなわちヴェルトは、上記二種の人類系統の始まりと進化を促したようである。そのことは、時と共に変わる食性変化に見ることができるだろう。

ヴィシュヌ神、シヴァ神、ブラーフマ

ヴルバは、実力で出世の階段を上っていく次の十年もトランスヴァール博物館でウシ科化石の研究を継続した。彼女はウシ科の化石が人類進化について多くのことを教えてくれることに気がついた。初期ヒト族のように羚羊類は、アフリカのサバンナと森林に暮らす大型の草食哺乳類である。

しかし化石ウシ科は、ヒト族各種よりもずっとありふれた存在で、またその中に多数の種がいた。ウシ科化石からは、進化がどのように進んだかについて多くのことが学べ、その結果をヒト族にも適用できるのかもしれなかった。

しかしその時点まで研究者たちは、進化の過程の解明に化石を利用することにほとんど努力を払わなかった。大多数は、こう考えていた。そもそも化石記録はあまりにも不完全だから、詳細を知ることはできない、と。それが、アメリカ自然史博物館のナイルズ・エルドリッジとハーヴァード大学のスティーブン・ジェイ・グールドが化石記録は進化の速さを推定するのにふさわしい場合もあると主張し始めた一九七〇年代に変わった。この二人にとって化石記録は、あたかも多くの種は突然に現れ、その後しばらくは大した変化も見せずに生存し続け、その後、現れた時のようにまた突然に消滅したように見えた。このようなパターンは、本当にあったことなのか、それとも化石記録が不完全であるためにたまたまそう見えるだけなのか。言い換えれば進化は、ダーウィンが初めて提起したように、突発と激発で起こる――二人はそれを「断続平衡」と呼んだ――のか。それとも競合し合う種が食資源をめぐって騙し合い、生き残りをかけて闘争しながら、進化はゆっくりと途切れなく進んでいったのか。[28] エルドリッジとグールドの考えは、その時は大きな影響力を持ち、誰もがその考えについて語り合った。

私が教わったのは、突然変異で新しい、生存に有利な遺伝子が現れた時に種は変化し、それを得た個体は、持たない個体よりも繁殖で圧倒するということだった。これがダーウィンの「適者生存」

である。だがたかだか一、二個体でたまたま起こった突然変異を数十万、数百万の子孫に広げたものは何だったのか。エルドリッジとグールドは、有益な形質ですら集団内では吸収されていく可能性があり、他の変異遺伝子にやがて無力化されてしまうだろう、と認めた。したがって種内の個体数が理由で、進化は稀にしか起こらないはずである。そして進化が起こる時には、遺伝子の攪拌のあまりない、種の分布の外縁で起こるはずである。そこには小さな個体群しかおらず、より周縁的な環境である。周縁の個体群は、主流の個体群に比べて容易に隔離されて、分離され、新しい種が形成されるだろう。もし進化がそうした小さな、周縁的な個体群でたまたま起こったのだとしたら、我々がその中間的個体を見つけていないことも、何の不思議もない、とエルドリッジとグールドは説明した。化石記録が、突然出現し、しばらく変化も見られないまま持続し、そして消失したように思われる種で満ちているのも、当然なのである。

しかしエルドリッジとグールドは、進化が「どのようにして」起こったかの説明に多大な努力を傾注した一方で、「なぜ」の解明にほとんど時間をかけなかった。何が新種の去来を突き動かすのか。それは、ヴルバが取り組むことになる次の大きな問題だった。彼女は、時間だけではうまく説明できないだろうと考えた。エルドリッジとグールドが正しいのだとすれば、何らかのきっかけがあったに違いない。ウシ科の骨と歯にこの間ずっと取り組んできて分かったことは、環境変化こそがそのきっかけであったということだ。そのように、ヴルバは確信した。彼女は一九八〇年に、環境こそ「進化による変化の『モーター』」だとする論文を発表した。[29] 最初の手がかりは、食性の幅が広い汎食の種、木と灌木と同じだけ草にも満足している種は、食性の幅が狭い偏食家よりも種数が少ないということだ。種の数に関して言えば､偏食家は汎食種よりも成功者だと言える。だが「本当」だったのか。それは、読者がそれをどのように見るかによる。

汎食家の種はどのような状況でも生き残れるし、繁栄できる。だが偏食家は、居住地の環境変化にどうしてもあまり耐久力がない。例えば南部アフリカと東アフリカに広がる広大な草原を例に取ろう。地域が乾燥化するとサバンナが広がり、草原の海の中に互いに隔てられたパッチワーク状の疎林の島が形成されるだろう。汎食家の種なら、気候の変化、森や草原が縮小したり拡大したりする嵐も、それがどこで起ころうとも自然が気前よく提供してくれる食物を何でも食べて、乗り越えられるだろう。一方、選り好みのある偏食家の種なら、より小さな個体群に分断され、彼らが喜んで食べることのできる食物を備える島状の小地域に隔離されて、孤絶状態になるだろう。

環境変化でパッチ状に孤立した環境になると、偏食家の種は進化の機が熟した小個体群へと孤立化する。汎食家の種は、ひとりでに拡大していける。ヴルバは、現在のアフリカの偏食家のウシ科が、ガゼルの類やヌーの仲間のように何十種もいる一方、汎食家の種が数種しかいない理由はこれだと結論づけた。どのように進化が働いたかというエルドリッジとグールドのモデルの背後で未解明の「なぜ」を、彼女は発見していたのだ。ヴルバは、ヒンドゥー教の三神の比喩を用いてそれを説明した。まず保存を司るヴィシュヌ神がいる。移動に対する障害が何もなければ、種は変化はしないまま必要な食物を探しに移動できる。次に破壊の神であるシヴァ神がいる。分断された個体群は、縮小し、やがて絶滅に至る。最後に、創造の神のブラーフマである。種は、進化し、直面する新しい状況を乗り切れる。言い換えれば、環境の変化にうまく対処できない種には、三つの選択肢があるということだ。移動か、絶滅か、あるいは変化、すなわち進化、である。

種の入れ替えの波動

環境の変化がウシ科動物に移動、絶滅、もしくは進化を引き起こすだけの実質的なものであれば、同時代の他の系統の動物にも同様の反応を引き起こしたはずだ、ということもヴルバは認識した。同期突発、すなわち波動（pulse）があっただろう。たぶんこれは、ステルクフォンテインとスワルトクランスの時代の間の更新世開始と共に、ウシ科とヒト族の双方に起こった「種の入れ替え（turnover）」を説明するものだった。この時、乾燥期に適応したウシ科ばかりでなく、パラントロプスと早期ホモも出現している。ヴルバは、環境変化が動物界全体の広がりを持つ種の入れ替えを引き起こしたと指摘して、当時、勢威を振るっていたエルドリッジとグールドの断続平衡説と人類進化とを結びつけた。彼女は、この「種の入れ替え＝波動仮説（*turnover-pulse hypothesis*）」を一九八二年のニースの会議で発表した。そして二年後にニューヨークで開かれ、私も参加した『祖先（Ancestor）』シンポジウムでは、さらに波紋が広がった。この説は、直感的、論理的な考えであるばかりか検証可能でもあった。したがって他系統の動物での種の入れ替えと、それを引き起こした環境面での引き金が探究された。

探究は、さらに他の種の入れ替えのイベントでもなされた。ヴルバは、環境の変化が早期ホモとパラントロプスの起源のきっかけになったのだとすれば、他の時代の人類進化でも別のイベントを引き起こしたに違いない、と推定した。中新＝鮮新世の境界の頃、いくつもの種の新種ウシ科が進化した。それは、ヒトとチンパンジーのそれぞれの系統が分岐したと考えられたのと同じ時期の頃である。また一〇〇万年ちょっと前、羚羊類の進化のもう一つの波動があったらしい。たぶんそれは、パラントロプスが絶滅し、ホモ・エレクトスが（その頃に）アジア全土に拡大したと考えられた時期であった。[30]

この章の結び

環境が我々の進化に重要な役割を果たしたという考えは、とりたてて新しいものというわけではない。この考えは、中央アフリカの熱帯雨林と南アフリカのヴェルトの間に広がる、どんな危険が潜んでいるか分からない平原を歩くことが、初期ヒト族に人間へと進化する道筋に立たせる挑戦と機会をもたらしたというダートの確信から始まった。ロビンソンが種間の食性を知るために化石ヒト族の歯を観察したこと、ブレインが彼らの居住地を復元して、種間の違いを長い時間をかけての環境変化と結びつけたことを思い起こしてほしい。また我々は初期ヒト族を類推するために現生ゲラダヒヒを調査したジョリーの研究も忘れるべきではない。それによって、人類進化の引き金としての環境の重要性が明らかになったのだ。最後に、南アフリカと東アフリカ大地溝帯一帯で新しい人類化石が発見され、化石が埋まっていた堆積層の年代を正確に推定する方法が発展したために、人類進化における環境変化の役割が今までよりもずっと明確になった。その頂点に、ヴルバの種の入れ替え＝波動仮説があった。

ヴルバの研究は、人類起源の研究の新しい方向全体を――我々の進化の特定のイベントを環境の大規模な変化と結びつける証拠を探す研究全体を鼓舞した。研究者たちは西南極大陸の氷床の出現、北半球での更新世氷河時代の始まりなどにも目を向けた。重要な新しい研究分野である古気候学がほぼ同じ頃に発達しつつあったのだ。紛れもない激動の時が訪れつつあった。そして極めて興味深いことが起ころうとしていた。

第四章　移り変わる世界

サハラ砂漠は、北半球の大西洋から紅海までの四二〇〇キロにわたって広がっている。その景観は、この惑星で最も灼熱して乾燥した地域の一つである。温度は、摂氏五十五度以上にもなり、降水量は年に十ミリ以下である。そして苛烈で窒息しそうになる暴風が、砂嵐となって襲う。広大な砂漠を住まいとする動植物は、強靭で乾燥に耐えうる種でなければ生きられない。サハラ砂漠は、ほぼアメリカ合衆国ほどの広さがあるが、支えられる人口は十分の一以下である。ただサハラのどこもが、いつでも過酷で、生き物を寄せ付けなかった場所だったわけではない。岩壁画を例に挙げよう。数千カ所ものサハラの洞窟の壁面や岩の露頭に、バッファロー、サイ、羚羊類、ゾウ、カバなど多数の動物の絵が、彩色画や線刻画として描かれている。五〇〇〇年前のサハラは、動物や緑の植生、水を湛えた湖水で満ちていた。そしてサハラは、また緑に変わるかもしれない。以前の環境に戻るように変化が既に始まっているという研究者もいる。

変わりつつある世界がどのようにヒトを人間にしたかを探ろうと努めている人たちにとって、これは誰もが注意を喚起させられる話である。居住地の環境の大規模な変動は、時間を数百万年の尺度で見れば、時計のカチカチという音以下の短い間に起こりうる。そうした環境の変動は、サハラのような一部地域では極端になることがあるが、それ以外ではほとんど注目に値しない。我々人類は移り変わる景観上で進化し、環境変化が進化の引き金を引いたのは確かだ。ただ全体像はまああ分かりやすいのだが、細部となるとしばしばそうはいかない。

私が大学院生だった時を振り返ると、万事もっと単純だったように思える。一連の寒冷化と乾燥化の波動は、過去数百万年間のこの惑星全体に広がった。潮位が盛り上がった時に波が海岸線を打ち付けるように、一つの波動の後には次の波動が襲った。それぞれの波動は、アフリカの太古の森林と、そこにいる不運な居住者たちを根こそぎ消し去った。その後にサバンナが残され、我々ヒト族の祖先を含む生き残った者たち、その過程で形態を変えた者たちに継承された。それは、見事な仮説だった。全般的に中新世以降の地球は、一連の段階的な変化と共に寒冷化と乾燥化の傾向を示していたからだ。それぞれの段階は、人間への道——チンパンジーとの系統からの分岐、ホモ属の最古のメンバーの出現、ホモ属のアフリカからの拡散——に立つ重要な道標となった。研究者たちは、氷床の進出、ヨーロッパとアジアでの寒帯性のステップ・ツンドラの拡大、南極氷床の成長の証拠に注目した。彼らは、地球規模の気候の変化と長期的な傾向を記録した。

全体像は姿を現していたが、その解像度についての関心も盛り上がっていた。環境変化と人類進化を結びつけるのに十分な細部は、あったのだろうか。サハラの例は、我々を驚かせるのに十分だった。現在進む地球規模の温暖化も、そうだ。地球の平均気温は上昇していて、多くの場所で温暖化しつつあるが、一部地点では現実には寒冷化している。そして湿潤化する所もある一方、乾燥化している土地もある。多くの場所は、以前より変化が激しくなったり、気候の極端化が進んだりしている。確かにそうだ、地球規模のパターンが存在している。だがその地域的な効果は複雑だ。地球表面が恒常的に作り直されているので——侵食と風化、地層の堆積、火山爆発などで——、人類進化の時間尺度では、なおさらそうだ。大陸と海洋の下にあるプレートが移動しているので、山脈や河谷が陸上や海底で形成されている。これらが大気と水を循環させることで変化し、また地域的環境条件に大きな効果を持つことがあるのだ。

幸いにも古気候学者は驚くべき新しい武器をいくつも開発し、地球規模の過去の波動と地域的、局地的な環境の変化を記録している。それは、全世界に及ぶ研究者たちのチームによる緻密で徹底した研究を必要としたけれども、詳しいことがようやく明確になり始め、それらが人類進化についての我々の考え方を転換させつつある。

本章では、二、三の主要人物、彼らが記録を作り上げた、地球史を通じて気候と環境の変化の長大な年代記——古気候学者の呼ぶアーカイブ——を紹介する。数百万年という単位での変化を測るものもあるし、数千年、数百年、あるいは数十年の単位を用いるものもある。また大陸大のパターンを考えるものもある一方、個別的な湖盆、河谷、化石産出地に関心を寄せるものもある。こうした時間と空間のスケールの違いは、異なった図式をもたらすけれども、すべては初期ヒト族の居住地、彼らに利用できた食物、それらがヒトの進化の過程にいかなる影響を与えたかということを理解するのに貢献したのだ。

学べば学ぶほど、地球のシステムは複雑であるように思えてくる。[1]太陽と地球の間の複雑きわまりない偶然のおかげで、地球の平均気温と降水量のレベルは上下に振れる。気候の環境への影響の仕方は、局地的な環境条件も変化させる。そしてそれらも、地殻のプレート移動と地球の再構成につれて変化するのだ。このすべてを化石記録と結びつけて考えると、移り変わる世界がヒトを人間にしたという結論から逃れることはできなくなる。では、それはどのようにして。我々の手にしている古気候のアーカイブは、今やっとその謎に取り組み始める、その解明へと迫り始めたばかりである。しかし気候変化と人類進化の関係は、初めに想定されていた以上に複雑であることが既に明白になっている。さあ、それでは一つひとつを見ていくことにしよう。

地球と太陽間のダンス

「存在し続けるのは変化だけである」。この名言は、エフェソスのヘラクレイトスが言った二五〇〇年前と同様に、現在でも真である。地球の気候は、地球が四五億年前に形成されて以来、ずっと変わり続けてきた。さらに七五億年後に膨張した太陽が地球を呑み込むまで、気候はなおも変わり続けるだろう。その変化は、我々の周辺でも起こっている。海と陸の平均気温は上昇中であり、氷床は融け出しつつある。極端な天候がさらに激しく起こっていて、年間降水量が減少している所でさえも豪雨災害はいっそう頻繁になっている。[2]これが我々人類の責任であることを疑う科学者はほとんどいない。人類が大気中に排出し続ける二酸化炭素やその他の温室効果ガスは、地球に毛布を掛け、太陽の熱を捉え続けている。しかし自然作用による気候変動についてはどうなのだろうか。それは、どのように働いているのか。その大半は、地球軌道の動態に――地球の傾きや太陽からの距離という循環的変化に行き着く。アフリカのモンスーン気候システムは、地球と太陽との関係が、我々の住む世界にどのように影響しているかを示す重大な実例となっている。

アフリカのモンスーン

アフリカのモンスーンは、熱帯雨林と砂漠への単なる集中豪雨ではない。それは、季節的な天候変化の循環であり、陸地は海洋よりも速く熱せられ、また冷却されるという単純な事実によってもたらされる。熱せられた空気が上昇気流となると、気圧の低い地域が出来る。冷たい空気が下降すると、高気圧が形成される。暑い数カ月の間、サハラ以南のアフリカ全体は、西隣の大西洋と東隣のインド洋全体よりも低い気圧となるのは当然である。気流は高気圧から低気圧に向かって流れるから、湿気の多い海からの風は内陸部に向かって吹き、風が上昇する時に雨を降らせる。このパターンは、一年のうちの冷涼な時期には反対になる。この時、大陸の乾燥した環境は植生のカバーを薄くさせ、土壌を露出させて風による侵食を起こす。大陸の風は沖の低気圧に向かって吹き、毎年、アフリカから海に五億トンもの砂塵を運ぶ[3]。

地域によっては、その効果は劇的である。土砂降りのような降雨と猛烈な砂嵐、である。雨季には季節的に現れる湖沼は水で満たされ、枯れ川には水が流れる。草原は緑に変わり、サバンナに生命が蘇る。生命の豊かな世界になるのである。ところが乾季になると、その同じ世界が全くの死の世界、乾燥した平原となる。移動できる動物たちは、雨を追い、緑の多い場所に移っていく。天空の太陽の高さと陸と海の温熱・冷却の速さの変化が、命と死の違いとなる。

他の所になると、その効果はとらえにくい。そこに暮らしている生き物には、それでもなお重要だが。第二章で述べたバイ・ホコウのゴリラたちの食べる果実の季節的な欠乏、そしてケタンベの類人猿とサルたちの常に変わり続ける「生物圏のビュッフェ」で選ぶ食物、を思い出していただきたい。この両方の土地とも、赤道の真北に位置し、毎年十二月から翌年の二月まで乾季を迎える。この間、太陽光線は最大限に拡散する。バイ・ホコウとケタンベでは、天候のパターンと植物のライフサイクル過程でのイベント、食物の利用可能性、食性との関係は明白である。既に学んだように、採餌の生態系と生物界の大きなコミュニティーでの霊長類の役割は、備えている歯と腸によって決まる食物へのアクセスしやすさと、所与の場所と時期で食べることのできる食物に左右されるのだ。

変わる風向と風が運んでくる雨や砂塵の季節周期は、太陽によって駆動される。太陽が頭上にある時は温度の不均衡が地上に雨を降らせ、そうでない時は乾燥した条件が優位となる。

赤道は両極よりも太陽光を直接受けるので、太陽エネルギーの多くは赤道で吸収されることになる。明るい雪と氷は、やや暗い海洋や熱帯雨林よりも多くの太陽光放射を宇宙空間に反射する。このことで太陽光の不均衡は、さらに強められる。地球の反応としての気候について考えることもできる。空気と水の流れは、このシステムのバランスを取ろうと、地球の周りの熱を再配分する。[4] しかし、季節はどこで出てくるのか。地軸の傾きが公転面から二三・五度の角度で固定され、北の北極星にほぼ直接に向けた状態で、地球は太陽を周回している。地球が軌道を回る時、地軸はほとんど変化しないので、北極の傾きは一年を通じて動く。夏至の間、北半球はそれ以外の季節より多くの直接の太陽光を受ける。日が長くなり、この間、気温は高くなる。その後の軌道の半分の間は、北半球は太陽光から遠くになるように傾き、結果として、高緯度地域では受ける太陽輻射は拡散し、短い昼と寒い気候を伴う。急な角度で冬の太陽光線を受けるのは、太陽光が通過する大気の層が厚いという意味でもある。それは次には、地表に達する前に宇宙空間に戻される太陽エネルギーもより大きくなるということだ。

ミランコヴィッチ・サイクル

大気の流れと海流、そして季節の移り変わりが地球と太陽との間のダンスによって駆動されるのなら、地球軌道と太陽からの距離の変化は間違いなく気候に大きな影響を及ぼすに違いない。古気候学の守護聖人とも呼ぶべきミルティン・ミランコヴィッチは二〇世紀前半、その詳細を解明した。

ミランコヴィッチは、職歴を最初は土木工学で始めた。主にコンクリート・ダム、橋梁、吊り橋の設計をしていた。この実績が名声と幸運を呼び、彼は一九〇九年、ベオグラード大学に招かれ、応用数学の教授職に就いた。一九一二年、軌道力学と気候への影響の研究を始め、一九三〇年には独創的な成果である『気候の数理科学と気候変動に対する天文理論（*Mathematical Climatology and Astoronomical theory of Climate Change*）』を発表した。[5]

ミランコヴィッチは、気候に影響を及ぼす地球と太陽との間の、重要な三つの動きの側面を突き止めた。地球公転軌道の離心率、自転軸の傾き、自転軸の歳差運動、である。離心率という側面は、地球軌道の形に起因する。軌道は、約一〇万年から四〇万年の周期でほぼ円形から楕円形まで変化する。離心率が最大の時（つまり最も楕円形になった時）、地球―太陽間の距離は一六〇〇万キロ以上も変動する。したがってその時は、地球の受ける太陽輻射の年間変化も最大になる。自転軸の傾きは、地軸の傾きである。それは、四万一〇〇〇年以上の周期で約三度、変化する。傾きが大きくなればなるほど、季節変化ははっきりしたものになる。三番目の歳差運動は、地球の自転軸のふらつきである。回転する勢いを失ったコマのように、二万七〇〇〇年以上の周期で北極は旋回している。地球公転軌道の離心率、自転軸の傾き、自転軸の歳差運動の三つの周期は、ミランコヴィッチ・サイクルと呼ばれる。これらを総合すると、太陽に対する最大限の傾きに一致する太陽に地球が最も接近する期間は、一万九〇〇〇年から二万三〇〇〇年ごとになる。

軌道力学が地球の気候システムを不正常に陥らせるので、これは古気候学者にとっても興味を引く問題となる。今、サハラ地方を別の観点から見てみよう。現在のところ六月の夏至は、地球が太陽から最も離れる日の数日前に起こる。それはすなわち、北半球の夏の間、サハラを暑くする太陽エネルギーが少ない、ということになる。そしてそのことは、雨をもたらす陸地と海洋の間の気圧の勾配がより小さくなるという意味になる。しかし一〇〇〇万年前、地球は六月に太陽に最も接近していた。そして夏のモンスーンの雨は、サハラ一帯を水浸しにした。その後、五〇〇〇万年前にサハラが変貌するのは、歳差運動による自然のなせる業であった[6]。

ミランコヴィッチ自身は、北半球の氷河時代に関心を寄せていた。彼は、冷涼な夏は氷河の融解を少なくさせ、したがって氷河は一年を通じて維持されるだろうと説明した。北半球の氷河時代は、極端な季節差を低減させることになる地球の傾きの減少と夏の間の地球－太陽間の距離を最大化させるという自然作用の結果であるはずだ。それは、まさに実際に起こったことのようだ。ではミランコヴィッチ・サイクルは、熱帯にはどのような影響を及ぼしたのだろう。気候変動がいかに人類進化を促したかに関心を寄せるならば、サハラ以南のアフリカの気候・環境への軌道力学の影響を知る必要がある。

風に運ばれる砂塵

これは、一九八〇年代半ばにピーター・デメノカルの探究心に大きな影響を与えた。彼は当時、アフリカ西海岸沖の大西洋の深海底から採取した堆積物に含まれる地磁気特性を研究するコロンビア大学の大学院生であった。大陸の砂塵は容易に帯磁されるので、深海底堆積物の磁性は、亜熱帯アフリカの乾季の厳しさと長さの合理的な推定像をもたらすはずだ。原理的には深海底コアの磁気感応性は、高緯度帯の気候の復元に際して比較でき、それは地球の軌道や傾きの変化と調和しているだろう。

デメノカルの大きなチャンスは、「ジョイデス・リゾリューション号（*JOIDES Resolution*）」[7]が調査航海に出かける時に訪れた。ジョイデス・リゾリューション号は、過去三十年間、世界の海洋底を調査してきた科学調査のための深海底掘削船である。それは、海洋調査プロジェクトのレグ［leg：調査日程の一区切りのこと］一一七、すなわちアフリカ東海岸沖のアラビア海北西部から海洋底堆積物を採取するための八週間の航海だった。初めは彼より年上の科学者がそれに乗る予定だったが、その科学者の妻が出産を間近にしていたため参加を辞退しなければならなくなった。「それは縁でしたね」と、デメノカルは回想する。調査隊には古地磁気学者が必要だった。彼は、それを研究していて、またその用意もあった。そこでデメノカルは、世界中から集まった他の二十七人の科学者と食事などの支援スタッフのホストと共に、一九八九年八月、スリランカから出航した。

ジョイデス・リゾリューション号は、船長約一四〇メートルで、船の中央に高さ六〇メートルのクレーン鉄塔を装備していた。掘削チームは、鋼鉄製パイプで組んだ三〇メートルの堅固なスタンドをつなぎ合わせ、それを深海底まで吊り下げる。そうやって海洋底と船とを長さ数キロ、重さ数百トンの管でつなげる。それは壮大な試みだ。海水が管の上に排水されると、ピストンが管の内側

4.1　ジョイデス・リゾリューション号。写真は、統合国際深海掘削計画(Integrated Ocean Drilling Program) の提供。

に吊り下げられ、三つの薄いピンで適切な位置に固定される。圧力が高まると、ピンが壊れ、海水の重さによって海洋底深くにパイプを強く打ち付ける。それからパイプ内に採取されたそれぞれのコアが、海面まで引き上げられる。一回に三〇フィート（約九メートル）のコアが取られ、それは長さ約一四センチの断片に切り分けられる。その工程は、一つのコア当たり十五分程度しかかからない。コアを次々と処理するのに、科学者たちは苦闘する。リゾリューション号の航海は、九〇％が退屈な時間で、一〇％が活動していると記述されてきた[8]が、数百万年で初めて日の目を見たアフリカ大陸から吹き流されてくる塵を目の当たりにできるのは、現場に立ち会えた幸運な人たちにとって待つだけの甲斐があると言うものであった。レグ一一七の航海の間、十カ所以上で二十五本の孔をボーリングし、そこから合計して二万二千点のサンプルが回収された。

掘削の間でさえ航海中の地質学者たちは、菓子屋にいる子どものような気分で大はしゃぎだった。リゾリューション号は海に浮かぶ研究センターであり、五つのデッキには海洋底堆積物を即時に分析するための最先端の研究施設を備えていた。デメノカルは、それを最大限に活用した。彼は、コアが海洋底から引き上げられると、コアの分析に没頭した。

各コアには交互に層の縞が現れた。有孔虫という単細胞生物の小さな殻でいっぱいのクリームコーヒー色の堆積層の上には、大陸の塵が大半の、それより暗い、緑色がかった褐色の層が現れてきたのだ。このパターンは、数千年の堆積期間を表す一定の間隔の層を挟みつつ、何度も何度も繰り返された。これは、ミランコヴィッチが六十年前に見つけた地球と太陽の間のダンス・リズムであった。だがデメノカルにもっと深い印象を与えたのは、別のことであった。大陸の塵の豊富な層は、探査チームが海洋底の深くを掘削すればするほど、色合いがそれに合わせて薄く、そして明るくなっていったのだ。彼は、海洋底堆積物の蓄積にアフリカのモンスーンの影響を見つけたばかりか、堆積層が古い過去へと押し下げられるとパターンに顕著な変化が表れるのを目の当たりにしたのである。リゾリューション号が五十六日間、八一五〇キロの航海の後にモーリシャスのポートルイスに寄港する時までに彼は、コアから人類の進化する間の近日点移動と東アフリカの気候との基礎的関係を探り出していた。

しかし詳しいことは、デメノカルがコロンビア大学に戻るのを待たなければならなかった。その後数年にわたり彼は、自分の参加した航海で回収されたコアを、それより前のレグで、西アフリカ海岸から離れた大西洋での海洋掘削プロジェクトで回収されたコアと照合してマッチさせた。そしていくつかの事実が浮き彫りになった。まず第一に、北半球の氷河期とアフリカの熱帯、亜熱帯の気候との間につながりがあった。二八〇万年前、明るい地層と暗い地層が交替するパターンは、一万九〇〇〇年から二万三〇〇〇年のサイクルから四万一〇〇〇年の長さのサイクルに切り替わっていた。それは、氷河期から間氷期の間隔と同じである。一〇〇万年後、それは一〇万年のサイクルに変わった。それはまさに北半球の氷河がさらに拡大した時であった。

我が休むことのない惑星

海洋底堆積物から、広い地理的スケールでのかなり詳細な気候変動像が得られた。しかし我々が人類進化の背後にあるその駆動力に関心を持つなら、ヒト族祖先の生きていた場所である居住地と食料源という面での、より局地的な変異を究明しなければならない。アフリカには過去五〇〇〇年のサハラでの変貌ほどに変化した地域はほとんどない。そして過去の気候の変異も、異なった仕方で地域ごとに影響を及ぼしたに違いないのだ。したがってある地域が気候変化にどのように反応するかには、多くの要因、すなわち海と赤道からの距離、卓越する海流と風の流れの方向と強さ、陸地の形などが関与することになる。そして人類進化の時間軸にわたって、これらの要因そのものも変化する。気候変化と人類進化の関係を考える時、これの要因を局地的に考えることがいっそう重要になるのだ。

地殻変動について、考えていこう。地球は休むことのない惑星だ。地球の外側を覆う地殻は、プレート、すなわち頑丈な厚い板のつぎはぎ細工である。それぞれのプレートは、下層のマントルの上で漂流している。これらのプレートの動きは、それぞれのプレート境界で陸と海洋の形を完全に変えていく。プレートが出合う所の地殻にはひび割れを生じ、そこに互いのずれが生まれる。カリフォルニアの海岸に近いサン・アンドレアス断層は、その一例である。太平洋のマリアナ海溝のように、一つのプレートが別のプレートを押し下げて海溝を形成して合流する例もある。プレートの衝突は、二つが出合う所で一方を押し上げ、山脈を形成することもある。インド亜大陸とチベット高原を隔てているヒマラヤ山脈がその例だ。宇宙から撮影された衛星画像なら、そのプレート境界をはっきりと見ることができる。さらにマグマが上昇するため、プレートの間に新しいプレートが形成されて、分裂し、分かれていくプレートもある。例えば大西洋中央海嶺は、一年に約二・五センチずつ拡大している。その海嶺には、海嶺の麓の両側の間にグランド・キャニオンほどの幅と深さを持つ深い地溝帯がある。

こうした地殻の動きは、気候にどのような影響を与えるのだろうか。第一に移動する大陸は、海洋への回廊を開けたり閉めたりし得るし、水、塩分、熱の循環を変えることもある。こうしたことは、気候を変化させるエンジンとなる。第二章を思い起こしてほしい。そこで、エル・ニーニョの年に熱帯の東太平洋の気温と海面気圧のわずかな変化がキバレの熱帯雨林をいかに縮減させるかを述べた。それなら新生代に南米大陸と南極大陸の間のドレーク海峡が開かれ、北米大陸と南米大陸の間のパナマ海峡が閉鎖されたことが、気候に対しとてつもなく大きく、かつ広範囲に影響を及ぼしたとしても、驚くに当たらないだろう。そうしたことどもは、南極全体に圧倒的な規模の氷床を発達させ、フロリダ半島からノルウェーまで北大西洋を横断して流れ、低温を和らげるメキシコ湾流のための舞台を作ったのである。[9]

地殻変動で引き起こされた陸地の形を変える変化も、重要である。高い山脈は空気の流れの大きな通り道を塞ぐので、風下側に雨陰を作る。高度が上がるにつれて気圧は下がるので、空気は風上側の湿気を大きくし、雨を落とすからである。アメリカ合衆国西部のデスバレーは、シエラネバダ山脈の雨陰にある。チベット高原も、ヒマラヤ山脈の雨陰にある。東アフリカのサバンナと砂漠は、東アフリカ大地溝帯の山の肩の雨陰にある。では、それを見ていこう。

東アフリカ大地溝帯

第二章で東アフリカ大地溝帯を、少し紹介した。その西側の腕の側面に位置するヴィルンガ火山を覆う雲霧林帯に暮らすゴリラ、ジョージ湖とアルバート湖の間のルウェンゾリ山地の端のキバレに棲むサルとチンパンジーを思い起こしていただきたい。そうした火山や湖は、この大地溝帯の重要な一部である。実際に大地溝帯自体は、シリアからモザンビークに至る、端から端まで四五〇〇キロもある北から南に走る一連の地溝である。これらは、リチャード・バートンとジョン・スピークがナイル川の源流を探しに出かけた時、二人が探検した驚嘆すべき多様な景観、山、谷、高原、そして盆地である。この間には標高が五八〇〇メートル以上もある雪を頂いた山も、海面下一五〇メートルの焼け付くような塩砂漠もある。さらに緑したたる森や乾燥した砂漠も存在する。

だがその地形は、いつでもそんなふうだったわけではない。地質学者が最近になってようやく詳しく解き明かした。この地域は、新生代中期の間は今よりはるかに平坦であり、熱帯混合林で覆われていた。しかしその時もマグマの巨大なプリュームが大陸のはるか下から湧き上がりつつあった。ほどなく溶岩の膨大な湧き出しが起こり、アフリカの地殻のプレートを二つに分離させた。プレート表面には火山が形成され、地殻は上へと隆起し、高さ一・二キロものドームとなった。同時に今日のヴィクトリア湖の周辺を二つに分ける巨大な割れ目が北から南に広がった。そのヴィクトリア湖は、特に硬い、古い岩の部分に載っている。新しいプレートの端が分裂し始めた時、引っ張る力が上の陸塊を沈下させ、大地を歪ませ、その後に地溝と盛り上がった肩が残った。

レイモンド・ダートもその他の初期の古人類学者も、大地溝帯についてほとんど何も知ってはいなかった。彼らは、類人猿に似た我々の祖先は中央アフリカの熱帯雨林から南に移動し、乾燥したカラハリ砂漠を経て南アフリカのヴェルトにやってきたと考えた。第三章を参照していただきたい。

その章で述べたのは、ただのサルが不安定で、立ち入りが容易でないそのような景観の地に立ちはだかった挑戦を克服できたわけはないので、ダートは移動そのものが我々の祖先を変身させたと考えたということである。したがって人類進化は、最初は南部アフリカと、あるいは少なくとも南部アフリカへの移動と緊密に関係していた、と考えた。レイモンド・ダートとロバート・ブルームにとって、気候変動は人類進化にほとんど何の役割も果たしていなかった。なぜならダートの知る限り、アフリカは恐竜が大陸をうろつき回っていた時から不変のままだったからだ。

しかし彼の後継者たちが、南部アフリカは時と共に「確かに」変わったのだと理解し始めるのに、長くはかからなかった。我々は、中心にあるアフリカのエデンの園からヒト族が創出され、大砂漠を放浪し、その後に約束の地に入った、と仮定などできないだろう。これが、当時の研究者たちにはそれと気づかれずに人類進化の核心地を南部アフリカから解き放ち、東アフリカ大地溝帯へ関心を移させる舞台を整えた。第三章で述べたようにメアリー・リーキーは、二四〇〇キロも北東のタンザニアのオルドゥヴァイ峡谷で一九五九年にジンジャントロプスを発見したのだ。その後に続いた東アフリカの化石の「ゴールド・ラッシュ」では、短期間のうちに数百点ものヒト族標本の発見があり、それらはいずれもタンザニア、エチオピア、ケニアの東アフリカ大地溝帯沿いの化石包含層から見つかったのである。大地溝帯は人類進化の証拠を産出しただけでなく、研究者にそこへの誘因とチャンスの両方を与えた。

アドリアーン・コルトラントという名のオランダの生態学者は、一九七〇年代前半に基礎的なストーリーを発展させた。現在、大西洋からの湿った空気は東に吹いているが、雨域は大陸を横断するので、大地溝帯の西の縁に並ぶ峰々が降雨を制限するある種のバリアを形成している。このことが、緑なすコンゴ盆地と荒涼とした東アフリカとの著しい違いを説明している。コルトラントは、次のような考えを提示した。人類進化の過程でそれらの山並みが持ち上がり、雨陰を作り、東の森をしぼませ、我々の祖先を従来からのサバンナに閉じ込めた、と。第一次オモ調査隊のリーダーの一人だったイーヴ・コパンは、一九九四年の『サイエンティフィック・アメリカン』誌に書いた記事で「イースト・サイド・ストーリー」という説を展開した。[10] その考えは、ヒトとチンパンジーの共通祖先は、そこで分けられるようになったというものだ。西の祖先は湿潤な森林に適応してチンパンジーに進化し、他方で東の祖先は乾燥しつつあり、開けた景観に直面したのだ。その重要なメッセージは、はっきりしていた。我々の古い祖先は、決してエデンの園から追放されたわけではないのだ。そのずっと前にダートが推論したような、祖先の棲んだ原郷土を去って、そして変身したわけではなかった。その代わりに祖先を取り巻く環境が変わり、それと連動して原ヒト族は変化せざるを得なかったのだ。

ヒト族の居住地

イースト・サイド・ストーリーは、非常に説得力がある。証拠、誘因、チャンスがある。しかし実際には、広がりつつあった大地溝帯がヒトを人間にしたかどうかは分からない。そうなのだ、若い包含層から出土した東アフリカのヒト族は、次第に人間らしくなっていったように見えるのだ。さらに、人類の進化を引き起こしたと考えられるたくさんの環境の変化もある。だが他の場所もまた変わり、早期ヒト族化石が、チャドのデュラブ砂漠から南アフリカのブルーバンク渓谷に至る遺跡で発見されてきた。我々の古い祖先は、鮮新＝更新世の時代、あらゆる種類の環境の試練と好機を前に、この大陸の大半の地域に彷徨《さまよ》っていたのだろう。だが祖先は、どこかからスタートしたに違いない。そしてそこが東アフリカであったことは大いに納得がいく。東アフリカは、現在の古人類学者にとって注目を集める主要な場所で、研究者に詳しいデータをもたらしてくれる。我々は、古環境にヒト族化石記録をマッチングさせ始める必要がある。

大地溝帯は、過去半世紀にわたって多くの優れた自然地理学者や古生物学者を惹き寄せてきた。そこは、彼らが新しい機器・方法を用いて過去についての情報を引き出す試みを発展させるうえで、胸を躍らせる刺激に満ちた空気を醸成した。テューレ・サーリングは、革新的、画期的な研究法で過去のヒト族居住地を復元した最初の研究者の一人であった。彼は、初期ヒト族が埋まっていた包含層の土壌の化学組成を分析した。

サーリングは、一九六〇年代後半から七〇年代前半にかけてアイオワ州立大学で地質学と化学を専攻した学生だった。当時、同大では、化石ヒト族遺跡での地層の堆積状況を研究していたカール・ヴォンドラのような、創造力に富んでエネルギッシュな若手研究者の新鮮な感覚の注入もあり、地質学部門は隆盛期を迎えていた。そして化学部門は、二重専攻する学生たちで熱気にあふれていた。

マンハッタン計画のOBであるハリー・スベックは、化学と地質学を結びつける新しい研究法を開発する当時の先駆者だった。サーリングは、アイオワ州立大が提供したチャンスを最大限に活用し、ケニアのルドルフ湖（現トゥルカナ湖）東岸の地層の地図化に力を貸してほしいという招請を思いがけず受けたのだ。東アフリカのヒト族化石発見競争が激化していて、新発見遺跡の地質を理解するためになすべきことが多くなっていた。若い頃の数年間に地球化学と東アフリカの化石包含層の追跡で学んだことは、彼の将来に役立つことになる。

バークリーの大学院に移り、そこに在籍していた間の一九七〇年代を通じて、サーリングはケニアでの調査研究を続けた。彼が情熱を注いだのは、化石包含層の化学研究だった。彼は、遺跡に少しずつ積もっていたポップコーンに似た炭酸カルシウム粒を集め始めた。毎年数カ月間も、包含層めぐりに費やし、化石ヒト族を産出した各地層から試料を集めて回った。それは、暑熱で皮膚に水ぶくれができるような過酷な作業だった。来る日も来る日もトゥルカナ湖東岸の猛烈に暑く、埃っぽい荒地で、岩と堆積層を十キロ近くも追跡して歩くのだ。調査行で彼は侵食されたガリ（小さな峡谷）と荒れ果てた丘を上り下りし、周回した。それらは、たまに現れる藪やアカシアの木でようやく中断されるに過ぎなかった。私はいつも、荒涼とした景観を見渡して、過去を見ることのできる地質学者たちを妬ましく思っていたものだ。地質学者たちの頭の中では、岩や砂泥は太古の流れの河床、川の三角州、湖岸線に映る。サーリングは、どこで試料採取すべきかを正確に知っていた。

野外で彼が手にする道具は、ピカックス（小さなつるはし）とシャベルであった。それで、空気

4.2　テューレ・サーリングが同位体分析用に炭酸カルシウム粒を集めている。写真はテューレ・サーリング提供。

や他の成分に汚染されていない貴重な炭酸カルシウム粒に達するまで掘り進まなければならなかった。サーリングは数百点も試料を収集したが、それはラボに戻って確認するまでは、試料が汚染されてるかどうかも確信できないものだった。だが、十分に努力した甲斐があった。当時の地球化学者たちは、化石を包む土の化学分析から学べることがたくさんあることを理解し始めていた。酸素と炭素各原子の異形物、すなわち同位体を考えてみよう。サーリングが集めていた炭酸カルシウム（$CaCO_3$）の粒も、その両方を持っている。大気中に存在するすべての酸素原子の九九％以上は、八個の陽子と八個の中性子から成る（^{16}O）。そして残りの大半は、二つ余分に中性子を持っている（^{18}O）。また地球の炭素原子の約九九％は、六個の陽子と六個の中性子（^{12}C）を持つ。その残りの大半の炭素は、七個目の中性子を持つ（^{13}C）。炭素と酸素のそれぞれの同位体比は、大気中ではまず一定だが、サーリングが集めた炭酸カルシウム粒試料ではそうではなかった。実際、個々の地層中にはそれぞれ独特の同位体の特徴を持つ粒があるようだった。一部は、他のものよりも重い酸素（^{18}O）や重い炭素（^{13}C）を持っていた。これは、サーリングが調査地点間で包含層が一致することを確認し、追跡するのに役立つことになる。

サーリングは、同位体比の差は包含層が形成された時の土の条件の違いによって引き起こされたに違いないということにも気がついた。それなら、おそらく、と彼は考えた。化学は過去の環境の手がかりをもたらしてくれ、それは我々の祖先が進化の途中に直面した試練がどんなものだったかのより良い理解を助けてくれるだろう、と。例えば低温下よりも高温下の雨の中には重い酸素18（^{18}O）が含まれている。冷たい雲では、酸素18を少ししか含んでいないからだ。したがって暖かい環境の土壌中の水は、他はすべて同一だが、高い割合の酸素18から成る水（$H_2{}^{18}O$）であるに違いない[11]。言い換えれば炭酸カルシウム内の酸素同位体は、堆積層が形成された時に気候が温暖だったか寒冷だったかを教えてくれるはずなのである。

炭素同位体も、有益である。土中深くの炭素は、植物、動物、細菌で産生された二酸化炭素に由来する。異なる種類の植物は（それを食べる動物と連動して）、その植物がどのように光合成を「した」かによって、六個と七個の中性子から成る異なった同位体比の炭素原子を持つ。例えば樹木、低木、寒地型草本類は、低緯度の熱帯草本類やスゲよりも重い同位体の炭素13（^{13}C）を低い割合で持つ。[12] したがって熱帯のサバンナだった所で形成された化石を包む土は、かつて疎林や森林であったと考えられる所の土よりも高い炭素13対炭素12（^{12}C）の同位体比を示すはずである。それならこの同位体比を使って、我々の祖先が暮らし、進化した居住地について推定することができるはずだ。

しかし土壌の同位体は、解釈が一筋縄ではいかない。温度、日照量、湿度、植生の覆い、表面からの深さその他が、同位体比に影響を及ぼすからである。サーリングは、詳しい答えを出すために現代の土壌に目を向ける必要があった。そこで彼と彼の教え子のジェイ・クェイドは、北米の平原、プレーリー、砂漠、南米とアフリカの熱帯雨林と草原、地中海ヨーロッパとオーストラリアの疎林と灌木地、さらにパキスタンの草の生えた氾濫原から土壌を集め、これを分析するのに一九八〇年代と九〇年代のほとんどを費やした。それは、何年もかかる途方もない仕事だった。しかしついに二人はなんとか炭酸カルシウムに閉じ込められていた環境面の手がかりを解き放ち、古い堆積層中の酸素と炭素から温度、降水量、植生の類型を引き出すことができた。

今やサーリングは、ヒト族遺跡出土の化石の炭酸カルシウムに戻ることができた。彼は、炭素同位体は包含層が若くなるほど重い炭素の割合が増えると期待した。それは、中新世後期以降、熱帯で草原が拡大したことを示すだろう。また同時に、次第に乾燥化した気候を示すように重くない酸素も増えるだろう、と見込んだ。そして実際、その傾向が見られた。あたかも熱帯の草とスゲは、後期鮮新世の半ばまでに大発展し、大地溝帯の氾濫原に拡大し始めたかのようであった。一八〇万年前頃の年代の包含層で重い炭素が増え、それは樹木がまばらに生えた草原の拡大と矛盾しない結果であった。同時に重い酸素原子は、次第に少なくなっていた。これは、気候が乾燥化したことを示す。サーリングは、アフリカの東部全体にサバンナが拡大したことを目にしつつあったのである。それは、彼より前の研究者がまさに予想したように、ヒト族が木から下り、草を食む羚羊類が森と疎林の葉を食べるグループに置換されつつあったまさに同じ頃に起こったように思われた（第三章参照）。

だが、ことはそれほど単純ではなかった。確かに鮮新＝更新世を通じての全般的傾向はそのとおりだった。だがタイミングは、地域によって異なっていた。エチオピア中央部のアワシュ川沿いは、そのはるか南のケニアとの国境に近いオモ川がトゥルカナ湖に注ぐ地域よりも早くに乾燥化していた。同一地域内でも差があった。疎林は、トゥルカナ湖岸よりもオモ川沿いでは長く持続した。世界の他の地域をすぐにチェックすると、地球全体では違いのあることが確認された。例えば北部パキスタンのシワリク丘陵で重い炭素を持つ草が、過去六〇〇万年の間、優占種であった。

ピーター・デメノカルがかつて同定していた、ゆっくり時間をかけて進んだ詳細な気候変動については どうなのか。ミランコヴィッチ・サイクルと拡大しつつある大地溝帯が局地的レベルで同時に働き、個々のヒト族が直面しなければならなかった気候の変化を作り出したのか。結局のところ、それこそが自然選択が働いたレベルである。景観は、ある世代から次の世代へとどのように変わったのか。そしてそこに暮らしていたヒト族は、この変化にどのように対処したのか。

それでは、ケニアのオロルゲサイリエ遺跡へ向かってみよう。そしてスミソニアン自然史博物館のリック・ポッツを訪ね、答えを探そう。

波動に注目する

オロルゲサイリエは、ナイロビから南西のマガディ湖へつながる細い、穴ぼこだらけの道を車で約一時間行った所にある。ヌゴン丘陵から大地溝帯の底まで、約六〇〇メートル下りると、そこは暑く、荒れ果てた場所である。開けた平原には草、とげだらけの灌木が生え、そしてまばらにアカシアの木が立っている。しかしそこに立ってみると、かつてこの盆地に湖があり、その湖岸に生命が満ちあふれていたことを想像するのは容易だ。

地質学は、七十五メートル以上の厚さの堆積層位の続く物語を語りかけてくれる。それらの層――白色、緑色、褐色、赤色、灰色の――は、広さ約百五十平方キロにわたって延びている。これらは紛れもなく、湖底堆積層、古い風化した土、河川、野火、火山降下物の色である。地質学者は、それを利用して約一二〇万年前から五〇万年前の景観の変遷を復元する。例えば白色の層には、オロルゲサイリエが今よりも湿潤で棲みやすかった時に湖底に堆積した、藻類の一つである珪藻の殻が大量に含まれている。それらの堆積層中に含まれる珪藻の種類から、湖についてたくさんのことが学べる。その湖の深さ、塩水だったのかそうではなかったのか、酸性度などだ。時代と空間を通じて変遷する珪藻包含層は、湖盆の過去を覗ける窓のようなものだ。

このオロルゲサイリエで研究者たちは長期間、調査してきた。例えばハンドアックスは、一九一九年、イギリスの考古学者ジョン・ウォルター・グレゴリーによってここで初めて報告された。彼はそれらを、ナイロビからマガディ湖までの徒歩サファリの間に発見した。ルイスとメアリーのリーキー夫妻は一九四二年にオロルゲサイリエに行き、堆積層から露頭している数百点ものハンドアックスを確認した。現在、誰でもそこに行けば、一段高い遺跡木道の上からたくさんの露頭したハンドアックスを観られるようになっている。メアリー・リーキーとそのチームは、大戦中も大量の化石を発見したが、ヒト族化石は一つも見つからなかった。

それから半世紀以上たって、ようやくオロルゲサイリエで初めてのヒト族化石が見つかった。それは、二〇〇三年にリック・ポッツによって見つけられたホモ・エレクトス頭蓋だった。ポッツは、一九八五年からオロルゲサイリエで調査を続けていた。その時、考古学者たちは、石器と骨の集中の先を思い描き、どのようにヒト族は景観全体を利用したのかを考え始めていた。オロルゲサイリエは、見える範囲内ではるか遠くにまで広がる巨大な遺跡だったし、また一九六〇年代にそこを発掘調査していた考古学者のグリン・アイザックが、「土地全体にまき散らかされた宝物」と呼んだ遺物を期待できる有望な場所でもあった。[13] そこでポッツと彼の調査チームは、露頭部の長さ約五キロにわたって、百カ所ものトレンチを掘る作業に取りかかった。

ポッツは最初は、野外調査は三シーズンもやれば十分だろうと計算した。ところが彼は、オロルゲサイリエでもっと長期間を送った時に、そこで時代を超えて何が起こったのかに多くの関心を向けるようになった。オロルゲサイリエには七〇万年間もの堆積層があり、古い方の包含層で発見された動物骨は新しい方で発見された物とは違っていた。それ自体、驚くべきことではない。サバンナがアフリカ全体に広がった時、そこで後に絶滅と進化の波動(パルス)が続いたというヴルバの考えは(第三章参照)、人気の絶頂にあった。しかしその時彼女は、もっと古い時代、つまり五三〇万年前頃の中新世と鮮新世の境界辺りと二六〇万年前頃の鮮新世と更新世の境目に関心を寄せていた。ヴルバは、オロルゲサイリエにもあるいは一〇〇万年前頃に種の入れ替え(turnover)があったのではないかと考えた。だが詳細については、当時はまだ漠然としたものだった。オロルゲサイリエは、細部の補足説明をするのに適切な時代と適切な場所にあった。

だがオロルゲサイリエの地表から露頭している化石は、ヴルバの「種の入れ替え=波動仮説」の観点からはあまり整合性を持たなかった。開けた景観の種が疎林と森林性の種に置き換わったというよりは、ポッツは下部の包含層ではゲラダヒヒやカバなどのような草食専門の偏食家の化石を、上部の層からはヒヒやゾウのような草以外の植物も食う雑食家の化石を見出した。後者の種は、サバンナか森林で生計を得ることができた。それはまるでオロルゲサイリエでは偏食家が柔軟な食性の汎食家に取って代わられたかのようであった。この事実は、オロルゲサイリエでハンドアックスを製作し、そこに落としていったヒト族について何かを教えてくれるのだろうか。

ポッツは、直立二足歩行、大きな脳、複雑な社会組織、石器、肉食といったヒトを人間にするものは、幅広い居住域で生き延びるのに必要とされた多能性を祖先に与えるために進化したのかどうかを知りたいと思い始めた。おそらくヒトの進化にとって重要なのは、拡大する草原ではなく、これまで以上に変動を繰り返す環境条件とそれが突きつける課題と共に現れてくる不確実性なのだろう。彼は、古気候に関する文献を漁り、そうした変動を十分に把握すべく関連づけを始めた。一九九〇年代半ばにはポッツは、多様性選択仮説（Variability selection hypothesis）を作り上げていた。

デメノカル、サーリング、その他の研究者らは、寒冷化、乾燥化に向かう傾向に重なり合う気温と降水量の変動を記録していた。だがポッツは、変動そのものがどのように変化していったのかを知る必要があった。人類進化の核心的な時代の間に、より大きな振れのあった証拠はあるのか。ヒト族遺跡では、海洋の塵や泥の炭酸カルシウムから明瞭な証拠は得られなかった。しかしこれとは別の、その代わりになる気候変動指標、例えば有孔虫の殻の化石の酸素同位体記録が存在した。有孔虫は、数百万年にわたって海洋底に蓄積しているから、気候の変化を測る一種の深海底の時間温度計として利用できる。有孔虫の殻に含まれる比較的高率の酸素18同位体は、より多くの酸素16がその時の氷河の氷に閉じ込められ、地球の平均気温は比較的冷涼だったことを示す。[14]

ケンブリッジ大のニコラス・シャックルトンらは、過去六〇〇万年間に沈積した深海底堆積物のコアから得た有孔虫の酸素同位体値のデータセットをちょうど集めていた。それぞれの値を並べ、それらをプロットしてみると、年代と共に気候の振れの大きさが顕著に増していることが分かった。

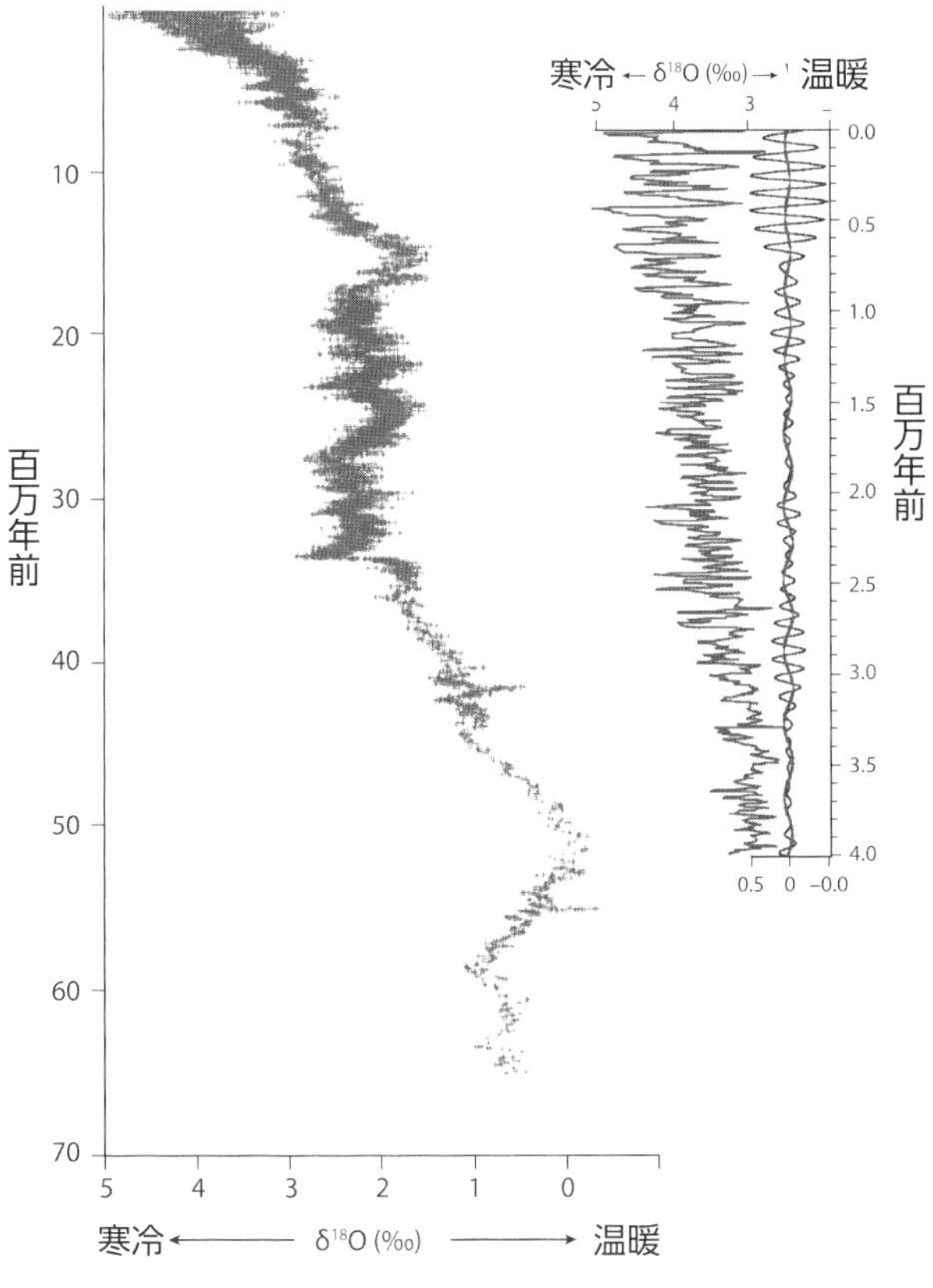

4.3　酸素同位体に基づく北半球の古気候データ。大きい方のグラフは新生代全体の気候の傾向を表し、小さい方のグラフは過去400万年間のものを表す。右端のグラフ目盛りの変化は離心率サイクルと関連させている。ジェームズ・ザッコスの許可を得て改変（James Zachos, et al.,「6500万年前から現在までの地球気候のトレンド、リズム、異常」, Science 292, no. 5517(2001): 686-93）, James Zachos, Gerald Dickens, and Richard Zeebe,「温室効果ガスによる温暖化の前期新生代の全体像」, Nature 451, no.7176(2008): 279-83, for details）。

ヒト族進化の過程で二倍から三倍の振れである。たぶんここに、ポッツの求める証拠があった。別の手がかりもあった。例えばギリシャ北部の泥炭地の包含層から得た花粉は、その地域の気候変動の激しさ、温帯林から冷涼な開けたステップ帯へと行きつ戻りつする傾向がさらに強まったことを示した。気候変化は、おおむね長期の傾向でも短期の恒常的な振れでもないように思われた。そうした振れの激しさも、熟考しなければならない。たぶんヒトの進化を促したのは、乾燥化の長周期の波動ではなく、むしろ短期間の気候変化の大きさだったのかもしれない。おそらく我々の祖先は、より高い適応能力を身に付け、そのことによって祖先はオロルゲサイリエへ戻ることができたのだろう。その時、他の多くの動物はそうしていなかった。

湖ではどうなのか

我々の変化し続ける世界についての物語は、多くの部分から成り立っている。地球軌道と地軸の傾きの周期的な変化は、地球規模での気候変動を先導する。地殻変動は、我々の地域的、局地的なレベルでの環境変化の理解を助けてくれる。しかし、ではそれぞれの部分間の関係は何なのだろうか。ロンドン大学ユニバーシティー・カレッジ・ロンドンのマーク・マスリンとドイツ、ポツダム大学のマーティン・トラウトは、その答えを持っているのかもしれない。二人は、それは湖だという。

マスリンは、一九八〇年代後半から九〇年代前半までのシャックルトンの学生で、深海底掘削計画で得られた深海底コアに含まれる有孔虫の酸素同位体の研究に彼と共に取り組んだ。ピーター・

デメノカルが彼より前にそれに取り組んでいたので、マスリンはジョイデス・リゾリューション号で研究を始めた。マスリンはその時、ドイツ、キール大学にある地質学・古生物学研究所のポスドクだった。そのレグ（一九九四年の一五五次）での探検は、南米海岸沖の大西洋にアマゾン川によって運ばれてくる土砂の巨大な海底扇形堆積層だった。マスリンがキールにいた間、気候変動の数学的モデルを開発しつつあったトラウトの面識を得た。数年後、トラウトはマスリンにケニアでの地質調査に参加しないか、と招請した。二人は共同研究を始め、間もなく東アフリカで徐々に進んだ環境変化を記録するという野心的プロジェクトに着手した。

アフリカ大陸の東西への分離の結果、大地溝帯のあちこちにたくさんの湖沼が残された。その多くは、湿潤期にはたくさんの水で満たされ、乾燥期には涸れた。これらは、ミランコヴィッチ・サイクルに従い、拡大したり縮小したりする。他の研究者たちが既に細々としたその証拠を見つけていた。ケニア、バリンゴ湖盆の二七〇万〜二五〇万年前の包含層から抽出した珪藻化石から、一連の湖の消長は、約二万三〇〇〇年間隔で、分点（太陽に地球が最も接近した夏、その後の冬、さらにまたその後の夏）の歳差運動に慌ただしく従っていることを示した。マスリンとトラウトは、十カ所の大きな湖盆を見回し、この調査に従事した。そして二人は、繰り返し現れる一貫したパターンを見つけた。大きな湖は、少なくとも更新世まで四〇万年間隔で現れたり消えたりしていた。[15] その消長は、ほぼ真円から楕円形に至る地球軌道の離心率のサイクルに従っていた。そして全地球的な気候変動の重要な時期に、湖は最も深くなったのだ。

地溝帯の湖沼群は、降水量の小さな変化にも特に敏感である。湿潤な時期は、降水量が多いだけでなく、蒸発量が少ないことも意味する。乾燥期は、その反対だ。これは、ミランコヴィッチ・サイクルの効果を増幅させる。気候の振れは、勢いよくやってきて、降水量のレベルは、即座に湖沼群の拡大と縮小の閾値に達する。言い換えれば湖盆は、脈拍のように水で満ちたり、空になったりするのだ。

これらから、マスリンとトラウトは「パルス状気候変動」(pulsed climatic variability) 仮説を提示する。それは、環境の振動が人類進化の核心だというポッツの考えに基づいて組み立てられている。環境の振動は、湖を軌道力学と地殻変動の一種の架け橋として使い、一部の進化上のイベントが時と共に徐々に進んだのではなく突然に起こったように思われる理由を説明するのに役立つ。パルス状気候変動の考えは、湖が水で満ち、そして空になる時、地溝帯の湖盆を混乱させるということだ。気候があまりに湿潤になると、湖は水でいっぱいになるので、ヒト族個体群は分裂し、地溝帯の肩に上がり、肩に沿って移動していく。ところが湖盆があまりに乾燥化すると、やはり動物が棲めなくなり、したがってヒト族も同じように分裂し、移動していく。第三章で述べたエリザベス・ヴルバから学んだように、この類の個体群の分裂と拡散は、進化の要素である。たぶんそれは、地球の軌道の変化と地軸の傾きがアフリカの亀裂の広がりと組み合わさって、ヒトを人間にするのを助けたことを説明してくれるのだ。

それでは証拠はあるのか。気候変化が人類進化の上で何か特別な出来事を引き起こしたかをうかがうために、適切な場所での、適切な時代で、長期にわたる詳細な気候変化の記録を、まだ我々は手にしていない。深海底コアは、長期間の貴重な継続的記録をもたらしているのだが、我々が必要としている局地的な環境について詳しくは分からない。ヒト族遺跡で採取される土壌の炭酸カルシウムは詳しいが、継続的記録をもたらしてはくれない。化石の含まれる土層の堆積、露頭、侵食は、ヒト族の棲んだ環境について語れることは、分断されて途切れがちのごたまぜの時代だけという制約がある。

だが、それも変わり始めている。研究者たちは今まさに地溝帯に点在する湖沼の太古の湖底の中を探り始めているのだ。深海底のように湖底にも、時の移り変わりと共に連続的な堆積層が形成されている。したがって湖底堆積層は、大地溝帯の地域的、局地的な環境についての詳しい情報が保存されている。堆積層の微細な一枚一枚、珪藻、木炭、植物質ワックス残渣、花粉は、連続的に積み重なり、深海底コアと同じように解読できる記録をもたらしてくれる。それらは、気温、降水量、局地的な植生を、数年、数十年、数百年、数千年ごとに年代順に記録しているのだ。深海底コアに含まれる火山灰の微粒子から年代が測定できるし、個々の層は化石ヒト族と近くに棲んでいた他の動物を対照させることができる。湖底コアは、深海底コアを研究するようなやり方で変換できるし、古人類学者たちが問うことを夢想だにできなかった謎にも答える手助けになる。

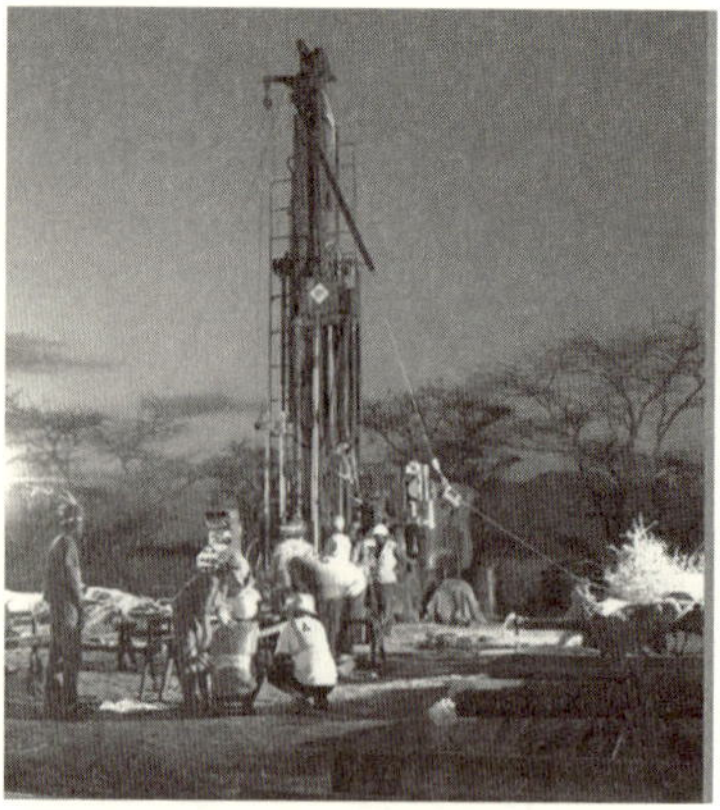

4.4　オロルゲサイリエでの掘削活動（左）とコア・サンプルを検査するリック・ポッツ（右）。写真は、スミソニアン研究所、人類起源計画のジェニファー・クラークの提供。

計画を立てるのに多くの歳月が、基金を立ち上げるために根気強い決意が必要だ。東アフリカでの掘削は、非常に金がかかり、資材や人員、機材の運搬は悪夢を見るほどの難事業だ。大地溝帯という僻遠の地に高さ三十メートルもの掘削用リグを運び、それを立ち上げ、稼働させるのに要する努力を想像していただきたい。大地溝帯のような酷暑の乾燥した土地で、リグを冷却するために必要な水を得る困難な課題を考えてみてほしい。掘削した孔からコアを引き上げるには、かなり特殊な装置が必要で、何かが壊れても――それはしばしば起こるのだが――、取り替え用の部品を買うのに地元の機械設備店までひとっ走り、というわけにはいかないのだ。すべてにおいて創意工夫、忍耐が必要で、困難な課題に対処するのに科学者のユーモア精神も必要だ。[16] だがそうしたことが実際に起こっているし、スリリングでもあった。

リック・ポッツ率いる調査隊は、二〇一二年にオロルゲサイリエで二本の孔を掘削した。彼らが引き上げたコアは、全体で二〇〇メートル以上、堆積時間は総計五〇万年分以上に達した。アリゾナ大学のアンドリュー・コーエンに率いられたもう一つの調査隊は、大変な努力でエチオピア北部からケニア南部との間に散在する六つの湖底に掘削孔を開ける課題をやり抜いた。コアを結合すると全部で長さは一・六キロ以上になり、試料のカバーする期間は過去三五〇万年を超えた。[17] それは、十一カ国から百人に近い科学者を集めた、数百万ドルもかかるプロジェクトだった。それらの試料は調査隊を長い間、多忙にさせるだろうが、その結果は、類を見ないほど長年にわたる気候変化の細部と、我々の祖先の棲んだ世界がいかにして形成されたのかを詳しく教えてくれることを約束している。

この章の結び

我々はすべての細部を、まだ手にしていない。だが一部は既に明らかになっている。初期ヒト族が暮らした環境は、進化の過程で大きく変わっていった。そして大地溝帯からアフリカの他の地域までの環境の変化は、そこに暮らしたヒト族に著しい影響を与えたに違いない。五〇〇万年以上前に、二五〇万年前でさえも、アフリカの多くの地域が乾燥化したばかりか、ヒト族居住地も地球規模の気候変動に伴い、温暖で湿潤な気候と冷涼で乾燥した気候の間を行きつ戻りつしながら入れ替わっていったに違いない。時には変化はいったん中断し、また別の時にはゆっくりと変化した。一つの湖盆が水でいっぱいになったり、干上がったりするたびごとに、自然はそのたった一度の強打で生物圏のビュッフェをきれいに片付け、食物チョイスのための新しいセットを用意してビュッフェを補充したに違いない。こうした諸変化は、我々の祖先にどんな影響を及ぼしたのか。たぶん化石そのものの歯と骨に何かの手がかりがある。今や、実験室に戻る時だ。

第五章　食跡

ルイス、メアリーのリーキー夫妻は、一九五九年八月にコンゴ、レオポルドヴィル（現在のキンシャサ）で開かれた汎アフリカ先史学会議に自分たちの新発見の頭蓋を持ち込んだ。それは、南アフリカの外で発見された初めての初期ヒト族頭蓋であり、夫妻は会議のほんの数カ月前にオルドゥヴァイ峡谷でそれを発見したばかりだった。会議では、誰もがその骨について語った。その頭蓋は厚い、頑丈な上顎と顔面を備えていた。巨大な骨稜は、そこに頑丈な咀嚼筋を留めていたに違いないことを示していた。さらに大きな大臼歯も持っていた。後にこの標本について最終的な判断を下した決定版の論文を書いたフィリップ・トバイアスは、今は有名になった次の言葉、「私はいまだかつてこんな並外れて大きいクルミ割りセットを見たことがない」を口にした。[1]

「クルミ割り男」は、目を瞠るばかり「だった」。その標本は、以前、以後に発見されたどのヒト族化石よりも強力そうな顎を持ち、大きくて扁平な歯を備えていた。その頭蓋は、宝石をちりばめた兵士の制服を着て、口にクルミをくわえた、子どもに大切にされた木製のおもちゃによく似てい

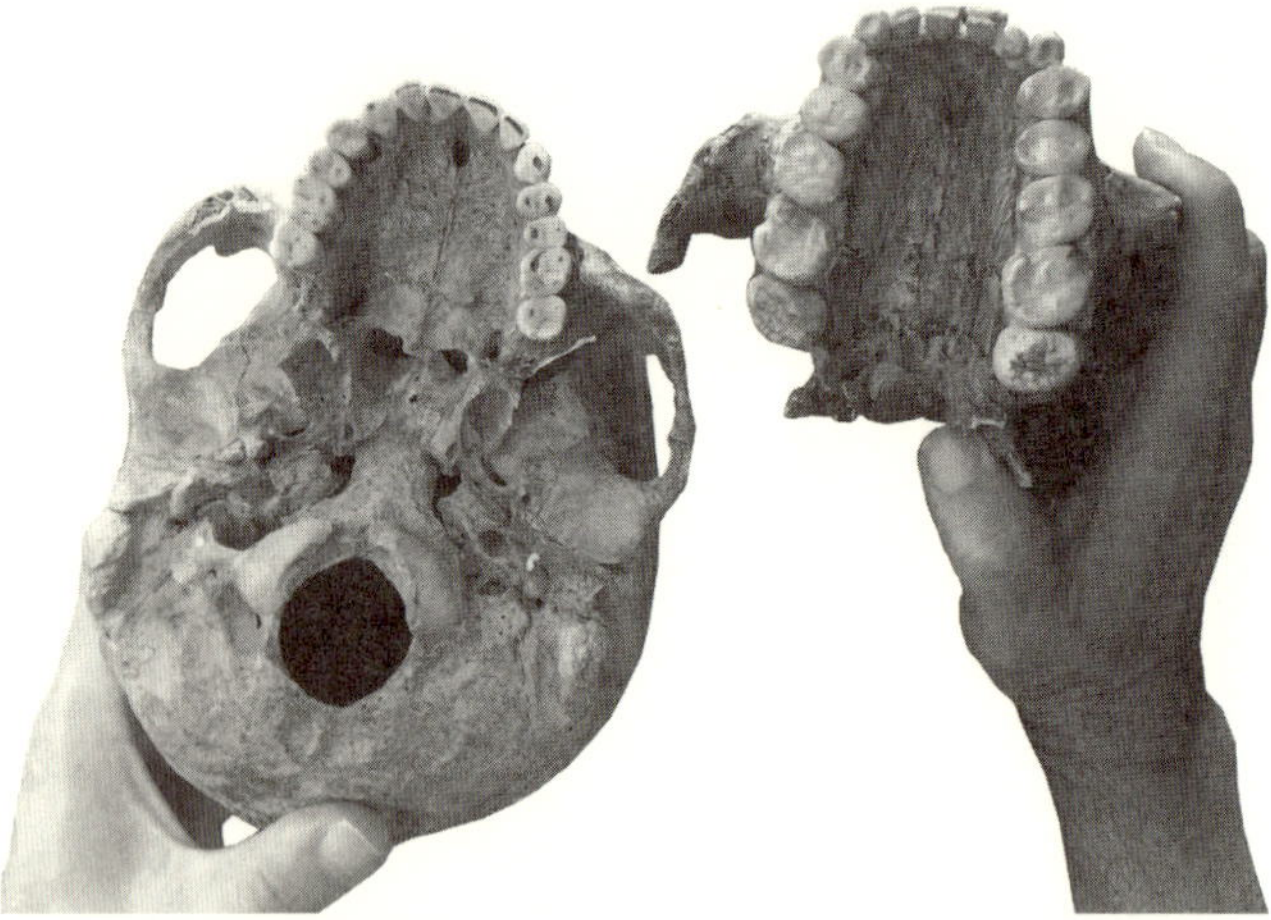

5.1　現代人の頭蓋（左）とはクルミ割り男（パラントロプス・ボイセイ）の上顎骨レプリカ

た。しっかりした硬い食物を食べる動物と言う以外、他に何と呼べただろうか。その頭蓋は、完全に辻褄も合っている。大地溝帯が広がり、その肩が立ち上がっていた更新世前期には、東アフリカに草原が拡大していた。その時はちょうど全地球的に気候が寒冷化し、乾燥化しつつあった。緑なす森林の多肉の果実は乏しくなり、アカシアの種子や根茎類のような硬くて、汁気の少ない食物が増えていた。クルミ割り器のような咀嚼用の解剖学的構造を備えた特殊化したヒト族が、こんな環境下で進化したであろうことも、ほとんど不可避だったように思える。そしてこの見方は、ほぼ半世紀の間、優勢なままだった。

ところが私が初めて新式顕微鏡でその頭蓋の歯のレプリカを観察した時、私は自分の観たものに一驚した。その理由は、前記の見方が一般的だったからだ。細いかすかなひっかき傷以外に何も見えなかったのだ。硬い食物を食べる動物なら、食物を対合歯で噛み砕き、研磨剤のように微小な粒が歯の表面で圧迫された時、欠けて穴ができるはずだ。私の指導するポスドクのロブ・スコットは、初期ヒト族の他種の歯のレプリカを既にスキャンしていたが、私は自分の手でスキャンするためにこのレプリカをとっておいた。パラントロプス・ボイセイは私のお気に入りだったのだ。それに、3D画像でぼろぼろになった咬合面を観察する最初の研究者になりたかった。そのヒト族が生きていた時、硬いナッツ、種子、根茎類を噛み砕いた時に形成される深いクレーターで歯は穴だらけになっていたはずだった。だが歯の表面には穴は開いていなかった。私は別の歯を観察した。またも細いひっかき傷があるだけだった。標本を次々に替えても、結果は同じだった。これは、クルミ割り男ではなかった。我々は、間違った思い込みをしていたのではないか。

本章では、ヒト族そのものを間近で観察するために、実験室に案内する。霊長類が採食する生態系と長期にわたる環境変化についてこれまで学んできたことの観点からパラントロプスの歯を考察してみると、歯の形態に基づいて食性の復元をしようという考えは、甘過ぎるようだ。食物ごとにいかに破砕され、いかに食物を砕くのに最高の道具が考えられるかを解明してきたが、我々のはるかなる祖先が暮らしを立てるために、拡大しつつあったサバンナをいかに利用していたかを知るには、それでは不十分だったのだ。これは単純な技術的な問題ではない。我々は、化石を考察するのに古生態学者のように考える必要があるということだ。ジョージ・ゲイロード・シンプソンが、「壊れた骨のちっぽけな破片ではなく、肉が付き血の流れていた生物として」[2] 探究していたように。これには、全く別の研究法が必要だ。

Xを解く

天文学者の故・カール・セイガンは、よくこう言っていた。「現在を知るためには、過去を学ばなければならない」。過去を研究している我々は、逆のことについて考えている。人間の食性の進化について講義している時に、いつも私が黒板に書いている単純な公式がある(下段)。

現生霊長類が森の中で自らの生存を図るために選んでいることを学び、そしてもちろん歯と食性の関係を明らかにしなければならない。Xを解くために、歯がどのように機能するのかばかりでなく、現生の動物が歯をどのように使っているかを知る必要がある。第二章のケタンベの課業を思い起こしてほしい。身体から切り取った後でも心臓や脳がいかに働いているかを知ることができるのと同じように、森林を背景にした野外で歯がどのように使われているか、正しく評価できる。

食べられる可能性のある食物を分け合う仕組みがあるので、チャイロキツネザルとワオキツネザルが森の小さな一角で共に暮らせるのだというボブ・サスマンの研

$$\text{現生霊長類}\left(\frac{\text{歯}}{\text{食性}}\right)=\text{化石ヒト族}\left(\frac{\text{歯}}{X}\right)$$

究を思い出していただきたい。チャイロキツネザルは他方より多くの葉を食べ、ワオキツネザルはより多くの果実を食べている。しかし両者の歯からそのことを推定はできない。両者の切断用の稜は、ほぼ同じ長さだからである。この場合、両種の食性の違いは食べられている食物の「種類」ではなく、むしろその割合である。両種とも果実、葉、花、樹皮を食べるから、歯の形態への選択となる時に重要と思われるのは割合なのだ。もちろんそのことは、彼らの食べるそれぞれの食物の量が、彼ら二種が棲む森で演じている役割にとって重要ではないという意味ではない。両種の歯のサイズや形態にそれを求めてもしようがないのだ。

ヴィルンガ山地、ブウィンディ、バイ・ホコウのゴリラについても、同じことが言える。彼らの食物は標高によって変わることを述べた第二章を想起されたい。標高が上がれば上がるほど、彼らが好む多肉の果実が少なくなるので、食物に野生セロリが増えるのだ。食物はまた、一定の場所での季節による果実の入手しやすさにも左右される。だが彼らはみんな、噛み切りにくくて繊維質の多い植物部分を細かく切断するための、同じような鋭く、稜を持つ歯を備えている。ゴリラが別々の時期に、別々の場所で食べ物を異にしていることは、歯の形からは判断できない。ただ、軟らかくて甘い果実が食べられる時は、彼らは喜んでそれを食べると言えるだけだ。キバレのマンガベイは、もう一つ別の例を教えてくれる。強力な顎と硬い樹皮や種子を噛み潰すのに適した厚くて平らな歯を持つにもかかわらず、彼らも果実を好むのだ。その歯は、お好みの食物が乏しい時に生き残るために食べざるをえない樹皮や種子を食べるのに役立つ。

歯の形態と食物の関係は、最初はまずまず道理にかなった明快な関係があるように思われた。例えば、第一章に戻ってリトルロックの発見博物館に展示されているライオンとジラフの歯である。鋭い歯は肉を食べるためであり、鈍く、表面に突起のある歯は植物食だということは、小さな子どもの目にもはっきり分かる。だが本当に、それほど単純なことなのか。本当に化石動物の食物の好みを復元するのに歯の形を利用できるのか。そうした化石種は、生きていた時にバイ・ホコウのゴリラやキバレのマンガベイのように行動したかどうか分からない。ゴリラやマンガベイは、好みの食物という選択肢が与えられた時、自らの歯にまさに適した食物を実際には避けているからだ。これは、自然界でたくさん起こっている事実だ。例えばメキシコからテキサス南部にかけて分布する淡水魚であるミンクリィ・シクリッド（Minckley's cichlid）を考えてみよう。この魚の一種は、平らで礫のような歯を持ち、それは硬い巻き貝の殻を砕くのに全く適している。だが魚類学者の故カレル・リームが注目したように、食用となる軟らかい食物が利用できる所ではミンクリィ・シクリッドはいつも巻き貝を避けていくのだ。

あまり好まない、めったに食べない食物に有利なように歯と顎が進化するということは、直感に反するように思える。より特殊化した解剖学的構造が、より一般的な食物へとつながるというのも矛盾しているように見える。しかしこのような例は、自然界にはそれこそ腐るほどあるのだ。我々は、これをカレル・リームに敬意を表して「リームのパラドックス」と呼んでいる。例えば硬い食物の適応が軟らかい食物の消費を排除しない限りは、その適応は食べられる可能性のある食物の長大な

「お品書き」に実際につながるのだ。それは、このように考えればよい。もしあなたが年に三六〇日間、おかゆを食べているとすれば、あなたの歯の形態がどのようなものであろうと、ほとんど問題ではない。しかし生きるために他の五日間、岩を食べなければならないのだとすれば、あなたは岩をも砕ける歯を備えておかないと大変まずいことになる。リームの注目したシクリッドは、軟らかい食物が食べられず、巻き貝しか食物がない万一の時に備えた適応なのである。

しかしいくつかの事例では、特殊化した解剖学的構造は、まさに特殊化した食物の反映でもある。タイの森のマンガベイを思い起こそう。彼らは強力そのものの顎とエナメル質の厚い、平坦な歯を使って、ほぼ毎日、林床の硬いナッツ類を食べる。これは、他の霊長類と森の恵みを分け合う戦略の一部である。スーティーマンガベイは地上の食物を食べ、タイの森の他の霊長類は樹上の食物を摂っているのだ。したがってこの例では形態は本質的であり、食物の割合の反映ではない。毎日食べられているものであろうが、最も困難な時、厳しい時に耐えられるだけにしろ、自然は種が生存のために試さなければならない挑戦しがいのある食物を与えているのだ。

重要なのは、歯のサイズと形も、食物の入手しやすさの変化に対して祖先が進化の過程でいかに対応してきたかを究明するには十分ではないということだ。そう、これらの事例は、我々に種が食べることのできた物についてを、現在の歯の形に至らせた選択圧と思われそうなものを、教えてくれているのかもしれない。しかし特定の動物が生きていた間に実際に食べていた食物については、どうなのだろうか。こうした謎の解明も重要だ。けれども、そうした謎の解明に向けてはこれまでとは異なったアプローチが必要である。それは、私が「食跡（foodprint）」と呼ぶものだ。動物が食物を食べる時に歯に隠しようもなく残す食物の痕跡のことである。こうした食跡には、微小摩耗痕——硬いが脆い、軟らかいが噛み切りにくい食物によって歯に残された、顕微鏡下でしか観察できないひっかき傷や穴——という独特のパターンがある。あるいはまた食跡としては、歯を形成するのに使われる素材を供給する食物由来の歯に残される化学的サインもある。砂の上の足跡のように、食跡は過去のある時点における生きた動物の実際の行動の証拠をもたらしてくれるのである。

これは、「鋭利な歯は肉食、鈍い歯は植物食」という従来のアプローチとは全く異なった化石観察法である。今や焦点は、ある動物を進化させる習癖を作ったかもしれない理論とモデルから、手元にある化石化した歯の持ち主であるまさにその動物が食べた実際の食物へと移っている。それは単に、ある動物は何を食べることができたか、生物圏のビュッフェでその動物に何が利用できたかという課題に留まらない。それは、過去のある個体が実際に選び、ビュッフェの皿に載せた物は何かということなのだ。

歯の微小摩耗痕

咀嚼によってどのようにして歯に微細なひっかき傷や穴ができるかを見るのは簡単であり、そこからそのパターンごとに、どれがどの食物によって作られたかが分かる。化石の歯の微小摩耗痕を太古に死んだ動物の食物に翻訳する細目の解明は、夢ではない挑戦課題になっている。ただそれを説明するには、多くの変数がある。動物の歯の形はいろいろであり、それぞれのやり方で咀嚼しているからだ。また彼らは様々な場所で暮らし、歯を研磨する様々な数量の塵や砂粒にさらされているのだ。ではどのようにして微小摩耗痕が食性を反映しているのを知ることができるのだろうか。

ハイラックスから

この疑問は、一九七〇年代前半のアラン・ウォーカーが最も考えていたことだ。ウォーカーは、私の最初のポスドク指導教官であり、彼自身はコリン・グローヴズとクリフ・ジョリーと同じようにロンドン王立自由病院医科大学のジョン・ネイピアが主宰する霊長類研究科の出身者だった（第三章参照）。彼は、最初はウガンダに、その次はケニアに、とアフリカに解剖学を教えに行っていた。

走査型電子顕微鏡（SEM）を使って得られた細胞の画像を初めて観たのは、ケニアでだった。電子顕微鏡の一人の先駆者が、ハーヴァード大学から訪れていて、ナイロビ大学で講義を行っていたのだ。解像度、鮮明さ、そして被写界深度は驚くべきものだった。ウォーカーがそれまで見たことのある画像とは、段違いのすごさだった。高校の生物教科書に載っていた卵子に接触する精子の鮮やかな白黒写真を思い出してほしい。SEMでそのような生きている細胞の優れた画像が得られるのだとしたら、化石の研究に全く新しい道を開くことができるのは確実だろう。

ウォーカーは、歯のエナメル質について考えた。半世紀前になされていたキツネザルとロリスの研究は、近い関係にある種になればなるほどエナメル質は似ているということを示した。それなら

SEMを使えば、歯の微小構造のかすかな変異から化石種の遠近の関係を解明できるのではないか。彼は、次にナイロビ大学を離れる時、ケンブリッジ大学である程度の期間、新しい機器の修練を積む約束を取り付けた。そしていくつかのキツネザルとロリスの歯を持参して、それらを観察するために出発した。ところが彼が期待したような差異は見つけ出せなかった。

だがそれでも彼は、別のものに注目した。歯の咬耗面に刻まれたくっきりしたひっかき傷と穴である。それらが咀嚼に関連しているのは確実だ。SEMは種の近縁関係を明らかにするという当初の試みには役立たなかったが、食性への見通しをもたらすことはできるかもしれないと考えた。彼は再びケニアに戻った時、ある計画を発展させ始めた。歯の形の違いが微小摩耗痕のパターンに影響しないだろうということを確かめるには、似たようなサイズと形の歯を持った近縁な関係にある現生種が必要だ。これらの種は、同じ環境に暮らしているだろうから、歯を研磨する土や埃のレベル差は確実にパターンには影響しないはずだ。また彼らは、様々な物を食べなければならないだろう。だがそれなら、ウォーカーは、どこで自分の研究に適切な動物を見つけられるだろうか。彼はナイロビでビールを飲みながら、ヘンリック・ヘックに尋ねてみた。ヘックは、セレンゲティ研究所からナイロビに来ていた。彼はまさに適切な例を持っていた。

ヘックは、ハイラックス二種の食物を比較していた。この小型の、ふわふわした毛に包まれた動物は、ずいぶんと奇妙だ。二種とも、外見はマーモットやウッドチャックに似ているが、むしろゾウやマナティーの近縁種なのだ。ブッシュハイラックスとロックハイラックスは、セレンゲティ平原の岩の露頭丘に一緒に暮らしていて、岩の同じ裂け目と空洞を共有している。二種を、訓練しない者の目で見分けるのは難しい。しかしロックハイラックスの方がやや大きく、長い吻部を持っている。だがもっと重要なのは、二種はそれぞれ非常に異なった食性を持っていることだ。特に雨季には、際立つ。ブッシュハイラックスは葉や芽を食べるブラウザーだ。ほとんど藪や木の葉を食べている。一方のロックハイラックスは、地面の草を食べるグレイザーである。しかし乾季には草はまばらになるので、ロックハイラックスも藪と木の葉を食べる方に移行する。ヘックは既に、セレンゲティで何点かの標本を集めていて、今度、ハイラックス二種の歯を研究に来ないか、とウォーカーを誘った。

ウォーカーはその直後に、ハーヴァード大学で研究を始めるためにケニアを離れ、そこのＳＥＭにヘックのハイラックスの歯の精巧なレプリカをセットした。二種の違いは、明瞭だった。ブッシュハイラックスは滑らかで、磨かれたような歯をしていたが、ロックハイラックスの方は——少なくとも雨季に収集した個体だったが——エナメル質が細くて平行なひっかき傷で覆われていたのだ。多くの草には植物珪酸体（プラントオパール）と呼ばれるシリカのかけらが含まれている。シリカは、土壌中から水と共に根を通じて吸収され、植物細胞の内部と周りに蓄積される。ウォーカーは、ひっかき傷はロックハイラックスが食べていた草の葉の中の植物珪酸体に由来したものに違いないと考えた。彼はロックハイラックスの糞ペレット中に、多くは破片だったが、植物珪酸体を見出した。しかしブッシュハイラックスからは見つけられなかった。彼はまた、乾季中に集めたロックハイラックスの歯がブッシュハイラックスの歯のようにすべすべしていることも見出した。期待したとおりだった。微小摩耗痕は、食性の季節変化をも追跡したのだ！　ウォーカーは、歯から生きている間の個々の動物の採食戦略を復元するという新しい重要な武器を発見したのだ。これは、快挙だった。一九七八年、彼は自らの成果を『サイエンス』誌に発表した。[3]

ヒト族にとっては

ウォーカーは、孤独ではなかった。一九七〇年代にSEMが世界中の大学の研究室に導入されると、化石の歯に関心を抱く他の研究者たちも微小摩耗痕を発見し、その研究の潜在可能性を知ったのだ。私のPh.Dの指導教官であるフレッド・グラインは、ヴィッツヴァーテルスラント大学の新しいSEMを使い、二億四〇〇〇万年前に生きていた哺乳類型爬虫類の歯の摩耗痕を記録した。彼は、一九七五年にフィリップ・トバイアスと共に人類進化を研究するためにヴィッツに戻っていたが、すぐにヒト族よりもはるかに古い哺乳類型爬虫類の調査のためにカルー地方への化石探査遠征隊に自発的に参加した。特にディアデメドンという属は彼の関心を刺激した。ディアデメドンは大きな動物で、レイザーバックイノシシのようなサイズと形をしていた。彼らは、長くて刺すような犬歯を持ち、奥歯は単純な円錐形からもっと凝った構造までいろいろで、それには列状の咬頭が備わっていた。

ディアデメドンは、哺乳類のような顎筋を持ち、上顎と下顎の歯が正確に咬合した初めての動物だった。彼らは哺乳類のように下顎を水平に動かして咀嚼していたのだろうか、それとも現生の大部分の爬虫類のように垂直の動きしかできなかったのだろうか。これは、哺乳類の咀嚼の起源に関心を持つ研究者たちの重要な問題だったので、当時、それは論争の的だった。グラインは、ヴィッツにあるＳＥＭを利用すれば、そのことを明らかにできるだろうと思った。合理的に考えれば、歯の水平面での動きは、対合歯に対し互いに横に動くので、咬合面にひっかき傷を作るはずだが、下顎歯が上顎歯を単に上側に圧するだけだとすると微小孔が形成されるだろう。グラインは、微小孔しか見つけられなかった。ディアデメドンは、哺乳類のような咀嚼を全く進化させていなかった、と思われた。

ところがグラインは、ヴィッツに行き、初期ヒト族の研究をしなければならなくなった。だからトバイアスは、グラインが興味を失っているのではないか、と危ぶんだ。グラインは、別の研究を必要とした。まさにこの時、ミシガン大学のミルフォード・ウォルポフが刺激的な新説を発展させていた時だった。ウォルポフは、パラントロプスとアウストラロピテクスは実は単一種の雄（パラントロプス）と雌（アウストラロピテクス）だと提唱した。論拠の一つは、二つが別種だとすれば、近縁な関係にある文化を持った種が互いに競争したに違いなく、一種がもう片方を絶滅に追いやることなく、共存するなど、ありえないはずというものだった。[4] しかしヒト族二つの歯のサイズと形は、全く異なって「いた」。だからジョン・ロビンソン、クリフ・ジョリーらは、その違いは食性が違っていたからだという説得力のある説を提出していた（第三章参照）。ヒト族二つの食性が違っていたとしたら、とグラインは論理的に考えた。二つは別種に違いない、ということになる。

フレッド・グラインは、研究計画を立てた。アウストラロピテクスとパラントロプスが違った食物を食べていたとしたら、二つの歯は互いに異なった微小なひっかき傷や穴のパターンを明示するはずであった。彼がディアデメドンを対象にやったように、ヴィッツのSEMを使い、ヒト族二つの歯を観察することにした。初めての研究には十個程度の乳歯が必要だったが、彼は歯が違っていると思える証拠を見つけた。ただ最初にそれが何を意味しているのか、彼には皆目分からなかった。比較試料が何もなかったからだ。

しかし翌年、ハイラックスに関して発表されたウォーカーの研究は、グラインにスタート地点を与えた。彼は多くの歯を観察し、顕微鏡下の歯の傷のパターンを真剣に記録し始めたのだ。アウストラロピテクスの大臼歯は、微小なひっかき傷で覆われていたが、パラントロプスの大臼歯にはそれよりたくさんの微小孔が開いていた。つまり二つのヒト族は、違った食物を食べていたのだ。したがって彼らは異なる種であった。パラントロプスは食物を噛み砕き、アウストラロピテクスよりももっと硬い、あるいは繊維質の多い食物を食べていたのである。

細部を究める

一九八〇年代にさしかかっていた頃、微小摩耗痕が約束したことが明らかになったが、悪魔は細部に宿っていた。アラン・ウォーカーは、またも研究の場を移した。今度は、ジョンズ・ホプキンス大学だ。そこで、さらに詳しく微小摩耗痕を解明するために、二人の若手解剖学講師、キャスリーン・ゴードンとマーク・ティーフォードの協力を得た。ゴードンは、手法に注力した。SEMへの最高のセッティングは何か、ひっかき傷と微小孔はどうやったら評価できるのか、歯列のどの歯を、そしてその歯のどの咬耗面を研究すべきか、である。これらすべては違いがあり、その違いを考慮に入れる必要があった。ティーフォードは、霊長類の種間の微小摩耗痕の違いを観察し始めた。彼は、信頼できる歯牙痕跡材料ディスペンサー装置を携えて、ワシントン特別区のスミソニアン研究所自然史博物館へ何度も出張し、歯牙鋳型取り材で今まで以上の標本を集めた。

ティーフォードは、霊長類学者が野外で記録した食性に個々の種ごとの微小摩耗痕を当てはめることができた。スミソニアンには、ルワンダのダイアン・フォッシー・カリソケ研究センター（第二章参照）で集めたゴリラの頭蓋がいくつもあった。これらの野生セロリ食のゴリラは、コレクションにあった葉を食べるホエザルと共に、大臼歯の微小摩耗痕が細かな平行のひっかき傷でいっぱいだった。ナッツやヤシの葉、樹皮のような硬い食物を食べることが分かっているカッショクオマキザルとマンガベイにはほとんどひっかき傷はなく、代わりにそれよりも大きく、深い穴がたくさんあった。果実食のオランウータンとチンパンジーは、その中間の微小摩耗痕パターンを持っていた。これらのパターンは、辻褄が合っていた。硬い葉や樹皮を食べるのに切断が必要だとすれば、それらの食物中の研磨作用のある小さな粒は、対合歯が互いに擦り合う時に歯の表面に沿って引きずられるはずだ。それによって、歯の動きの方向に並んだひっかき傷が形成されるのだ。そして硬い食物を噛み砕いているなら、上顎歯と下顎歯のエナメル質面の間で歯が圧迫されるので、微小孔ができるのである。微小摩耗痕パターンは、まさにティーフォードとウォーカーが予期したとおりであった。食性の違いと歯との関係は、様々な特性を持った食物を霊長類がどのように噛むのかについて二人に理解をもたらしたのだ。

夢のような航海

ウォーカーらのチームが研究の真っ最中だった時、微小摩耗痕を私自身が体験する機会がやって来た。その時私は、ストーニー・ブルック大学大学院の一年生だった。フレッド・グラインが私を、キャンパスから東に数キロしか離れていないブルックヘイヴン国立研究所へ連れて行った。そこにあったSEMは、見たところ扱いにくそうな複雑な機器で、つまみと点灯したボタン、二つのテレビ型のスクリーン、電子を放出する射出管を納めた大きな真空室、信号を読む検出器が備わっていた。我々は、貴重な、金でメッキされた歯のレプリカを試料台に載せ、真空室を閉じ、空気を抜いた。グラインは、熟練したパイロットのようにつまみとボタンを操作し、標本一つひとつの咬耗面を傾け、回転させ、拡大し、我々はスクリーン上の粗い画像を観ていた。それは、まるでマジックみたいだった。

私はその後も、SEMを相手に多くの時間をかけた。狭い、暗い部屋で何時間も過ごす間、緑、黄色、灰色の虹色の影に輝くスクリーンを凝視しながら、私は独りぼっちの感覚を楽しんだ。SE

Mは、私の船になった。そしてそのスクリーンは、顕微鏡下の世界を覗かせる私の舷窓《げんそう》だった。私は画面上に大きく広がる歯の表面を探索した。そこは、幾本もの狭い峡谷を分け、交差する巨大な盆地を横断していた。だが、そこにはそれ以上の物があった。ひっかき傷と微小孔も、過去を覗く私の窓だった。それらは、肉と血を備えた実体の口の中に形成されたのであり、おそらく十万世代も前の祖父母、おば、おじだった。新しいそれぞれの標本で、数百万年前に起こった出来事を私は目撃するようになったのである。

過去を読み解く

微小なひっかき傷と穴は、歯に刻まれた、我々の祖先から後世に残された太古の碑文に似ている。私の指導教官のアラン・ウォーカー、フレッド・グライン、マーク・ティーフォードは、それらの碑文を読み解く凄技を開発していた。第一に、それにはレプリカが必要だった。本物のヒト族化石はあまりにも稀少で、貴重なので、博物館からは借り出せそうもない。一方で当時のSEMは、大型過ぎるので、化石のある所に持ち込めない。ヒトの髪の毛の幅の千分の一以下という微小なひっかき傷を複製するには、信じられないくらいの解像度が必要だ。それぞれの化石の歯は、入念にクリーニングされる必要があった。埃が最小限でも積もっていても、また人の指紋の油分が付いていても、微小摩耗痕のある表面を覆い隠してしまうので、レプリカを無用の物にしてしまうからである。その後には鋳型用に特殊なビニルシリコン——前に述べた鋳型取り材である——が必要だった。

その材料に転写された精緻さは、驚くべきものである。そうして得た歯の細密な印象を模型製作のためにラボに持ち帰り、最後はエポキシ樹脂でレプリカを作る。それは、特殊な基盤の上にかぶせられ、さらに金／パラジウムで超薄のピカピカのコーティングを施す。

私たちはそれぞれのレプリカをＳＥＭの真空室内に置き、空気を抜いた。電子顕微鏡は、電子を細いビーム束に収束させ、レプリカ表面に電子線を当てて走査させて動かした。ビームは電子を標本に当て、他より高さが低い点は少なく、他より高い点は多くはずれる。そうやって高い点はスクリーンに他より明るく、低い点は暗く表示された。その結果、点が集まり、それが線になって表面の画像が得られた。最初に我々はポラロイドの陰画を使った。その後は暗室でプリントを焼き、顕微鏡写真の数百ものひっかき傷と微小孔の一つひとつを、分度器と定規や計測用キャリパーですべて計測していった。それは、それぞれの標本に対し、計測のスタートから終わりまで数時間もかかる、長くて根気の要る作業だった。計測誤差も、問題だった。特にひっかき傷が薄れていたり、微小孔が別の微小孔の上にかぶさっていたりすると、誤差が生じる。私はいつもグラインよりも多くの微小孔を見つけていたし、彼は彼でマーク・ティーフォードよりも多くの微小孔を記録していた。食性の伝える信号がノイズを上回るほどに強かったことは、注目に値するほどだった。

それから、３Ｄ（立体画像）から２Ｄ（平面画像）の問題もあった。黒白写真と同様に、灰色の色調と陰影効果は、ＳＥＭの電子顕微鏡写真に奥行きの錯覚を与える。今、アリゾナの空を太陽が東から西に動く時を想像してみよう。見晴らしの利く居場所にもよるが、グランド・キャニオンの

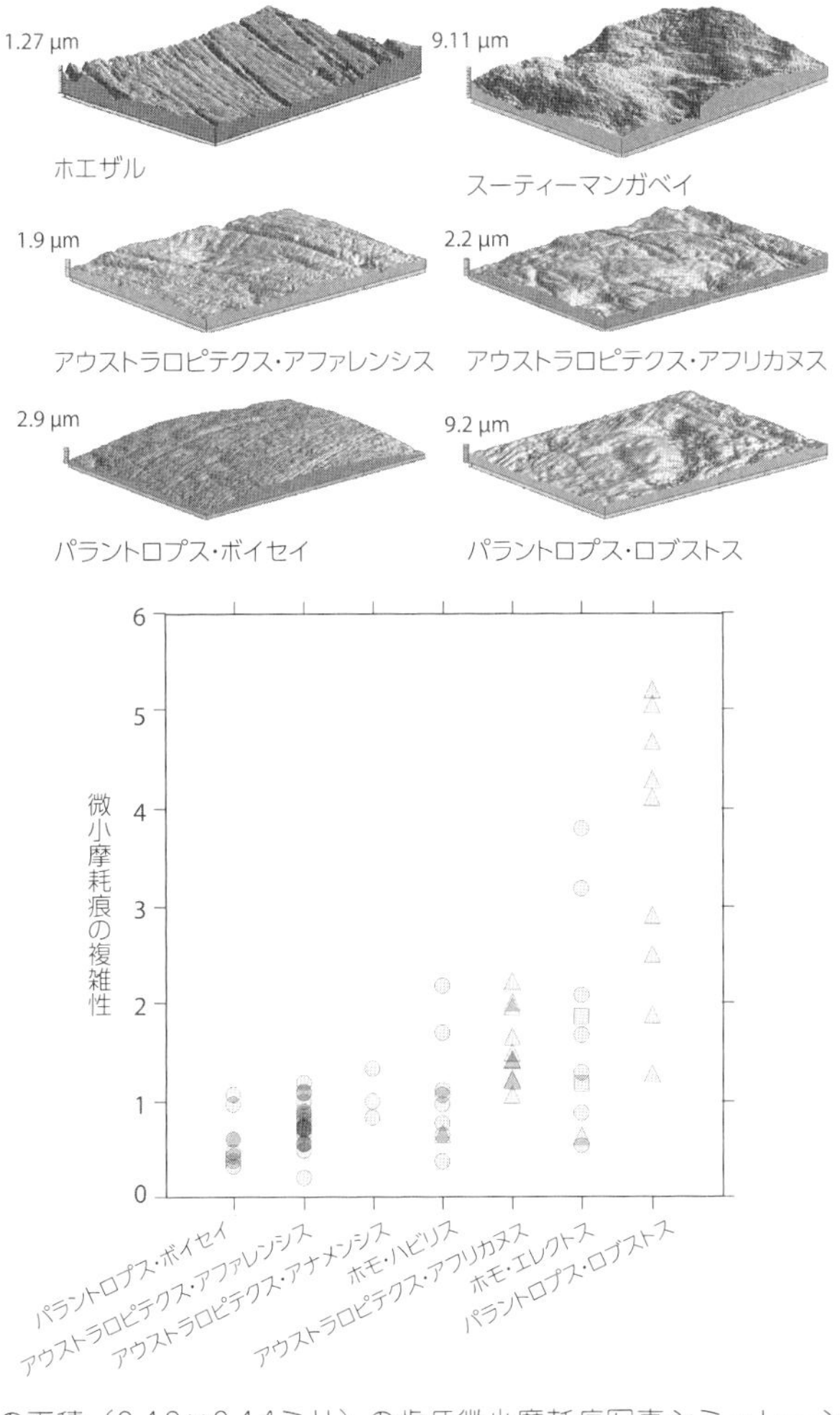

5.2　歯の面積（0.10×0.14ミリ）の歯牙微小摩耗痕写真シミュレーション（上）と、鮮新＝更新世ヒト族の微小摩耗痕のザラザラ度合いの複雑性データ（下）。東アフリカ産ヒト族標本は灰色の円で、南アフリカ産ヒト族標本は三角形で、アジア産ヒト族標本は四辺形で表示。

かすかな細部が全景の中を出たり入ったりするように、標本が試料台の上を回転する時に極細のひっかき傷は現れては消える。立体の表面が平面写真に表現される時に、情報が失われるのだ。電子線ビーム、表面、検出器の間の角度次第では、観察者が諦めざるを得ない。したがって電子顕微鏡画像を二回計測すれば、それぞれ異なった数値が得られるばかりでなく、標本が同じ方向に正確に置かれていない場合、表面を撮影するたびに違った画像も得ることになった。

微小摩耗痕のザラザラ度合い分析

その後、二〇〇一年のある日、ウォーカーは何の前触れもなく突然、私を呼び出した。彼は、SEMが微小摩耗痕分析にとって最良の機器ではないことを理解するようになっていた。そのうえで私に、もっと何か良い方法を探して見つけるのが私の仕事だと言った。私は前のポスドク指導教官に、とても「ノー」とは言えなかった。

そこで私は、文献を徹底的に調べ始めた。最初に、マサチューセッツ州のウースター工科大学の技術者であるクリス・ブラウンの仕事を知った。ブラウンは、Kfrax（スケール感応性フラクタル解析用の一連のコンピューター・プログラム）を開発していた。その背景にあるアイデアは、表面上に表現されるのは観察するスケールで変化するというものだ。例えば海岸線は、人工衛星からはまっすぐに見えるが、海岸に沿って歩いている者には、入り組んでいると感じられる。道路も、車に乗った運転者には真っ平らに見えるが、道路を横切ろうと必死になっている蟻にはデコボコだ。

スケール付きの見かけのザラザラ度合い、質感（texture）の変化は、表面の複雑性の大きな評価基準であるとブラウンは主張した。それは微小摩耗痕にとって申し分のないものだろう、と私は思った。歯が様々な基準で――大雑把な基準では咀嚼のガイドとして、またより精密な基準では食物破砕の道具として――機能していると述べた第一章を思い起こしてほしい。またブラウンは、チョコレートバーから雪上を滑るスキー板までのあらゆる種類の表面のザラザラ度合いに関しても研究していた。そうした多方面にわたる関心を持つ者なら、歯でも試しにやってみようと喜んで考えるだろう。実際、彼はそうだった。

新しい電子顕微鏡での探査では、さらにいらいらさせられた。私はまるでベッドから逃げ出そうとしている少女ゴルディロックスのように感じた。一つの機器は、我々の要求する解像度がなかった。もう一つは、十分な広さのエリアを撮像できなかった。三番目は、歯のような曲面を処理することができなかった。第四の機器は、エポキシ樹脂製の歯のレプリカをはっきりと撮影できそうもなく、ましてや歯のエナメル質はぼんやりとしか写せなかった。

最終的に私は、光学共焦点プロファイラーに巡り合った。それは、SEMにあるボタンもつまみもみんななかったし、高校の生物学実習室で見られる顕微鏡の方によく似ていた。それでも重要な違いがあった。通常の光学顕微鏡は、焦点と焦点面の上下に少しずつ、視野の全領域を一度に観察する。標本が完全に平らでなければ、表面は不鮮明になる。共焦点顕微鏡は、それとは異なる。それは、焦点に光を当てるだけだ。標本がわずかに上下に動いても、何百、何千もの仮想のスライス画像ができる。それぞれのスライス画像に記録されているのは、焦点の合う一部だけのものだ。これらのスライス画像は一緒に積み重なり、点の大群と顕微鏡表面の3D（立体）モデルを作れるのだ。

光学共焦点顕微鏡とスケール感応性フラクタル解析を組み合わせれば、歯の表面の観察と解析で新しい方法がもたらされる。それは、歯がどのように機能したのかという理解にも合致するだろう。第一章を思い起こしていただきたい。そこではほとんどの生物が最初から噛まれても割れ目ができないように自らの組織を硬くしたり、それ以上亀裂が広がらないように自らを頑丈にしたりして捕食者から身を守ろうとしていることを述べた。ナッツのような硬い食物を噛み砕いたことが歯に様々な形と大きさの微小孔を残すのだとすれば、高倍率と低倍率の両方で歯の表面はザラザラに見えるだろう。そうした表面は、技術的な用語を用いれば複雑（コンプレックス）ということになる。頑丈で噛み切りにくい食物を切断したことが咀嚼方向にひっかき傷を残したのなら、歯の表面のザラザラ度合いはそれにふさわしい方向性を示すだろう。そうした歯の表面は、技術的な用語で言えば異方性となる。

異方性と複雑性がそれぞれ食物の噛み切りにくさと硬さを示す素晴らしい代理《プロキシ》なのだ、と私は推定した。クリス・ブラウンらは、表面の他の多くのザラザラ度合い側面を計測する巧妙な方法も開発していた。もっと重要なのは、ザラザラ度合い（質感）分析は雲状の点の大群を問題にするので、3D（立面）から2D（平面）に変換する問題や個々の試料の特徴を計測することによって起こる誤差というノイズに思い悩む必要がないことだ。それは、数百もの細かなひっかき傷や微小孔を毎日、手で計測する必要のない素晴らしいレリーフでもある。私の視力は、年と共に落ちていたし、斜視になったから、その判断はいい線をいっていたと分かった。

歯の微小摩耗痕と表面のザラザラ度合い（質感）の計測、すなわち「計量学（*metrology*）」とを結合させたこの新しい手法の見通しは、非常にエキサイティングだった。私はいくつもの研究助成金を得て、新しい機器を買い、ロブ・スコットを助手に雇い、この手法を進めて標本をスキャンするのに役立てた。クリス・ブラウンらのチームは、微小摩耗痕解析用にKfrax改良を始めており、マーク・ティーフォードと私は、全米とヨーロッパ中の博物館収蔵物からサルの歯の印象を集めに向かっていた。第一段階は、ナッツのような硬い食物を食べるサルの歯が高いザラザラ度合いの複雑性を持ち、噛み切りにくい頑丈な食物を食べるサルの歯の表面が異方性であることを確かめることだった。確かにその通りだった。噛み切りにくい葉を食べるサルは、微小摩耗痕質感、ザラザラ度合いが概してより異方性であり、果実食のサル、特にナッツのような硬い食物を食べるサルの歯の表面は、より複雑性であった。

だがもっと多くのことが分かった。第二章で述べたタイのスーティーマンガベイとキバレのホオジロマンガベイを思い出してほしい。両者は、食べ物が違う。それでも両者とも、平らで大きな大臼歯と頑丈な顎を持っていた。我々は、顕微鏡で両種の食性の違いを以前よりもっとはっきりと同定できた。タイのマンガベイの微小摩耗痕面は、まるで月面のようであった。ナッツのような硬い食物の偏食家について予測したように、彼らは概してより複雑性であった。だがホオジロマンガべイは、ほんの少しの高い値を持った比較的低い値の集合であった。これは非常に大事なことである。それは、我々の祖先の歯が何を食べられたのかということばかりでなく、日々の食事として実際に何を食べていたのかの解釈に道を開くことだろう。それは、適応から行動へという我々の関心の的の完全な転換となる。そのことは、同僚と私の化石歯の観察の仕方を変えたのだ。

「最後の晩餐現象」と食料収集戦略

それでは表面に微小摩耗痕がどのように形成されるのかをもっと徹底的に見ていこう。一般的に霊長類は毎年、髪の毛一本の太さほど、約二十から二百マイクロメートルのエナメル質を磨り減らしている。それは大したことがないように思えるかもしれないが、現在、議論をしている微小摩耗痕のひっかき傷は、通常は深さが一マイクロメートル以下であることを思えば、そうでもない。それから動物が生きている間、歯に新しい特徴ができるたびに歯に残された特徴が継続的に上書きされていくことも、何ら驚くことではない。もしある動物が一年中同じ種類の食物を食べているとすれば、その摩耗痕は変わらずに一定のままであるはずだ。古いひっかき傷と微小孔は、新しい同じ傷で置換されていくが、大したことではない。だが食物が確かに変化するのだとすれば、新しい傷が古い傷を上書きするので、微小摩耗痕のザラザラ度合いはその変化に付いていくことになろう。結局のところ、化石歯に保存された微小摩耗痕は、最後の数回、数日、最大でも死ぬ前の数週間の食事だけを反映しているのである。

フレッド・グラインは、これを「最後の晩餐現象」と呼んだ。それは、ある個体の生涯にわたる食物を推定するのには幸先は悪いが、一つの種の食料収集戦略の復元のための好都合な点として利用することはできる。サルは、生物圏のビュッフェから手に取れる選択肢の中の食物を拾い上げ、それを選ぶこと、そしてそれらの食物は季節ごと、年ごとに変わり得ることを思い起こしてほしい。サンプル中のそれぞれの個体が、それが属する種のメンバーの時間的に異なった瞬間を代表しているのだとすれば、十分な標本さえあれば、微小摩耗痕は食の変化を表すという考えをもたらしてくれるはずだ。SEMを基にした微小摩耗痕研究の測定ノイズさえなくせば、微小摩耗痕というシグナルから見出せる変化は真に生物学的意味を持つ、と大きな自信も持てる。

私は、数年前にカンザス州ローレンスで開かれたアルクモ（ARKUMO＝アーカンソー州、カンザス州、ミズーリ州）地域古人類学者会議でフサオマキザルの微小摩耗痕複雑性データを提示したことを思い起こす。南米のこのサルの多くは、キバレのマンガベイのように、食を硬い食物に頼っている。このサルの場合、それはナッツとヤシの葉である。彼らの複雑性値の分散具合は、ホオジロマンガベイのそれとかなり良く似ている。低い値の端に集合しているが、二、三のはるかに高い値を持った集合もある。オマキザル属の摂餌生態学の専門家であるバース・ライトは、その会議でも食物破砕特性に基づいた自身のデータを発表していた。食物の硬さの値の分布は、微小摩耗痕で私たちが発見していたものと良く似ていた。それは、私の心中での懸念を払拭した。微小摩耗痕は、食物選択の細部、すなわち食料収集戦略、そして化石種が変化しつつある世界にどのように反応したかを探し出すのに確かに役に立つことが「できた」のだ。

ヒト族の微小摩耗痕のザラザラ度合い

ロブ・スコットと私が最初に挑戦した初期ヒト族は、フレッド・グラインが一九七〇年代後半から八〇年代前半にかけて解析したのと同じものだった。種間の違いは明確だったから、微小摩耗痕のザラザラ度合い解析の良い試験台になるだろうと思った。その結果は、数十年前にフレッド・グラインが見出していたことに正しく合致した。パラントロプスは全体としてアウストラロピテクスよりも複雑な表面のザラザラ度合いを持っていて、またアウストラロピテクスは前者よりも異方性であった。だが話は、それだけではなかった。それぞれの種に値の分散が存在したのだ。

パラントロプスの標本の中には複雑な微小摩耗痕のザラザラ度合いを持つものがあったが、他の標本ではアウストラロピテクスに似ていた。また一部のアウストラロピテクスの標本の中には異方性のザラザラ度合いを持つものがあったが、他はパラントロプスに似ていた。ヒト族はそれぞれ異なっていただけではなく、重複もあったのだ。私はケタンベを振り返った。そこに棲むマカク、テナガザル、オランウータンについて考えた。大きな木に実がなった時、彼らはみな同じイチジクを食べていた。だが彼らの歯と顎は、非常に違っていた。そしてそれらの違いは、長い期間を経ての種間の食性の変異と一致していたが、どの種もみんなが十分に食べられる時は、彼らはみな果肉のいっぱいある、甘い果実を食べたのだ。同じことが、南アフリカのヒト族にも当てはめることができるだろうか。南アフリカのヒト族の場合、アウストラロピテクスはパラントロプスより前に生きていたから直接には競合していなかった。だがそれでも、類推は有効である。たぶん二種のヒト族とも、食べられる時には軟らかくて、カロリー豊富な食物を食べていただろう。だがそうでない時は、互いに異なる機械的な挑戦を必要とした品目をそれぞれの種は選んだだろう。おそらく食物の好みというよりも、これがアウストラロピテクスとパラントロプスの歯のサイズと形の違いを作り出したのだ。

　これは、ロビンソン、あるいはグローヴズとネイピア、あるいはジョリーがかつて思い描いたかなり特殊化した食性という推定とは大違いである（第三章参照）。パラントロプスの微小摩耗痕のザラザラ度合いは、フサオマキザルのそれと良く似ていた。自然は本当に彼らに、軟らかい、好みの食物が食べられない時のために、大きく、平らで、大きい歯と強力そうな顎を与えたのだろうか。パラントロプスは、リームのパラドックスのヒト族の例だったのか。[5]この問題でキバレのマンガベイやバイ・ホコウのゴリラについて考えれば、それは大いに納得がいく。

　これまでは、南アフリカのヒト族についてのみ話してきた。では、東アフリカではどうだったのか。種は異なるけれども、ここにもアウストラロピテクスとパラントロプスは暮らしていた。南アフリカのように、東アフリカの種も時代によって区別されている。パラントロプスより前にアウストラロピテクスが生息していた。彼らは、歯牙表面パターンの素晴らしい独自試験をもたらすことができる。

まずアウストラロピテクス・アファレンシス、すなわちルーシーの属する種から始める。その微小摩耗痕ザラザラ度合いは、南アフリカ産アウストラロピテクスのそれとかなり似ている。低い複雑性と異方性の値である。ルーシーもナッツのような硬い食物の摂食者ではなかった。実のところ、東アフリカ産アウストラロピテクスは南アフリカの種よりも低い複雑性の値さえ持っていた。このことは南アフリカのアウストラロピテクスが、やや大きな歯とそれを納めるための厚い頭蓋であったことから納得できる。

一方、東アフリカ産パラントロプスの結果は、全く予想外であった。パラントロプス・ボイセイ、すなわちクルミ割り男の種を考察した。彼らの微小摩耗痕は、スコット・マクグローのマンガベイの話に似ているはずであった。すなわち深いクレーターで穴だらけになっている月面のように、である。どのみちボイセイは、どのヒト族よりも大きく、平らで、太い大臼歯を持っていた。また信じられないくらいの頑丈な顎と強大な咀嚼筋を備えていた。一部の南アフリカのパラントロプス標本に微小摩耗痕の複雑性が認められたら、東アフリカのパラントロプスの多くも確実にそうなるだろう――。ところがそうではなかった。私の調べた標本のどれ一つとして複雑性、微小孔の開いた歯表面を持っていなかったのだ。ほとんどの標本は、極細のひっかき傷で覆われた単純な表面を持っていた。それは、全く理解できないことだった。クルミ割り男がナッツを噛み割っていたなら、微小摩耗痕にその痕跡を残さなかったことが、である。

過去は異国だ

結局、我々はアフリカ大地溝帯沿いに発見されていた三十点の早期ヒト族化石の微小摩耗痕を得ることができた。これらの化石はすべて比較的大きく、平らな歯と強力そうな顎を持っていた。パラントロプスのレベルほどではないが、アウストラロピテクスでさえ、そうである。だがどれ一つとして、硬い食物を食べる種としての明白な微小摩耗痕面の複雑性を示した個体はなかった。実際、これらのヒト族化石は、現生霊長類では全く見出せなかった――確かにマンガベイやオマキザルでは見られなかった――歯の形と微小摩耗痕パターンの組み合わせを持っていた。作家のL・P・ハートレイが『仲介者（*The Go-Between*）』の冒頭の文章で書いたように、「過去は異国だ。彼らはそことは違うことをするのだ」[6]。

それでは、何が初期ヒト族の歯の表面に複雑性を残したのだろうか。ちょっとの間、一歩退き、微小摩耗痕がどのように形成されるかを再考してみよう。読者は第一章で硬い食物は咬頭とベイスン（受け皿）の間で噛み割るが、噛み切りにくい食物は上顎歯と下顎歯の稜の間で切断するのが最良であることを学んだ。したがって歯の形は、微小摩耗痕の均衡にも役割を果たすに違いない。噛み割りのベイスンと切断の稜は、対合歯が食物破砕のために噛み合う時に、歯の動きのガイドとなることを思い出してほしい。だがヒト族が頑丈な食物を食べたいと思い、咀嚼のガイド用に稜がなかったとしたら、どうだろう。一つ考えられるのは、尖っていない咬頭と反対側のベイスンの間で頑丈な食物を磨り潰し、挽いて、乳棒とすりこぎのように歯を使っていたということだろう。

東アフリカの初期ヒト族が大臼歯を乳棒とすりこぎとして使っていたとしたら、歯の表面はその方向に走るひっかき傷でいっぱいになると予期できる。そしてそれを見つけることだ。異方性でも、ある程度の変異はある。だがラングールやホエザルのような現生の葉食性霊長類に、それが高率にあるわけではない。彼らは、長い、鋭い稜を持ち、それでカミソリの刃のように歯を調節し、誘導している。そうではなくクルミ割り男は、実際には臼で挽く器械であったのだろうか。それなら大きな、頑丈な顎、強力そうな咀嚼筋、さらには巨大で平らな歯も説明できる。その歯が非常に早く磨り減った理由も説明できるだろう。メアリー・リーキーとルイス・リーキーの見つけたジンジャントロプス頭蓋に付いていた親知らず（第三大臼歯）は、その持ち主が死んだ時、萌出したばかりだった。その個体は、若い成体だったのだろう。ところが他の大臼歯は、既にかなり磨り減っていた。私たちは、硬い食物を食べるわけではないサルで、これほど早くに歯の磨り減った例をほとんど見たことがない。だがパラントロプスが平たい歯で、歯を磨り減らす食物を磨り潰していたとしたら、摩耗痕の急傾斜も納得できる。

丘と谷を越えて

だが他の噛み切りにくい食物食のサルが稜を持っているなら、東アフリカ産ヒト族もなぜそれを進化させなかったのだろうか。適応度を表す標高の丘と谷が続く地形として適応について考えることができる。高い所へ行けば行くほど、(食物の特質のような)与えられた条件下での適応は良くなる。自然選択は、上り坂から最も近くの山頂へと種を押し上げがちである。より高い山頂から下に行ってもいいが、そこに行くために谷底へ下り、谷を横断しなければならない。そしてそれには、たくさんの努力を要する。おそらくそれは、エナメル質を薄く、咬頭を立ち上げ、稜を発達させるのに比べ、より厚いエナメル質と大きく、平たい歯を備える方向に進ませる段階をわずかしか必要としないのだろう。確かに稜と切縁は頑丈な食物を切断するのに有効だが、自然は手近な素材で間に合わせねばならないのだ。パラントロプスがその祖先よりも磨り潰しをうまくやっている限り、大きく、平らで、幅広の歯を進化させたのはもっともなことだ。アウストラロピテクスの出発点からそこに到達するのにはその方が容易だからである。[7]

この考えを試す最良の検査は、噛み切りにくい食物食で、平らな歯を持った現生の霊長類の微小摩耗痕を調べることだろう。だが、そんな霊長類はいない。ただ考察対象にできる他の哺乳類はいる。パンダだ。少なくとも近縁な動物と比べれば、パンダは噛み切りにくいタケを食べ、尖っていない咬頭のある大きな大臼歯を持っている。パンダは、噛み切りにくい食物を食べる食性で、類縁者たちよりも大きく、平らな大臼歯を進化させてきた。そして彼らの微小摩耗痕は、適度な異方性と低い複雑性という、東アフリカの早期ヒト族のそれにかなり似ているのだ。もちろん誰一人、パンダの歯をヒト族の歯と間違えたりはしないだろうから、その例示は適切ではない。ただ現生の哺乳類の中で、これ以外の例はほとんどない。それは、微小摩耗痕で対比できる最良の例なのだ。だが、食跡の他の例も観察できるかもしれない。

炭素同位体

化学はどうだろうか。第四章で熱帯性の草は、軽い炭素同位体、すなわち炭素12（^{12}C）に対して重い炭素同位体、すなわち炭素13（^{13}C）を高い割合で持つことを見た。熱帯の草は、樹木や灌木よりも高い。熱帯の草は、太陽エネルギーを使って二酸化炭素と水を炭水化物と酸素に変換する仕方が違うからだ。ではこれらの草を食べる動物はどうなのか。同位体比は、食物連鎖を通じて受け渡されるだろうか。骨と歯は、原素材として用いられる植物から、軽い炭素に対して重い炭素の比率を受け継いで作られるが、化石のこの比率は長大な時代を経ても不変なままなのだろうか。変わらないとすれば、化石は、食物の紛れもない化学的サインを保存しているはずだ。多くの研究者たちは、これらの疑問の解明に向けて研究を積んできた。そしてその過程で、過去に生きていた動物の食性を復元するという新しい方法を発展させたのである。

食物と同位体の関係

南アフリカ生まれの考古学者、物理学者であるニコラス・ファン・デル・メールウェは、そうした先駆者の一人である。ファン・デル・メールウェは、最初から炭素同位体を使って食性を復元することに関心を持っていたわけではなかった。実際のところ一九六〇年代前半、彼が大学院生だった時に植物学者たちは、今日のような炭素同位体比を使って樹木、灌木、ハーブ類を熱帯性の草とスゲ類から分けられるというC_3光合成経路とC_4光合成経路をほとんど解明できていなかった。当時の研究者たちは、考古遺物の年代測定をする過程で炭素同位体を利用していた。[8] ただ、ヒトや動物たちが過去に何を食べていたかを解明するためではなかった。それは、ファン・デル・メールウェが初めて開発した研究法だった。彼の書いたイェール大学の学位論文は、炭素同位体を使って古代の鉄製遺物の年代を推定するというものだったが、彼がニューヘイヴンで身に付けた技術は、そこから研究領域を広げ、長年をかけて前とは別の方向に歩み出した時に十分に役に立つことになる。

ファン・デル・メールウェは一九六〇年代後半、ニューヨーク州北部にある同州立大ビンガムトン校で最初の教育職に就いた。当時、そこで研究していた考古学者は、この地域の農耕の起源に力を注いでいた。ここの先史人は、トウモロコシを栽培して食料にし始めていたのだ。だが考古遺跡出土のトウモロコシ穀粒から良好な年代を得るのは難しかった。トウモロコシ穀粒は、一貫して同一層位の木炭よりも二、三百年も若く出たのである。

これは、植物学者がC_3とC_4の光合成の違いに気がついた頃であった。植物学者はC_4の熱帯性の草が、C_3の樹木、灌木類よりも軽い炭素同位体に対して重い炭素同位体比率が高いことにも気がついた。事実、これがファン・デル・メールウェの扱った古いトウモロコシ穀粒が若すぎる推定年代を出す理由を説明しているのだ。光合成という化学反応の過程で、植物は、重い炭素の方を排除する選り好みをすることが分かっている。だがトウモロコシを含むC_4植物は、C_3植物が炭素13と炭素14の両者からするほどの選り好みをしていない。だからトウモロコシは、初めからその組織内に比較的多くの重い炭素14を取り込む。したがって一定の時間後の炭素14の崩壊後も、安定炭素同位体に対し不安定な同位体（炭素14）の比率は、樹木よりもトウモロコシの方で高くなるのである。

ここからさらにファン・デル・メールウェは、思索を進めた。もし現ニューヨーク州北部にいた初期農耕民がトウモロコシを主食にしていたら、彼らより前にいた狩猟採集民よりも骨の炭素のうち重い炭素13が多く、軽い炭素12は少なくなるはずである。ただ結局のところ北方の野生植物はすべてC_3であり、炭素13は相対的に少ない。確認するためにファン・デル・メールウェは、プレトリアの国立物理調査所に在籍する放射性炭素年代測定の専門家であるジョン・フォーゲルと共同研究をすることにした。一九七〇年代半ばにファン・デル・メールウェが（ケープタウン大学の教授職に就くために）故郷の南アフリカに戻った直後、二人は先史人の肋骨から得た試料の分析を始めた。狩猟採集民とトウモロコシ農耕民の間の安定炭素同位体比の差は、予想したとおりだった。ファン・デル・メールウェとフォーゲルは、過去の人間の食物を推定する全く新しい道具を開発したのである。

ついでに言うとファン・デル・メールウェとフォーゲルは、食性推定のために炭素同位体値を評価する独走者ではなかった。ほぼ同じ頃、カリフォルニア工科大学のマイケル・デニーロとサム・エプスタインは、ヘンリック・ヘックの研究するセレンゲティのハイラックスの安定炭素同位体データを集めていた。ハイラックスは、アラン・ウォーカーが微小摩耗痕のために研究していた。デニーロとエプスタインの得た結果は、草を食べるロックハイラックスは一緒に暮らしているブッシュハイラックスよりも比較的高い炭素13を持つことを示した。微小摩耗痕が熱帯性の草を食べるグレイザーと樹木・灌木の葉や芽を食べるブラウザーとを識別できるばかりでなく、炭素同位体も分析に使えるのである。二組の研究は、科学誌『サイエンス』に並んで掲載された。[9]

ヒト族食性と関連する同位体

南アフリカに話を戻す。ファン・デル・メールウェは、引き続き同位体と食性の研究に取り組んでいた。彼はケープタウンに自らの研究所を立ち上げ、研究グループを組成した。彼の教え子の一人、ジュリア・リー＝ソープは、化石種の食性を推定するのに安定同位体を利用することに特に関心を持っていた。ただそれがものになるかは、その時点でさえ不明だった。その動物の死後、骨か歯が古生物学者によって発見されるまで、たくさんのことが起こったはずだ。埋没した骨と歯は、周りの土壌の水分、ｐＨ、熱、微生物の作用と無機物の浸透で著しく変化させられている可能性がある。これらは同位体比にどんな効果をもたらすのか。例えばデニーロと当時ＵＣＬＡにいたマーガレット・ショーニンガーは、メキシコのテワカン渓谷から見つかった古人骨中の炭素12に対する炭素13の比を観察したが、その比はかなりのばらつきを見せていた。二人は、大気中と地下水中の炭素が骨に浸透したに違いないと述べた。それが、一部の研究者に食性研究への炭素同位体の信頼性に疑問を投げかけさせることになった。

それでもリー＝ソープとファン・デル・メールウェは、研究を進めた。結局、安定炭素同位体分析は、ニューヨーク州北部のトウモロコシ農耕民と彼らの先行者である狩猟採集民とをはっきりと分けた。二人は研究を進め、汚染物質を取り除く技術を開発し、他の種の資料も試した。今度は、三〇〇万年前という相当に古い年代の骨だった。その現生の近縁者が純粋なブラウザーであるキリンの化石と羚羊類化石であった。これらのブラウザーの炭素同位体比の分析は、予測されたほどではなかったけれども、誰もこれらの化石をグレイザーだと混同するものとはならなかった。前処理が大いに役立っていた。さらに良かったのは、リー＝ソープとファン・デル・メールウェが、試料を骨から歯のエナメル質にほぼ完全に転換することにより汚染による化学変化の影響を取り除けたことだ。一九八〇年代後半までに、歯のエナメル質の炭素の安定炭素同位体比は、長い時を経ても、ほとんど不変のままであることが明らかになった。歯の形成に使われた炭素は、最終的には歯が発達中に食べられた食物に由来しているのだから、この比は、数百万年前に生きていた個体の食性についていろいろなことを教えてくれるはずなのだ。

この技術の潜在的可能性の実証は、次の大きな飛躍、すなわち早期ヒト族の食性分析にとってとても重要だった。我々の祖先化石は、稀少で値段の付けられないほどの宝石であり、全人類にとっての遺産だ。同位体測定のために、歯冠からエナメル質を穿孔し、かけらをほじくり出し、それを粉に引き、酸で処理し、質量分析器で炭素同位体を測定しなければならない。過去を振り返れば一九八〇年代では、それには歯の咬頭の半分を占めるほどの大きな塊が必要だった。エナメル質の貴重な一部でも破壊することで、未来の世代なら解明可能となりうる早期ヒト族の暮らしについての情報が失われてしまうかもしれない。そのどんな証拠が失われてしまうのか、誰が知るだろうか。貴重な情報が分かってくるということが明白でないとすれば、危険を冒す価値はないだろうというのは確かだ。だが今や、それは明らかになるように思われた。

リー＝ソープは、スワルトクランス洞窟（第三章参照）から見つけられたパラントロプスから始めた。グラインの最初の頃の微小摩耗痕研究では、彼らはナッツのような、あるいは根茎類の地下部分といった、堅い植物食だったということが推定された。そうした物は、炭素12に対する炭素13の比が低いC_3植物で、それらを食べていたなら、ヒト族のエナメル質はそれに対応して低い比率になっているはずである。ところが予想に反して、数値はそうならなかった。彼らがC_3植物食であったとするには、パラントロプスのエナメル質は炭素12に対して炭素13が相対的にはるかに高くなっていたのだ。それは、汚染でもなかった。同じスワルトクランスから出土したクーズー（ウシ科）とかヒヒは、現生の類縁種と同じく、重い炭素の比率が低くなっていたからだ。だがパラントロプスは、グレイザーでもなかった。事実、炭素12に対する炭素13の比率からすれば、このヒト族はC_4植物からは摂取した炭素の約二五％を得ていた計算になる。パラントロプスは、当時、広大なヴェルトに広がっていた圧倒的な量のC_3植物で食を補ったのだろうか。しかしリー＝ソープは、もう一つの可能性を考えた。C_4植物のシグナルをエナメル質に取り込むには別のやり方がある。つまり草

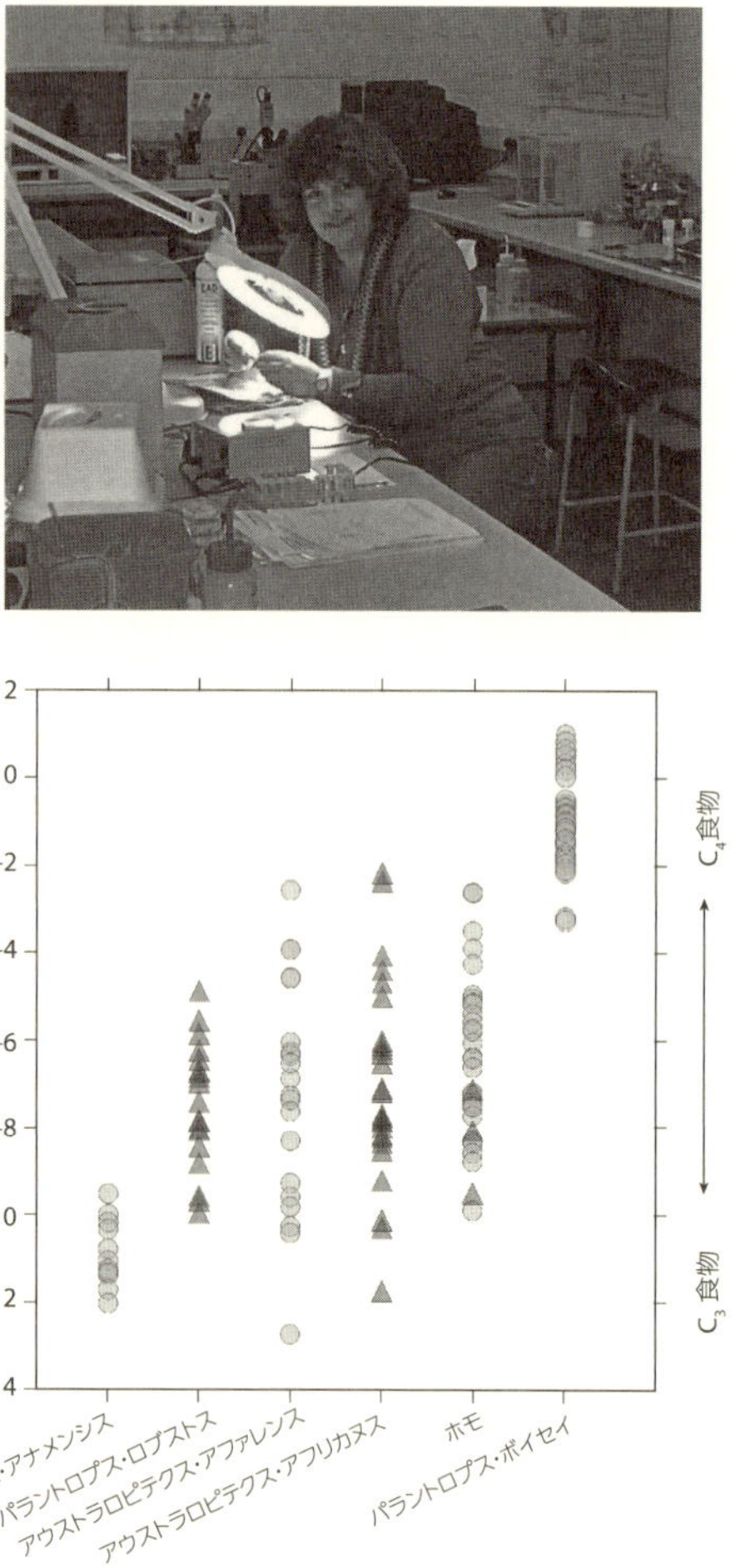

5.3　安定同位体分析のためにアウストラロピテクスの歯を試料に用意するジュリア・リー＝ソープ（上）と、鮮新＝更新世ヒト族の炭素同位体データ（下）。東アフリカ産ヒト族標本は灰色の円で、南アフリカ産ヒト族は黒の三角形で表している。上の写真は、ジュリア・リー＝ソープ提供。下の図は、マット・スポンハイマーの許可を得て改変（詳しくはMattAcademy Sponheimer, et al., "*Isotope Evidence of Early Hominin Diet,"* Proceeding of the National Academy of Science 110, no. 26(2013): 10513-18を参照）。

を食べる動物を食べることだ。結局のところ、炭素は植物から草食動物へ、そこから肉食動物へと受け渡されていく。だからグレイザーを食べれば、草を食べたのとほぼ同じだけの重い炭素を歯に残す。それならたぶんパラントロプスは、自分たちの食に肉も含んでいたのだろう。とどのつまりパラントロプスは、少なくとも平均的な類人猿と比べれば、エネルギー多消費の大きな脳を維持していたのだ。そして草は、霊長類に必要なカロリーを準備するのに良質な食物源ではない。さらに肉なら、草よりもはるかに消化しやすい。

さらに数年たち、南アフリカのヒト族標本がどんどんサンプルに付け加わってきた。リー＝ソープは、当時、ラトガース大の大学院生だったマット・スポンハイマーと組んで、マカパンスガットのアウストラロピテクスの歯の炭素同位体の共同研究を始めた。またファン・デル・メールウェは、ステルクフォンテインのアウストラロピテクスからさらに多くのサンプルを得た。最終的に彼らは、約五十点の標本を手にした。大部分はアウストラロピテクスとパラントロプスだったが、数点の早期ホモも含まれた（これについては第六章で取り上げる）。歯が次々と調べられたが、話は同じだった。C_3植物が圧倒的な食物だったが、一方でC_4由来の炭素のたっぷりとした補助があった。二つのことが明らかになった。第一に南アフリカの早期ヒト族は、チンパンジーのような物を食べていなかった。彼らは大量の樹木と灌木の可食部を食べたが、草もまた——たぶん草を食べていた動物も食べていた。第二に、アウストラロピテクスとパラントロプスの歯は、C_3植物とC_4植物由来の炭素同位体の類似した比率を持っていた。もし両者の食物が違っていたら、安定炭素同位体で検出できたような数値にならなかった。

東アフリカのサンプル群

では東アフリカのヒト族についてはどうだろうか。ダル・エス・サラーム、ナイロビ、アディスアベバにある博物館の化石収蔵金庫室の管理人は、破壊的試料抽出に相当に慎重であった。同位体研究のためにドアを開けてくれるように彼らを説得するには、長い時間が必要だった。しかし一九九〇年代にリー＝ソープによって開発された技術では、砂糖粒以下のエナメル質が必要になるだけで、試料抽出も歯の一部の破壊だけで十分となっていた。博物館館長も、二〇〇〇年代後半には最終的に折れた。

東アフリカ産ヒト族の最初の同位体データが出たのはタンザニアの化石からで、二〇〇八年にファン・デル・メールウェらのチームによって報告された。[10] それは五点だけ——パラントロプス二点、早期ホモ三点——だったが、結果は注目すべきものとなった。パラントロプス標本は、南アフリカ産ヒト族の典型例よりも炭素12に対する炭素13（炭素13／炭素12）の比率がはるかに高かったのだ。おそらく彼らの食性はC_4植物の方により傾いていたのだろう。二つの標本では十分ではなかったが、結果は興味をそそられた。特に二つのパラントロプスの炭素同位体値が、早期ホモの値と違って見えたことは興味深かった。早期ホモの値は、むしろ南アフリカ産の標本と一致していた。翌年、ティム・ホワイトのチームは、約四四〇万年前のエチオピア出土の非常に古いヒト族であるアルディピテクス・ラミダスの炭素同位体値を発表した。[11] アルディピテクスも南アフリカの標本と違ってい た。しかし違いの方向は、真逆であった。アルディピテクスの食にはC_4植物を摂っていた証拠が欠けていた。おそらく彼らは、ヒト族が森林や疎林からもっと開けた草原に進出する前に生きていたからだ。

突然、前触れもなしに早期ヒト族の同位体値は、もはやみんな同じではなくなったのだ。研究者たちは、炭素同位体値で種を分けることさえできるほどだった。そして彼らは、そうした違いの意味することについて考え始めた。しかしこうした結果を確認するには、もっと多数の標本が必要である。また東アフリカでの解析では、もっと多くの種が必要だった。現在はコロラド大学教授になっているマット・スポンハイマーと（第四章で触れた）テューレ・サーリングが、その先頭に立った。まずパラントロプスからだ。ファン・デル・メールウェの数値は、この種に特有なものなのか、それとも二つだけの偏った異常値だったのか。スポンハイマーとサーリングは、照合のためにケニア出土の二十五点近い歯から試料抽出した。分析の結果は、明確だった。東アフリカのパラントロプスは、「確かに」他のヒト族と違っていたのだ。この種にとって草やスゲは、補助食品どころではなかった。少なくとも食の四分の三は、C_4植物で構成されていたのだ。

さらに多くの東アフリカ産ヒト族の種がサンプルに追加されたので、一つのパターンが浮かび上がってきた。三つのグループが明確になったのだ。アルディピテクスとアウストラロピテクス種の最古の仲間（アウストラロピテクス・アナメンシス、年代は四二〇万～三九〇万年前）は、低い炭素13／炭素12比を持っていた。彼らは、現生のチンパンジーのように、明らかにほとんどの食を樹木と灌木の部分（果実）を食べていた。それよりやや後に現れたアウストラロピテクス・アファレンシスは、南アフリカの早期ヒト族のように混合食性であった。そして既に述べたように、さらに新しいクルミ割り男の種、パラントロプス・ボイセイは、草とスゲの採食者である紛れもない信号を出していた。たぶんヒト族は四〇〇万年前直後に、以前より多くのサバンナの食物を食べ始めた。そして草やスゲは、時と共に食の多くの部分を占めるようになり、パラントロプスで頂点に達したのだろう。それは、説得力ある物語である。

もちろん話は、このように単刀直入に進んだわけではなかった。少なくとも南アフリカでは、そうではなかったのだ。南アフリカのアウストラロピテクス化石もパラントロプス化石も、類似した通常の炭素同位体比を持っているからだ。

それを持ってすべて一緒に

こうして今や私たちはアウストラロピテクスとパラントロプスの同位体と微小摩耗痕を手にしているし、南アフリカと大地溝帯の両地域から見つかった種に対してもそうしている。彼らの化石、歯の形状と機能、すなわち歯がどのように働いたのかの関係への基本的理解も得ている。また食物選択に際しての歯の役割、居住環境ごとの食物の利用しやすさが歯の役割にどのように影響したのかについても、ある程度のことを知っている。長期にわたっての気候変化の盛衰、そしてそれが早期ヒト族を取り巻く世界と生物圏のビュッフェを利用する選択肢をどのように変化させたかも見てきた。ではテーブルの上に載ったピースをきちんと整理し、それらのピースをうまく合致させる方法を次に見ていこう。

最初に目を引くのは、ロビンソン、トバイアス、ジョリー、グローヴズとネイピアらがかつてイメージしたよりも、話ははるかに複雑だということだ。パズルにさらに新しいピースが加わっているので、話の筋道はさらに見つかりにくくなっている。科学は、時にはそのように働くものだ。十八世紀の偉大な哲学者イマヌエル・カントは、次のように書いた。「経験の原理に与えられたどの答えも、さらに新しい疑問を引き起こす。そしてそれはまた答えを必要とする」[12]。食跡は、新しい利点をもたらしてくれているが、丘の頂点に達すると、はるかに遠くに登るべきさらに遠くのピークが見えてくる。過去は、新しい事実が現れてくると、混乱を深めていく。だがそれはいいことだ。それは、おそらく我々が正しい方向に向いていることを意味するからだ。現在、地球の系は、特に生物圏の部分は、諸関係と反作用のかなりもつれ合った状態に突き進んでいる。我々の祖先が棲んだ世界も、ほとんど同じだったに違いない。そして地球の系は、それらの混合したものに時間という要素を付け加えると、いっそう複雑にさえなってくる。

話は一部で、込み入っている。様々な要素のそれぞれが異なった時間尺度で標本抽出された食のまた別の側面を表しているからだ。同位体から分かるのは、初期ヒト族が歯が形成されている間にエナメル質の炭素をC_3植物から得たのか、それともC_4植物からか、あるいはその両者の幾通りかの組み合わせで得たのかということだ。その炭素は、植物に、あるいはその植物を食べた動物に、あるいはその両方に由来していた。微小摩耗痕のザラザラ度合いは、死ぬ前の数日間、あるいは数週間、ヒト族が硬い食物を食べたのか頑丈で噛み切りにくい食物を食べたのかを教えてくれているかもしれない。他方、歯の大きさ、形状、構造は、可能性についての情報を提示してくれる。ヒト族は、堅い物、噛み切りにくい物、あるいは歯を磨り減らす食物を食べていたのだろうかということだ。こうした様々な証拠群は、同じ細部を必ずしももたらしてくれないし、実際そうであるに違いない。だが私たちには、大きな絵を見るためにはそのすべてが必要なのだ。

これまで観てきた種のすべては、程度は違っても、大きく、平坦で、幅の広い歯、強力そうな顎、良く発達した咀嚼筋を備えていた。パラントロプスは、先行者アウストラロピテクスに比べれば、こうした諸特徴を極限まで発達させた。従来からの標準的な見解なら、歯と顎のサイズと形態における諸変化は、東アフリカと南部アフリカを通じて、その頃に広がった草原環境のアウストラロピテクスからパラントロプスへの移行に伴う硬いが脆い食物の特殊化の進行を意味すると考えられただろう。

もちろん事は、そんなに単純ではなかった。しかしこの基本的な話の線は、混乱し、見たところは一貫性のなさそうな食跡の信号を解釈するためのスタート地点といくらかの背景をもたらしてくれるのだ。

東アフリカと南部アフリカの同一の属に含まれる初期ヒト族の種は、微小摩耗痕と同位体値の両方で見る限り、少なくともいくつかの例で異なる。東アフリカ産のアウストラロピテクスとパラントロプスは、同位体値では異なっているが、微小摩耗痕ではそうではない。そして南アフリカ産のアウストラロピテクスとパラントロプスは、微小摩耗痕では異なるが、同位体値ではそうではないのだ。だから南アフリカではあたかもC_3植物とC_4植物の食物を、時代を超えてずっと混合して食べてきたかのように見える。だが硬い食物の消費は徐々に増えていった。少なくとも救荒食として。彼らヒト族の歯と顎を比較すれば、このことも納得できる。しかし東アフリカのヒト族の食跡が示唆するのは、草原の食物の消費の増加である。南アフリカとは違う見方になるけれども、草やスゲの食が重度の磨り潰しを必要とするとすれば、このこともまた歯と顎を比較する限り、納得できる。そのように磨り潰しは、東アフリカの鮮新=更新世のヒト族にとっての「手口」だったようだ。特にひっかき傷いっぱいの、急激に磨り減る歯の観察から判断すると、頑丈型の種ではそうだっただろう。

異なる問題で、自然は同一の解決策を見出したかのように見える。パラントロプスの特殊化した歯と顎も、彼らが暮らす所のどこでも得られる食べにくい食物を機械的に破砕するためにうまく使われたことだろうが、南アフリカではそれは硬い食物で、東アフリカでは頑丈な噛み切りにくい食物だった。これは、同僚と私は予期したことがなかったし、可能性として念頭に置いたことすらなかったことだった。だが適応度地形（adaptive landscape）という観点、考え方の出発点から見ると、それは筋が通っている。自然が使えるのは手近にある原材料だという制約を思い出そう。できることには限りがあるのだ。

それでは東アフリカでは微小摩耗痕の、南アフリカでは同位体比のアウストラロピテクスからパラントロプスへの変化が見られないのはなぜなのか。そのことと、変化した解剖学的構造とをどのように調和させることができるのか。その解は、赤の女王仮説と呼ばれる進化生物学の有名な考えの中にあるのかもしれない。ルイス・キャロルの『鏡の国のアリス』の中で赤の女王がアリスに語ったように、「さあ、ご覧。同じ場所に留まっているためには、おまえは全力で走らなければならないのだよ」[13]。競争者、捕食者、同じ役回りの犠牲者という圧力のもと、どのように生計を維持していくのかという点で徐々に上手に進化していく種の多くの事例がある。リチャード・ドーキンスは、イソップ寓話のウサギとキツネの例を好む。それが第一章で論じた進化の軍拡競争である。強力な咀嚼力のための解剖学的構造の微調整は、必ずしも食性の変化を意味しない。時には種は、食べられる物は何でも食べるべく好都合に働くように、歯と顎を変えるのだ。

バジル・クックの化石イノシシを考えてみよう。イノシシの第三大臼歯は、時と共に長くなっていったという第三章の記述を思い起こそう。それは、クックが化石包含層の年代推定のためにイノシシ化石を利用できるほどの信頼できる変化だった。その考えは、サバンナが東アフリカと南アフリカの全体に拡大するにつれ、イノシシは質の低い、歯を磨り減らすような草を咀嚼するために歯が長くなるように進化したというものだ。事実、テューレ・サーリングと同僚のジョン・ハリスは、少なくとも一つのイノシシの系統、シヴァコエラス・ノトコエラスでは、時間と共に長くなった歯は実際に高い比率の炭素13を持っていること、したがって新しい種になるほどより多くのC_4植物を食べていたことを見出した。[14] これは、少なくとも炭素同位体比に関する限り、基本的に東アフリカの初期ヒト族で我々が観察できるパターンである。

他方、メトリディオコエラスとコルポコエラスというイノシシの系統は、違ったパターンを示す。彼らは最初からC_4植物を食べるというところから出発し、そのままで留まる。だが、時と共に歯は「それでもなお」長くなったのだ。その系統に含まれる種はすべてそうした草を食べていたが、おそらく頑丈で、歯を磨り減らすような草を食べることへの、それは良き適応なのだろう。つまりある一つの系統では次第に特殊化していった解剖学的構造は食性の変化と一致したが、他方の系統はそうではなかった。たぶん東アフリカのヒト族は、鮮新＝更新世を通じて頑丈で噛み切りにくい食物を食べていたが、南アフリカのヒト族は硬い食物の消費を増やしたのだろう。対照的に東アフリカのヒト族はC_3植物からC_4植物へ食を移行させたけれども、南アフリカでは彼らは両者の混合の固定という状態が保たれた。いずれのケースでも、大きくて幅の広い、強力そうな歯と顎は、硬い食物であれ、頑丈な食物であれ、それが食性への転換を意味したにしろ、同じままであったにしろ、破砕抵抗力の強い食物を噛み切るのに良い仕事をこなしたのだ。

それから、ヒト族のある種は似た食性でありながら異なった歯と顎を持つのに、別の種は異なった食性に対して似た歯と顎を備えるという、一種の進化上の「自由競争」を見ていこう。生態学者のように考え続けてきたけれど、これまで誰もこの結果を見たことはなかった。現生のサルを考えてみよう。キバレでアカオザルとマンガベイを、あるいはタイの森の彼らとキバレのマンガベイを比較すると、すべて筋道が通る。再びキバレの二種が相異なる歯と顎を持っているのにほとんどの時間、同じ食物を食べていることを思い起こそう。そして異なった地点の二種のマンガベイが、ほとんどの時間、また非常に違った食物を食べている。似たような歯と顎を備えているのに、である。これらのケースでは、歯と顎のサイズと形状の考察だけでは十分ではない。私たちは、彼らが歯をどのように使うかを知るために実際の個体が食べるのを観察しなければならなかったのだ。もちろん私たちは化石ヒト族が食物を食べるのを観察できない。だがそれこそ、食跡の出番である。本章の冒頭で示唆したように、食跡こそ過去への覗き窓なのである。

我々の変わりゆく世界

ヒト族の歯の形状と食跡の一致は、過去に個体が食べた物が何だったかの理解を助けてくれるが、彼らがなぜそれを食べたかの理由を理解するには必ずしも役に立たない。それが、進化の仮説——リームのパラドックス、適応度地形、赤の女王仮説などといった——の概念が入ってくる場である。特殊化した歯は特殊化した食性、あるいは普遍的な食物を反映することがあることを既に学んだ。これは、自然選択は最重要な挑戦を誘う食物により大きな重点を置き、食における比率にはさほど重きを置かないからである。歯冠の形の変化が食物を砕く効率性を高めるのであれば、歯は新しい食物やほぼ同じ物のために進化することがあることも学んだ。またいったん与えられた歯の形が、どの機能でもその先行形よりも良い働きをする限りは、与えられた歯の形とは別の機能に向けて進化することがあることも学んだ。現生の哺乳類は、数多くの生きた例を与えてくれる。初期ヒト族のそれぞれのヒトでもその例があるかもしれない。少なくともそれは、私が食跡をどのように読み解くかの仕方である。

それではこのすべては、長時間をかけてのアフリカの気候変化、そして第四章で紹介したデメノカル、サーリング、ポッツ、マスリンの生息環境の代理《プロキシ》とどのように折り合うのだろうか。人類進化の過程を通じて、環境変化は温暖で湿潤の状態から冷涼で乾燥した状態へという単純な移行ではなく、はるかに多くの事態が起こっていたことを思い起こそう。地球と太陽との常に変化する関係に従った周期的なパターンにより気候が変わるということも学んだ。それは、様々な場所でのそれぞれ異なる環境と言い換えられる――たゆみなく動く地球次第、特にいかにプレートの地殻変動が地域的、局地的な地形に影響を与えているかによる。そう、アフリカは徐々に冷涼化、寒冷化していく傾向にあった。だが同時に気候とヒトの生息環境の種類も、どんどん振れ幅が大きくなっていた。

ダートが初めて構想したサバンナ仮説は、本章で考察した初期ヒト族の歯と食跡の組み合わせを説明できるほど筋が通っているわけではない。しかし様々な場所、様々な時代の気候が行きつ戻りつ振れるという考えは、より大きく、より平らな、より幅広の歯と強力な顎へと向かう進化傾向を説明するただ一つの説明がないこととうまく辻褄が合う。もしそうした歯が、当時展開した深い森やずっと開けた草原で、一般的な食性や逆に特殊化した食性へ、噛み切りにくい食物やより硬い食物へとつながることがあったのだとすると、パラントロプスが特殊化したクルミ割り男としてでなく、彼らの生きた場所と時代で必要となった物は何でも食べるヒトとして進化しただろうと考えれば、なんとか筋が通る。パラントロプスの歯と顎は、それに万全の準備を整えていた。そしてクルミ割り男の歯は、実際にそれに全くふさわしかった。そして一〇〇万年以上もの間、予測不能性がどんどん高まる、挑戦的な世界で彼らは生き抜き、繁栄したのだ。幸運だったと言いたい。

だがそれは、話の一部に過ぎない。我々自身の属であるホモ属の最古のメンバーが次に登場してくる。このヒト族は、全く異なった解を見出したのだ。

第六章　ヒトを人間にしたもの

エヤシ湖は、オルドゥヴァイ峡谷から直線距離で南へ約三十キロくらいしかない、大地溝帯の底ののどかな場所に横たわっている。今日、この湖の周辺で暮らしているハッザ族は、アフリカの最後の食料収集民であり、生計をほぼ完全に野生食物に頼っている。彼らは、素晴らしい創世神話を持つ。女神イショコ、すなわち太陽は、ヒヒの群れを二つの集団に分けた。彼女は、その一つを水集めに送り、もう一つを群れに持ち帰ってきて分配するための食物集めに派遣した。食物集めの集団は、しばらくして戻り、惜しげもなく群れ全体に分配した。だが水集めの組は、そうしなかった。イショコは、偵察に出かけ、水集めの連中が離れた川で好きなだけ水を飲み、遊びほうけているのを見つけた。彼女は、食物を持ち帰った者たちを褒美としてハッザ族に変えた。そしてもう一方の水汲みグループは、ハッザ族のお好みの獲物になる運命に落とされた。

何が我々を人間にしたのか。この問いへの答えは、古人類学の「聖杯」である。研究者たちは、長い間、その探究を続けてきた。多くの人たちは、我々ヒトと他の動物との違いについて考える時、それは芸術だ、言語だ、自我の認識だ、共感だ、とみなす。だがギデル・リッジにあるセンガリ野営地のハッザ族の男女に私が尋ねた時、これらのどれ一つとして話題にならなかった。彼らは、周囲をも含む大きな共同体の一部なのであり、過去の多くの世代でそうしていたように、今日も生物圏のビュッフェから直接に食べ物の恵みを受け、それがなければ腹を空かしている。我々を人間にしたものの重要な部分は、我々の祖先はビュッフェの皿を満たすことをどのようにして選んだのかということだが、ハッザ族以外の大半の人たちは、彼らからかけ離れているためにその認識ができない。食べる肉をセロファンで包み、野菜をアルミ缶に真空パックする時、どうしてそれを理解できるだろうか。

これまで古人類学者は、このことについてたくさんの可能性を考えてきた。一般的な話題は、更新世の始まりの頃に起こった環境の変化をきっかけに、祖先の生計の維持の仕方に基本的な変化があったというものだ（第四章参照）。狩猟が、採集が、我々を人間にしたという。食料を集めてそれを処理する新しい道具が我々を人間にしたともいう。また料理が我々を人間にしたかもしれない。こうした事柄すべては、食が話の核心となっている。本章で、歯、食物、移り変わる世界に築かれてきた視点から何がヒトを人間にしたのかに関して考察する。だがここでは聖杯そのものよりももっと興味深いもの、科学者たちが導いてきた探究の物語もある。それではハッザ族の土地から北に目を向け、オルドゥヴァイ峡谷に戻り、外観していこう。

最古の人間を探して

オルドゥヴァイ峡谷は、有名なセレンゲティ草原の東縁の東西に広い盆地の中に刻まれている。主な支渓谷の長さは約五〇キロで、ヌドゥッツ湖から東方にンゴロンゴロ高原の斜面へと向かっている。それは、峡谷とまではいかないけれども、場所によっては斜面は急で、全体で約一〇〇メートルも谷が深く切り込んでいる。その谷に、古代の湖沼と川が太古から一進一退を繰り返して堆積した二〇〇万年間の地層が表れている。現在のオルドゥヴァイ峡谷は、一年のほとんどが暑く、乾燥している。遊牧民マサイ族の連れたヤギやウシが通り過ぎる際の時折聞こえる鈴の音以外に気を散らせるものはほとんどない。だが古人類学者にとっては、ここは魅惑的な場所なのだ。峡谷の底は、狭いガリ（雨でできた溝）で侵食され、至る所に動物化石と石器が露出している。

ルイス・リーキーは、一九三一年からオルドゥヴァイ峡谷で化石と石器の表面採集を始めたが、数点の化石屑や石片以外は、石器製作者は自らの存在をルイスにほのめかしもしなかった。その後、一九五九年にルイスの妻のメアリーが、クルミ割り男の頭蓋を発見した。二人の次男坊のリチャードが回想して言った。「父は石器があることを知っていた。その石器は太古の誰かによって作られた物であることも知っていた。だからその誰かが発見された時、父はその頭蓋の持ち主が石器を作ったと推定したのだ」[1]。

翌年、リチャードの兄のジョナサンはもう一つ、重要な発見をした。その場所は、メアリーが最初の頭蓋を発見した地点から二、三百メートルしか離れていなかった。ジョナサンは、化石探しに飽きていたが、近くのガリから露頭している剣歯ネコの顎がたまたま目に入った。リーキーのチームは、その顎の周りの表面の土を篩い、さらに多くの剣歯ネコの骨を見つけようとトレンチを掘った。だがその代わりに、古人類学の黄金にぶち当たったのだ。ジョナサンは、二番目のヒト族の頭蓋の大きな破片二点、歯が付いた下顎一点、数点の手の骨を発見した。ルイスとメアリーは、新発見の標本を「ジョニーの子ども」と呼んだ。頭蓋は両側頭骨が保存されていただけだったが、新発見の脳頭蓋はクルミ割り男のものより明らかに大きかった。顎はほっそりしていて、歯はメアリーの最初の頭蓋（クルミ割り男）のそれに合わせるにはあまりにも小さく、かつ幅狭であった。これこそ新しい種、より人間に近い種であった。ジョン・ロビンソンがこの十年以上前にスワルトクランスで発見していたように（第三章参照）[2]、オルドゥヴァイの前期更新世の包含層から二種のヒト族が現れたのだ。一つは大きな顎と歯を持つ種、もう一つは我々現代人により近いサイズと形の、小さな顎と歯を備えた種、である。

次の三年間、リーキーの家族はオルドゥヴァイでさらに多くのヒト族化石を発見した。ルイスは、クルミ割り男を相手に研究中のフィリップ・トバイアスに、他の頭蓋と歯の記載と分析も依頼した。彼は、手の骨をジョン・ネイピアに渡した。ネイピアは、リーキー調査隊が十年前にヴィクトリア湖に浮かぶルシンガ島で見つけていた化石霊長類の手の骨を研究したことがあったからだ。一九六四年、これら三つは新種の一つとして記載され、名前も付けられた。その推定脳容量は、チンパンジーのそれの倍もあり、クルミ割り男の脳よりも二五％ほど大きかった。その歯は小さく、幅狭で、手の骨はかなり人間に近かった。あなたが鉛筆を手に持つと、親指の先と他の四本が向かい合うことに注目してほしい。それが、ジョニーの子どもが物を持った時の握り方である。チンパンジーは、我々が車のキーを持つように鉛筆を持つ。もしあなたがそのようにして字を書いてみれば、その違いを正確に理解できるだろう。今やルイスは、新種であることは確実だと思った。クルミ割り男よりも、大きな脳を持ち、歯は小さく、そして指は器用な新種は、オルドゥヴァイ峡谷で石器を製作していたのだ。このことを理解するために、ルイスと共同研究者たちは、新種をホモ・ハビリスと命名した。ハビリスとは、ラテン語で「能力ある」、「器用な」、「知恵の優れている」、「丈夫な」という意味で、そこから種小名が取られた。[3]

属を定義する

新種を命名するのは、大事だった。一九六〇年代前半に、ジョン・ロビンソンは、自分とロバート・ブルームが「テラントロプス・カペンシス」（第三章参照）と命名していた、スワルトクランスの人間に近いヒト族はホモ・エレクトスに含めるのがベターだと認識した。[4]ロビンソンには、アウストラロピテクスはホモ・エレクトスに直接、ランク付けされると思われた。彼は、この二つの

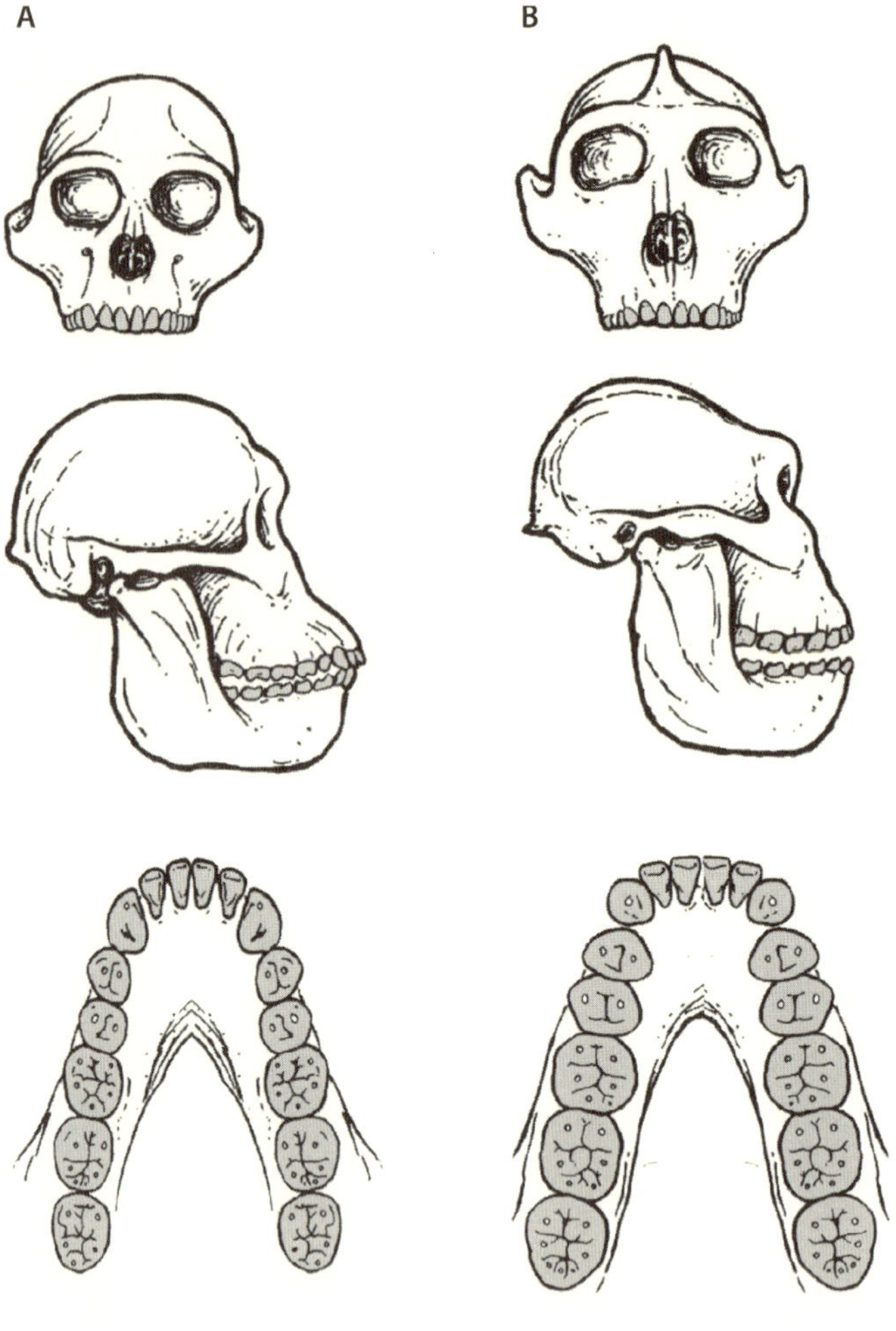

6.1　早期ホモ属の頭蓋と歯。ホモ・ハビリス（A）とホモ・エレクトス（B）の頭蓋と下顎を復元。絵はジョン・フリーグルによる。

間に別の種を入れる余地はない、と考えたのだ。

しかし新種をホモ属に含めるのは、さらに一大事であった。そのことにより、リーキーと共同研究者たちは人間の属を再定義する必要に迫られた。[5] 当時、大部分の研究者は、エレクトスという種はホモ属に含められるべきだと認めていた。結局のところ、ホモ・エレクトスの脳は約一〇〇〇ccあり、アウストラロピテクスやパラントロプスのそれの約二倍であり、我々現代人の脳の四分の三はあったのだ。[6] だが、ホモ・ハビリスはどうか。ホモ・ハビリスの脳は、我々の脳の半分以下と考えられた。[7] しかしリーキーと共同研究者たちには、その小さな歯、器用そうな手、石器は、新しい、より人間に近い生活方法を指し示していた。彼らにとってその新種は、脳が大きかろうがそうでなかろうが人間の属にその地位を獲得していたのだ。

だがホモ属の一部だということは、どういう意味なのか。その問いに答えるには、少し前に立ち戻る必要がある。当時の指導的な進化生物学者エルンスト・マイヤーは、一九五〇年の計量生物学(quantitative biology)に関するコールド・ハーバー・スプリング・シンポジウムで直接、この問題を取り上げた。その当時、誰かが新しいヒト族化石を発見すると、そのたびにそのヒト族に新しい名前が付けられていた。文献中には、多くの場合、命名の道理がほとんどないまま、ぞんざいに付けられた一ダース以上の属名とそれを上回る種小名が氾濫していた。マイヤーは言い放った。「もう、たくさんだ!」。そして、その当時に知られていたすべてのヒト族は、一つの属、すなわちホモに、そして三つの種にまとめるべきだと主張した。三つの種とは、「ホモ・トランスヴァーレンシス」(これには南アフリカでだけ出土していたアウストラロピテクスとパラントロプスを含む)、ホモ・エレクトス、ホモ・サピエンス、である。その頃の他の研究者のほとんどは、そこまで踏み切る気はなかったが、マイヤーは重く受け止められてしかるべき重要点を提起した。属とは、重要な意味があるはずなのだ。

マイヤーは、密接な関係のある種をまとめるグループとしての属の定義を確信していたが、属に含まれる種は、彼らを他と分かつ生活様式の基本的な面を共有していなければならないとも考えていた。種は、独自の適応的台地、言うならばただ一つの適応ゾーンに自らの場所を共有していなければならない。マイヤーにすれば、直立姿勢と二足歩行が、明確なそのゾーンであった。しかし他の多くの研究者たちにとって、その適応ゾーンとは大きな脳とそこに由来する知性であった。だがリーキー、トバイアス、ネイピアたちは、ホモ・ハビリスは石器で崖を登り切ったと見ていた。石器は、新しい生活様式の、彼らを取り巻く世界との新しい関係の先導役であった。器用な手と小さな歯は、その証拠であった。

だが種はどれだけなのか?

フィールド古生物学者は、リーキー・チームがオルドゥヴァイでジョニーの子どもを初めて見つけて以来、何十年も更新世の化石包含層を探し続けていた。彼らは、過去半世紀の間、数十点の標本を発見した。それらは、現在、ほとんどの古人類学者がアウストラロピテクスでもホモ・エレクトスでもなく、もっと正確に言えば両者の間に位置づけられるということで一致している。ロビンソンは、アウストラロピテクスとホモ・エレクトスとの間の空間の欠如に関して明らかに間違っていた。事実、そこに少なくとも二種が割り込んでくると思われるのだ。だが、どうやってそれを知ることができるのか。化石は、自らに名札を付けて地下から出てくるわけではない。古生物学者は、化石をテーブルに置き、以前に見つけられていた別の化石と比較する。そのことについて、例えば二つの化石の歯は、同一種、あるいは同じ属に含めてよいほど似ているのかどうか。大半の研究者が同意する一定のルールはあるが、研究者たちはそのルールを独自の仕方で解釈し、また必要となる判断もいろいろだ。二個体がまったく同じということはないし、ある種が隣の種に溶け込むように思えることもあるので、それは厄介な作業なのだ。

どこで線を引くべきか。マイヤーは、同じ時代に二種以上のヒト族が存在できたはずはないと確信していたが、今やその反対の証拠が圧倒的にありすぎて、もはや無視できないほどになっていた。早期ホモ属にどれだけ多くの種がいたのか。アーカンソーの私の同僚のマイク・プラヴカンは、かつてオナガザルの大量の歯を前に、どれだけ種ごとに分類できるかを調べるためにそれらの歯を計測したことがある。オナガザルは、サハラ以南のアフリカの熱帯雨林に数種が一緒に暮らしている互いに近縁なサルである。彼らはみんなほぼ同じ体格をしているが、遺伝的には独自種で、明らかに外観は異なる種のような姿をし、違った種のように鳴き、別種のように行動する。彼の実験は、うまく分類できるかを調べるために、大きな紙袋に大量の歯を投げ入れ、袋をよく振った後で、テーブルの上にばらまくような類のものだった。結局、プラヴカンはうまく分類できなかった。諸特徴の大幅な重複があったのだ。もし基本的な歯の計測値で現生のサルを選び分けできないのだとすれば、近縁同士の化石ヒト族に対しての選別についても我々は疑問に思う必要があるだろう。

しかし幸いにして、歯冠の計測値より歯には多くの計測値があるし、歯冠の咬頭（bump）と溝（groove）のパターンで分別できることがほとんどだ。顎骨に付いたままで歯が出土した時は、それが役に立つ。また種の中には、他の種よりも判別がしやすいものもある。古人類学者はできるとに最善を尽くしているのだ。しかしプラヴカンの実験は、古人類学者が化石の歯の山で代表される種の数、そしてどの歯がどの種に属するのかでしばしば見解が一致しないことの理由を説明してくれる。それでも古人類学者の多くは、アウストラロピテクスとホモ・エレクトスの間に二種が存在することを認識している――ホモ・ハビリス（二四〇万～一四〇万年前頃）とホモ・ルドルフェンシス（たぶん一九〇万～一八〇万年前）である。[8] ホモ・ハビリスはホモ・エレクトス（約一八九万～一四三万年前の間に及んでいる）より前に出現したが、この二種は少なくとも五〇万年間は共存した。ホモ・ルドルフェンシスについては、あまり多くの標本があるわけではないので、編年図式のどこに収まるのかをうかがうのは難しい。この種は、ホモ・ハビリスに類似しているように思われるが、それでもなおハビリスとは区別されている。[9]

ホモ属への移行

登場人物の配役が今や出揃った。早期ホモ属は、更新世より前ではないとしてもその始まりまでには、所定の役に収まった。既に彼らは原始的石器を手にしていた。そして石器こそ、多くの古人類学者たちに新しい、急激に進んでいた適応ゾーンだとみなされている。だがヒトを人間にしたものの探究を始めるのに、石器をどのように利用できるのだろうか。考古学者たちは、整頓の良くない祖先が暮らした後に残した石器や腐りにくいゴミなどから過去の行動を解き明かす学問分野を発展させてきた。またサルと類人猿は石器を作らないので彼らはホモ属の行動を探るのに良いモデルにはならないだろうが、人間、少なくともハッザ族のように今なお野生動物の狩猟と野生植物の採集をしている人々は頼りにできる。ホモ属の適応ゾーンを、他の類人猿のそれと区別する物は数多く存在する。ホモ属のまさに始まりから研究者たちが注目する重要な特徴は、狩猟採集民がより多くの、より大型の動物を食べる傾向があることだ。

散乱状態と斑点状態での分布——ホーム・ベース仮説

オルドゥヴァイ峡谷でホモ・ハビリスが初めて発見されるずっと以前から、私たちの属であるホモ属にとって肉こそ重要な食物だと考えられた。ジョン・ロビンソンが「テラントロプス」を見つけた後、彼がそのことを物語の核心とした第三章を思い起こしてほしい。私たちの祖先を狩猟、石器製作、大きな脳へと導いた乾燥した季節が長くなればなるほど、そうした事柄のすべてが祖先を進化のアウストラロピテクス段階を超える所に運んだのだ。レイモンド・ダートが南アフリカの諸遺跡に対して想定したように、発端からルイス・リーキーとメアリー・リーキーは、オルドゥヴァイの「生活面」全体に散乱していた割れた骨をヒト族が狩猟した獲物の動物の残滓だと考えた。だが時が過ぎ、事情は変わった。ボブ・ブレインは、南アフリカ諸遺跡から回収された骨をはるかに緻密に観察し始め、そこのヒト族は、少なくとも狩りをした者ではなく狩られた側だったのではないか、と思われるようになった（第三章参照）。

オルドゥヴァイは違った。だが依然としてジョナサンの見つけたヒト族の手は石器を握っていたわけではないし、その歯は動物の骨に食らいついていたわけでもなかった。すべては、地中から露頭したり地表下から掘り出したりした骨のかけらと石器片のごちゃ混ぜであった。その状況からヒト族が石器を作り、動物を狩猟したと想像するのは容易だったが、その証拠を本当に解明するには、さらに多くの研究が必要だった。オルドゥヴァイのような遺跡に、歯、骨、石器が散乱していたり、斑点状になっていたりしているのは、誰かがそうした状況の読み方を解明できるとすれば、確かに祖先の暮らしについて重要な手がかりを提供してくれるのかもしれなかった。

南アフリカ生まれの考古学者グリン・アイザックは、この研究の先頭に立った。ルイス・リーキーは、アイザックがケンブリッジ大からＢＡ（学士号）を受けたわずか数カ月後の一九六一年に、彼をケニアの先史遺跡の「監視人」に指名した[10]。これがアイザックのリーキー家との長い協業の始まりだった。それは、一九八五年に彼が早すぎる死を迎えるまで続いた。彼は、一九六六年にバークリーで教授職を得たが、ほとんどはトゥルカナ湖東岸にあるクービ・フォラでの調査でルイスとメアリーの息子のリチャードとの共同指揮をするために、定期的にケニアに戻っていた。グリン・アイザックが自身の提唱した「ホーム・ベース仮説」の証拠を探し、その仮説に磨きをかけたのは、まさにクービ・フォラだった。

彼は人間と他の霊長類との違いを集め、そのリストを作ることから始めた。人間は、二本脚で歩き、石器、食物、その他の物を、ある場所から次の場所へと持ち運ぶ。人間は、言語で意思疎通をはかり、社会的関係を仲介し、過去と未来についての情報を交換する。また「企業責任」の一部として、食物を共有し、交換する。野生食物を今もなお集めて暮らしている少なくとも我々人間の一部は、多くの時間を狩りに費やし、大きな獲物、時には自分たちよりも大きな動物さえ捕まえる。人間はホーム・ベース、すなわち中核となる場所を維持している。そこに狩猟と採集で集めた報酬を持ち帰り、分配するのだ。人間は食物を共有してそれを分配するけれども、他の霊長類は決して分配したりすることはない。霊長類は、自分で食べ物を見つけた時にすぐに、その場で食べてしまう。仲間からせびられた時に、せいぜい一部を取られるのを容認するだけだ。

こうした違いは、早期ホモ属がオルドゥヴァイとクービ・フォラの地形を歩いた時までに現れたのだろうか。そうだとすれば、このことは化石と石器の散乱状態と斑点状態での分布に読み解けるだろうか。アイザックは、そうだと考えた。一部の遺跡は、大量の石の破片が見られる一方、骨がほとんどなく、さながら採石場のようだった。また別の遺跡では、一個体だけか、数個体の大型動物の骨と無数の石屑が見られた。しかし他では、数百、数千点の石器と様々な多数の動物の骨の散らばる遺跡があった。その遺跡は、彼によれば約二〇〇万年前の人間的な行動の証拠であった。それは、加工場、獲物解体場（キルサイト）、そしてヒト族が食物を手に持ち帰るホーム・ベースであった。ヒト族がその地形を利用した仕方は、肉を運び、分配するために組織されていたようであった。

アイザックは、自説のホーム・ベース仮説を検証し、詳しく解明するために研究者人生の残りを費やした。彼は一九七〇年代前半に、バークリーで大学院生の一流チームを採用し、その業務を分担させ始めた。あるチームは石器を選別し、別のチームはそれらの石器がどのようにして作られたのかを解明するといった具合だ。またさらに別のチームは、その地形内でのヒト族の移動の様子を追跡するために異なる所で見つかった薄片を接合しようとしたし、他のチームは川か水の流れといった自然成因によってそれらが分散されたのかどうかを解明しようとした。

アイザックは、動物骨をヘンリー・バンに預けた。彼は、一九七三年にナイロビの会合で初めてバンと出会った。バンは、プリンストン大学で地質学を専攻する学部学生で、ヴィンセント・マグリオと共にトゥルカナ湖周辺の堆積層を探査していたのだ[11]。彼はアイザックに激励され、すぐに自分の将来はバークリーで仕事をすることだと気がついた。それは、彼にはしっくりきた。彼のトレーニングは古生物学でなされ、化石集合体はどのようにして形成されたかの解明だったからだ。ヒト族と共に発見された動物の骨はヒト族の獲物だったことを証明するために、歯と骨が無秩序に

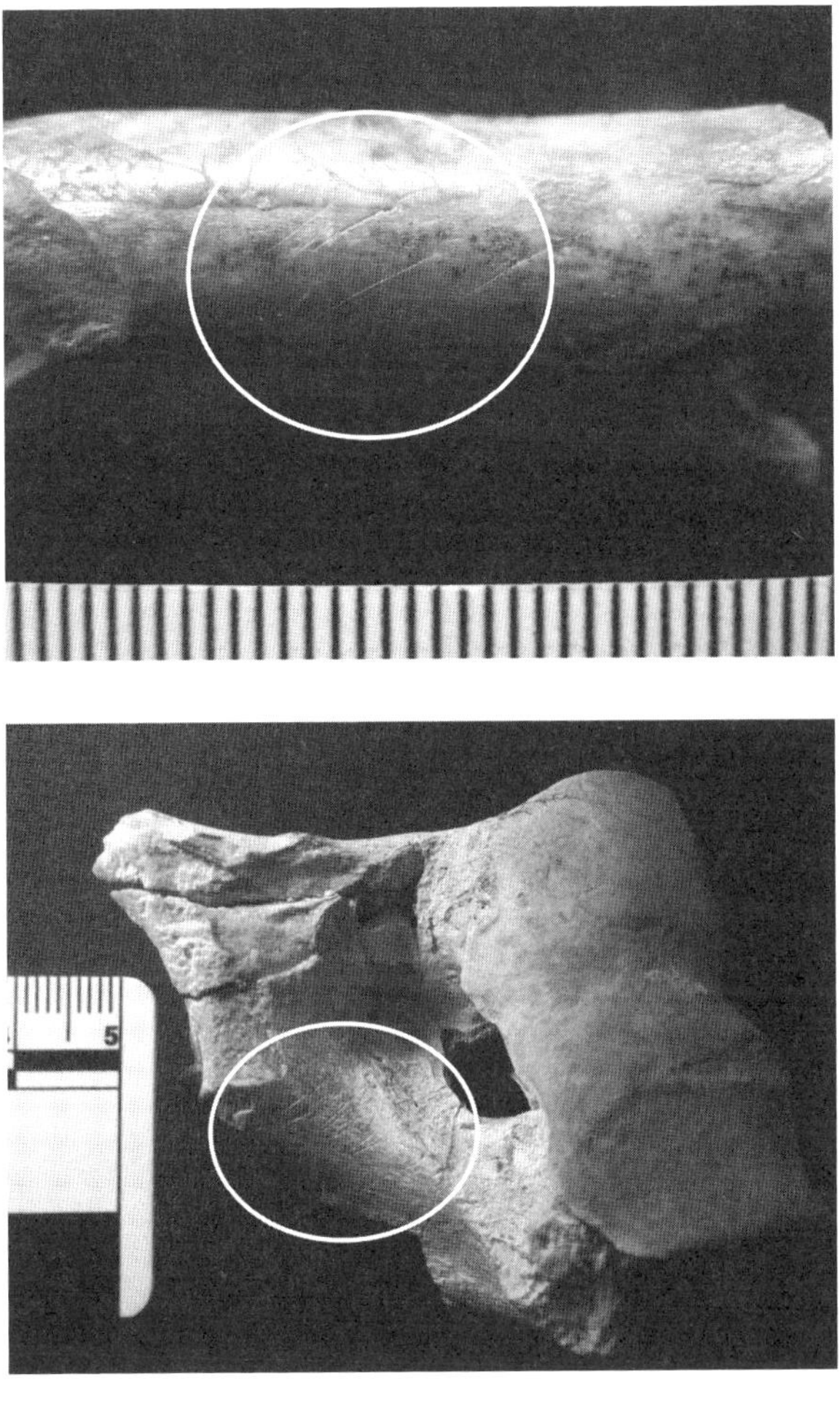

6.2　オルドゥヴァイ峡谷のジンジャントロプス遺跡から出土した羚羊類の上腕骨破片。円で囲まれたカットマークに注意。写真はヘンリー・バン提供。

ごちゃ混ぜになっているように見えるものを意味のあるように整理するのが彼の仕事になった。

だがどこから手をつけていくべきか。バークリーに着いた後、彼は石の薄片を使って、地元の食料品店の食肉売り場から入手したウシの身体の一部を解体する作業を始めた。彼はまた、はるかに新しい遺跡から得た、明らかに食物ゴミであった骨も綿密にチェックした。そうやって、解体に使われた石器は、筋肉が付き、靱帯が肉の付いた四肢に付着していたことがはっきりした部位にカットマーク（切り傷）を残すことを見出した。こうしたカットマークは、齧歯類や大きな肉食獣が齧って残した傷や、その動物の死後に草食獣に踏みつけられたり、雨風に晒されたり、ダメージを受けたりして出来た割れとは明らかに違っていた。中の栄養分に富む骨髄を取り出すため、骨を割るのに使うハンマー石も、後に骨に独特の破砕パターンを残す。ヒト族が肉と骨髄を得るために動物を解体処理したとすれば、バンにはそれが検知できるだろう。彼は既に下調べを済ませていたので、スタートの用意は出来ていた。

アイザックは、バンがクルミ割り男の出た遺跡でメアリー・リーキーの発掘で出土した動物骨の研究をできるように手配した。最初の発掘で、数千点もの石器とありとあらゆる種類の動物骨が出ていた。それは、まさにスタートにふさわしい場所であった。バンは、ナイロビの国立博物館に小さなオフィスを開き、収蔵品の中から化石骨の破片でいっぱいになったトレイを集め始めた。観察を始めて五分もたたないうちに、バンは最初のカットマークを見つけた。そうしていくうちに彼は、オルドゥヴァイで初めて、動物、石器、そしてヒト族との決定的な関連を見出した。証拠は、争う余地がなかった。ヒト族は動物を解体するために石器を使用して「いた」のだ。だが動物骨は、アイザックのホーム・ベース仮説を評価・判断するのに役立てることができるだろうか。

彼はさらに深く研究を掘り下げた。骨また骨、トレイまたトレイ、そして日々、数千点もの骨の破片を選り分けていった。それは、根気の要る、ともすれば退屈な作業だった。これらは稀少なヒト族の化石ではなかった。ヒト族の骨は注意深く同定され、記載を終え、博物館の耐火金庫の中で内側を発泡体で保護されたトレイの中に保管されていた。ところが彼の観察した大量の骨は未同定の破片であり、元の発掘状態のまま、まだ泥が付いた状態で、数百個ものプラスチックの袋に一緒くたに入れられていた。まとめられていたのは、メアリー・リーキーの発掘チームが十年以上前から掘っていたトレンチごと、というだけだった。バンは、骨をそれぞれの動物に同定するために、骨片を元の状態につなぎ合わせていき、どれだけ多くのカットマークとハンマー石の破砕があるかを見つけていった。また、それらの傷がそれぞれの骨のどこにあるかも記録していった。

ついに彼は、オルドゥヴァイの、またクービ・フォラでも、化石包含層から出土した何十点もの動物骨に数百カ所のカットマークとハンマー石の破砕痕を見つけた。ヒト族は、羚羊類の肉と骨髄を好んでいた。しかし彼らは他にも、例えばイノシシ、カバ、ウマ、ジラフ、さらにはゾウなどの多くの動物種も食べていた。ヒト族が二〇〇万年前頃までに大型肉食獣のギルド社会に加わったことはほとんど疑いようがない。[12] 彼らは、鮮新世の原始の森に生きていた果実食の類人猿から、長い道を歩んでここまで来たのだ。

カットマークは、肉がたくさん付いた部位にほとんどが集中していた。また肘や膝のような四肢骨の末端の一部にも見られた。そこには、靭帯が骨を適切な位置に支えていたから、四肢を切り離すために靭帯を切ったのだろう。さらにアイザックがホーム・ベースと呼ぶ遺跡に、たくさんの腕と脚の骨が見つかっていた。また小型の動物では四肢全体が残っていたが、大型の動物になるとほとんどが肉の多い腿などの上半分だけしかなかった。それはあたかもヒト族が獲物をどこか別の場所で殺して解体し、運べる部分をホーム・ベースに引きずって持ち帰ったかのようだった。バンの得た証拠は、アイザックのホーム・ベース仮説にうってつけのように見えた。

しかしそれらの骨には、肉食獣の歯の噛み跡も残されていたから、一部の研究者は、ヒト族ではなく大型のネコ科、イヌ科、ハイエナがその動物を殺したか骨を集めたのではないか、と疑った。それらすべてにハンマー石の破砕跡もあった。おそらくヒト族は実際には狩猟をしていたのではなく、肉食獣が獲物の肉や他の軟らかい組織を食べ終わった後に残された骨を死肉漁り（スカベンジング）し、その骨から骨髄を抽出していたのだ。リック・ポッツ（第四章参照）と彼の同僚で当時はジョンズ・ホプキンス大学にいたパット・シップマンは、走査型電子顕微鏡を使ってより詳しく細かい部分まで観察した。一部の骨には、石器によるカットマークと肉食獣の歯の跡の両方があった。そしてさらに少数の骨には切り合い――歯の噛み跡の上に石器のカットマーク、さらにカットマークの上に歯の噛み跡の両方――さえ見られた。それは、ヒト族と肉食獣が入り交じった、ほとんど狩りと死肉漁りの自由競争のようであった。

それでも多くの答えの出ない謎が残り、ホーム・ベース派、スカベンジャー派、肉食獣派の陣営から自説を補強する説得力のある証拠を提示しての論争が数十年も繰り広げられた。ヒト族は小型の獲物を狩り、大型の動物の方は死肉漁りをして手に入れていたのか。ヒト族が死肉漁りをしていたのなら、彼らは肉食獣をその獲物から力で追い払っていたのか、それとも骨がきれいにしゃぶられ、満腹になった捕食者がその場を去った後にだけ骨を得ていたのか。さらに重要なのは、ヒト族は目的をもって食物分配のための拠点としてその場所を用いていたのか、それとも彼らは特に何の意識もなくその場所にやって来ていたのか。ただ大型動物がそこに集まっていたため、それともそこがヒト族を脅かす肉食獣がほとんどいない天然の安全な避難場所であったからか。遺跡の証拠の解釈に、それほど多くの考え、それほど多く方法があったのだ。しかし結局のところ、大きな疑問が同じように残った。オルドゥヴァイとクービ・フォラのヒト族は、今日の狩猟採集民のように行動していたのか、それともおそらく先行者のアウストラロピテクスと現代人後継者の中間的存在として、もっと原始的な暮らし方をしていたのか。

ここで重要なのは、ヒト族は狩りをしていたのか、それとも死肉漁りをしていたのかだ。それによって彼らの食は、基本的な点で異なってくる。肉と骨髄が稀にしか口に入らないごちそうだったのか、いつも手に入る主食だったのかは、分かっていない。特に最初の頃については何も分からない。石器とカットマークの付いた骨は、更新世開始期の二六〇万年前頃の——おそらくはもう少し古くに——遺跡で散発的に見つけられている。[13] だが石器と動物の骨の双方の広範囲の集中が見られるようになるのは二〇〇万年前頃で、それはヒト族を取り巻く世界で彼らの役割に変化のあった兆候であるのは確かだ。我々の祖先は、大型肉食獣と一緒のディナー・テーブルに席を得ていて、生物圏のビュッフェには肉と骨髄は豊富だったのだ。ヒト族が自分の皿にどれほど頻繁にこれらの食物を盛れたのかどうかにかかわらず。

このことは、聞き覚えがあるはずだ。第二章で霊長類の食性の適応は、食べられる食物の割合よりも種類であることを見た。キツネザル、マンガベイ、ゴリラを思い出してほしい。彼らは、異なる量を食べる時でも、それぞれの組み合わせで同じ種類の食物への適応をしていた。他の食物が入手できない不足期にでさえ毎日、マンガベイが硬いナッツを食べるのか、ゴリラが野生セロリを口にしているのかどうか、歯の形状だけでは何も分からない。自然は、歯の適応に対して選択する時に、それを配慮しているようには思われないのだ。重要なのは、歯が霊長類に必要な食物の選択肢を与えることであった。ヒト族に肉と骨髄をはるかに入手しやすくした石器についても、同じことが言えるのだろうか。

しかしオルドゥヴァイとクービ・フォラの証拠を解釈するには、たぶんキツネザル、サル、類人猿を超えて考察する必要があるだろう。つまるところ今、それとは別の動物、しばしば自分たちよりもはるかに大きな動物を解体し、石器を製作するヒト族について我々は語っている。現在、これを行っている霊長類はただ一種、すなわち我々しかいない。ではギア・チェンジし、少なくとも今も生活のために野生食物を収集している現代人の一部の内側を観察しよう。

食料収集民

狩猟と採集を生業とする文化は、現在、ほんの一握りしか残っていない。いくつかはあるとしても、外部世界と全く接触していない文化はほとんど存在しない。こうした社会は、長期にわたってずっと下降トレンドを描いていた。だから人類学者は、地球上で――オーストラリア内陸部、サハラ以南のアフリカ、南米熱帯地域、北米の高緯度地帯――消え去りつつある彼らの生活ぶりを記録するために、速やかに、かつすさまじい勢いで調査してきた。そうした調査は、一九六〇年代に頂点に達した。この時代、文化人類学者のリチャード・リーと進化生物学者のアーヴェン・デボアは、シカゴで「狩猟民としてのヒト（*Man the Hunter*）」と題した分野横断的なシンポジウムを主催した。二人の狙いは、今なお残る狩猟採集民の中で野外調査をしてきた研究者と、人類進化に関心を持つ考古学者や古生物学者が一堂に会することだった。食料収集生活を維持しているわずかな人々は、我々が食料収集民生活をしていた過去について何かを教えてくれるかもしれない。グリン・アイザックも、その場にいた。そしてそのシンポジウムは、彼のホーム・ベース仮説に勢いを与え、その形成に確かに役立ったのである。

狩猟民としてのヒト

最大の音量で鳴り渡るほどに重要なメッセージは、男が狩猟、女が採集という性を基にした分業が我々の祖先の成功の核心であったというものだ。そして参加者たちは植物食と採集が重要だったと認識していた一方、肉と狩猟の方に真っ正面から焦点を当てた。よく言われるように、母子の絆は哺乳類の基本的特性であり、二億年以上にわたってママは赤ん坊を養育してきたのだ。それについて新しく分かったことは何もなかった。だが狩猟と肉の分配は、図式にパパを持ち込んだ。これこそが、人間の核家族への道を開いたものだ。女は子を産み、育児に気をつかう一方、男は女と子どもに必要な栄養物をもたらした。それにより、子どもが両親に依存できる期間を長くし、両親から物事のイロハを学ぶ学習期間も長くすることが可能になっただろう。大型動物の狩りは、男同士の協力をも意味した。発達した他人と結びつき、連合は、やがて高度で社会的な順位の確立へと導いた。

更新世前期のその時点における生活への人々の考えは、一九五〇年代のホーム・コメディ『パパは何でも知っている（*Father Knows Best*）』にちょっと似ていた。しかし一九七〇年代半ばまでに、そうした考えは、証拠そのものからの省察ではなく、それを発展させた研究者たち（大半は二〇世紀前半に育った）の考えではないのかと一部の人たちは疑問に思い始めた。「狩猟民としてのヒト（man）」は、暗黙のうちにヒトを人間にした際の主要な役割を男に与えていた。それは正しいようには思えなかった。疑いなく「採集民としての女」がこのストーリーには同じように重要だったし、男と女が生業に果たした相互補完的な役割は、ヒト族の系統樹の長寿と繁栄のまさに根源だったのだ。だがどこにその証拠があるのか。オルドゥヴァイとクービ・フォラには解体された骨が大量にあった。ところが考古記録では植物種子と人類進化における採集の役割に関しては腹立たしいほどに何も語られないままであった。細部を掘り起こすには、別の手段が必要であった。

おばあちゃんと塊茎

ユタ大学のクリステン・ホークスと彼女の同僚、そして学生たちは、答えを求めて今一度、狩猟採集民に目を向けた。ホークスは、一九七三年にユタ大学での教育職をスタートさせた。当時、彼女は、博士論文を書き上げるのに注力していた。テーマは、サツマイモを栽培し、ブタを飼育するニューギニアのある部族の親族関係の研究で、これは典型的な文化人類学であった。だが彼女の研究は、ほどなく全く異なった方向に向かった。ホークスは、彼女のようにワシントン大学からユタ大学に移ってきたばかりの進化生態学者のエリック・チャーノフに紹介された。チャーノフは採集について、食物を得るためのコストとそれが産生するエネルギーとの釣り合いから成る妥協、と理解していた。私は、ハロウィーンについて考える。私の幼い娘たちは、「最高の」キャンディと「トリック・オア・トリート」と言ってお菓子をねだるルートを計画した際に家々を回る距離とを考量している。チャーノフは、もっと多数の変数を備えた、それよりはるかに洗練されたモデルを発展させたが、全体的な考えは同じだった。彼のモデルは、人間を含む現実の動物によってなされた現実の決断と比較された。彼らは投資に関してリターン（収益）を最大化させるのか。もしそうなら、どのようにして。そうでないなら、なぜだめなのか。そのアプローチ全体は、ホークスに共鳴した。そして彼女はすぐに人類学へのその潜在力を理解した。

一九八〇年代前半、彼女の研究のほとんどは、パラグアイ東部の北部アチェ族に集中していた。ホークスの学生の一人のキム・ヒルは、平和部隊にいた時、アチェ族と一緒に行動したことがあった。当時、彼が一緒に行動していた集団は、狩猟と採集の遊動生活から、アマゾン盆地の真南のジョジュイ・グアズ川に面したカトリックの布教入植地の恒久的な集落での居住生活への移行期にあった。アチェ族はそこで、いくらかの作物を栽培し、動物も飼育しているが、今も時には数日、あるいは数週間も森の中に入り、野生食物を集めている。これが、アチェ族が森に入って、ヤシの芯と澱粉、野生果実、ハチミツを集め、アルマジロ、パカ（齧歯類の仲間）、サル、ペッカリーといった野生動物を狩猟する時に、ホークス、ヒルらが女たちと男たちの後を付いて歩く機会を与えた。ホークスと学生たちは、集められた食物を記録し、そのカロリーを計算し、森を歩き回って、食物を集め、それを食べられるように処理するのに要した時間を記録した。これらのデータをチャーノフのモデルに当てはめてみると、結果は予測されたとおりだった。アチェ族が下した決定は、ほとんどがコスト（費用）とベネフィット（利益）の問題だったのだ。

しかしいくつか驚いた点もあった。少なくともホークスにとっては。彼女のもう一人の学生のヒラード・カプランは、収集された食物についてばかりでなく、誰が何を食べたかのデータも集めていた。男たちは自分の核家族を養うのに努力を集中するというよりも、全体としてはコミュニティー

6.3　エヤシ湖そばの茂みに向かうハッザ族の狩人。

と共有できる獲物を主目的としていたようだった。男たちは、大量の動物とハチミツをコミュニティーに分配した。それはあたかも自分たちの妻子の面倒をみるのではなく、他人に気前よく分け与えることを見せびらかしているみたいだった。そのことは、有力な「狩猟民としてのヒト」モデルと全く合致していなかった。目的が家族を養うことであるなら、カロリーをもたらすもっと良い、予測できるような方法があった。[14]

ホークスがこうした理解をなんとか受け入れようとし始めていたちょうどその頃、彼女と考古学者のジム・オコネルはもう一つの食料収集民社会、東部ハッザ族の食の研究に招待された。アチェ族と異なり、ハッザ族は専業の狩猟採集民であり、しばしば大型の動物を狙う。これは、男たちのモチベーションと肉の分配のための戦略をいっそう深く掘り下げて調べる好機となる。ハッザ族は、多くの点でアチェ族と異なることが明らかになった。それは、両者の暮らす場所が異なることを考えれば、当然である。アチェ族が暮らすのは、起伏のなだらかな丘陵で、そこは常緑の広葉樹林が茂っていた。彼らの活動する青々とした樹林の豊かな狩猟地は、年間降水量一五〇〇ミリ以上の雨で流れが供給される川であちこちに分かれていた。それに対しハッザ族は、岩肌の丘の、棘だらけのアカシア、ミルラ、バオバブの木がまばらに生えたサバンナ疎林帯に暮らしていた。雨季には土砂降りに見舞われることが多いが、ハッザ地方は年間を通しての全体の降水量にほとんど恵まれていない。雨季にだけ水の流れる川と泉があるが、雨季の到来前のハッザランドは非常に暑く、乾燥していた。

アチェ族との一つの興味深く、意外な違いは、ほとんど果実の見つからない乾季後半を除くと、ハッザ族の子どもたちは幼いうちから自分たちの食べ物の大半を集めていることだった。それなら、どこで父親が家族の手助けをし、生計を支えるのか。ホークスとオコネルは、それを調べるためにハッザランドに向けて出発した。二人は共同して、十カ月にわたっていくつかのキャンプを設営し、男が狩りに、女が採集に出かける時、そこから後に付いていった。ホークスと学生がかつてアチェ族でやったように、二人は食物集め、エネルギー生産、食物分配に費やす時間を詳細に記録した。

ここでも男たちは大型動物に注力していた。だが乾燥した東アフリカでの大型獣狩猟は、全く当てにならないことで有名だ。一日、狩人一人当たりの狩りの成功率は、三%と低い。公平を期するために言うと、集団の成功率ははるかに高く、狩人隊は、約一週間に一度、大型動物を仕留め、肉を分配した。だが男の第一の優先権が自分の妻と子どもたちであるなら、そのことについて男はリスクを抑え、より小型で、もっと獲物になりやすい動物に集中するか、ハチミツと植物食を集めることを理解しないのだろうか。

それでは、肉が捕れず、食べるための果実も得られなかった時、ハッザ族は何を食べたのか。答えは地表下に埋まっている。エヤシ湖周辺のサバンナ疎林帯の地下には、信じられないほどのエネルギーの蓄えがある。植物は炭水化物と水を地下に膨らんだ塊茎と根という形で蓄積し、それにより飢えた草食動物から植物の蓄えが守られている。それらの塊茎は、我々が食べるジャガイモやヤムイモとは違い、繊維質がはるかに多い。その可食部が提供できるのは、栽培されたイモのカロリーの半分しかないが、乾季も雨季も一年中、手に入れられるのだ。もっと重要なのは、それらは食物の乏しい季節を生き抜き、他の時期にも食を補うのに必要なエネルギーをハッザ族に供給するということだ。

しかし幼い子どもたちは、それらを掘り出す技術、力、スタミナを持っていない。それは母親の仕事であり、もっと幼い弟妹の世話に忙しい時はおばあちゃんの仕事なのである。ホークスとオコネルは、これは年取った女がもはや子どもを産めなくなった後も、彼女たちが自らの遺伝子を成功裏に広めるのを確かにする手段なのではないか、と考えた。おばあちゃんも幼い子どもたちに食物を与えられるなら、彼女たちの娘（つまり母親）は同時にさらに手間のかかる子どもを産むことができる。これは、自分のための果実を集められる雨季には大したことではないが、食べられる物が塊茎以外にない乾季の後半には、手助けのできるおばあちゃんを持つことは、一人の子どもだけでなく、新生児やヨチヨチ歩きの子どもたちも生き延びられることを意味している。たぶんこのことが、ヒトの狩猟採集民がチンパンジーの二倍、オランウータンの三倍の子どもを持てる理由なのだ。「狩猟民としてのヒト」仮説は、父親が家庭に肉を持ち帰り、子どもたちを育てることによって人間の独特な出産間隔を説明したが、別の説明となりそうなものもあったのだ。

そこでホークスとオコネルは、人間の食の進化についての新しいモデルを組み立て始めた。更新世前期の乾燥化した気候から示されるのは、果実が少なくなり、飢餓の時期が長くなった可能性だろう。だが男と肉の役割が大きくなったというよりも、むしろたぶん重要になったのはおばあちゃんと塊茎だった。女と食物採集は人間の暮らし方の核心だったという考えは目新しいものではなかったが、ホークスとオコネルは、それに新奇なひねりを導入したのだ。二人は、オルドゥヴァイ峡谷から目と鼻の先に暮らす現在の民族から得たデータを基に自らのモデルを築いた。この民族は、我々ヒト族の祖先とまさに同じ原野を歩いている狩猟採集民の最後の生き残りであった。二人はまた、ハッザ族は野外の焚火で塊茎を炙り焼きすることも強調した。これは塊茎に含まれる有毒成分を分解し、消化をしやすくするのに役立つ、と推定した。そのことは、幼い子どもたちが自分の力で火をおこし、火を絶やさないようにすることは不可能なので、「おばあちゃん」仮説ともうまく符合する。このように、調理もまた人類の食の進化では重要な出来事であったに違いない。

調理がヒトを人間にした

しかしホークスとオコネルは、調理と人類進化について考えた、ただ一組だったわけではない。我が家には『*Catching Fire*』と題した本が二冊ある。一冊は私の娘のもので、『ハンガー・ゲーム（*Hunger Games*）』三部作の二冊目である。この本は、食物があるかないかとはほとんど関係がない。次が私のもので、霊長類学者のリチャード・ランガムの書いた『火の賜物――ヒトは料理で進化した』（依田卓巳訳、NTT出版、二〇一〇年）という書名のポピュラー・サイエンス物である。[15] 調理の発明こそ人類進化の核心であったという考えを最も熱心に主唱した者こそランガムである。

これまでに本書で取り上げてきた他の多くの科学者のように、ランガムは全く別の道を歩んできた研究者だった。彼は十代の時に動物学者になることを志望し、大学に入る前にザンビアのカフエ国立公園で羚羊類の行動の研究に役立てようとして長期の旅行をした。我々多くの研究者たちのように、アフリカとの恋に落ちたのはそこだった。そして生息環境がどのようにして社会的行動を形成するかを究明するのに彼が夢中になったのも、その時だった。一九七〇年、彼はチンパンジーを相手にした研究を始めた。伝説的に著名なゴンベ・ストリーム国立公園でジェーン・グドールの助手を務め、チンパンジーの兄弟姉妹間の社会関係を記録する役割を担った。だがランガムは、森の中での彼らの生活サイクルが社会関係に大きく影響することにすぐに注目した。チンパンジーたちは、熟した果実が少なくなると、集団サイズを小さくし、散り散りになったのだ。このことから彼は、自分の学位論文作成のための調査にゴンベに留まり続け、食物の入手可能性と集団サイズと構造に影響を与える季節変化を研究するようになった。

ランガムは、チンパンジーが若者時代に食べる物のほとんどすべてを観察しようと努めた。読者は、熟した液果を頭に思い浮かべる時、バナナとかブドウ、リンゴ、モモを想像するかもしれない。しかしこれらは、特に人間が食べやすいように長年月をかけて品種改良してきた果物だ。大半の野生の果実とは、大違いだ。それらは噛み切りにくく、ジューシーでもなく、繊維分が多く、そして苦い。つまり人間の食用にほとんど適さないのだ。ランガムは、我々人間がチンパンジーの食物で生き続けるのは、不可能ではないとしても難しいだろうと認識するまでに長くはかからなかった。この認識は、彼と妻のエリザベス・ロスが現在のコンゴ民主共和国のイトゥリの森でムブティ・ピグミーを研究するようになった数年後には、よりはっきりとしたものになった。それは、チンパンジーのように熱帯雨林の同じ一角で暮らす人々の食を研究する絶好の機会だった。かいつまんで言えば、ムブティ・ピグミーは、チンパンジーの食物をほとんど食べることはなかった。彼らが飢えに瀕した時でさえそうだったのだ。

だがそれから多くの歳月がたつまで、ランガムは調理の重要性に気づかなかった。気がついたのは、人類進化の講義のために自分のノートを整理しながら、マサチューセッツにある自宅の炉辺で座っていた時だった。その時、彼にはピンときた。オコネルとホークスが気がついたように、調理は食物を軟らかくし、栄養分を食物から滲み出させる。調理によって味が改善し、解毒され、肉は咀嚼、消化されやすくなる。そして現在、すべての民族は、食物を調理している。そうしなければならないのは、我々の祖先はあまりに長い間、食物を調理してきたので、調理をせずに食物を食べると、燃料を燃やせる能力を失ってしまったからに違いない。ランガムは、それからこれまでの二十年間の大半をラボで過ごし、調理が食物に与える影響を詳しく調べてきた。その結果、達した結論はこうだった。我々人間は、調理された食物を食べるのに適応するようになったために、チンパンジーの食物で生き延びることはもうできない――。そのとおり、調理はすぐれて文化的である。しかしそのことは、調理が生物として人間にフィードバックし、選択圧を軽減しなかったという意味ではない。選択圧は、調理なしには歯が大きいまま、腸を複雑なままにしておいただろうからだ。これと同じ議論は、石器と肉の説明でもなされてきた。調理でも、そうでいいだろう。

だがそれでは調理は、どのようにしてヒトを人間にしたのか。「狩猟民としてのヒト」と「おばあちゃん仮説」は、単に肉と塊茎の問題ではなく、それらは連れ合いの間との社会契約を構築すること、そして食物を共有し、子どもの世話をするための母親と娘の間の社会契約を築くことだったのだ。こうしたことは、我々の祖先を現在までたどらせたものの一つであった。ランガムの推定では、調理は男と女の間の社会契約も意味しただろうという。食物を分配し合うだけでなく、炉の周りに集められた食物の山を盗人志願どもから守るのに協力し合うという意味もあったかもしれないというわけだ。

確かな証拠

ヒトがどのようにして食物を得たのか、それをどのようにして分配し、用意したのかは、すべてヒトを独特で特殊な種にした側面である。それを理解するのに、ハッザ族のところにそれほど長期に滞在する必要はない。生命というもっと大きなコミュニティーにおけるヒトの居場所は、他の霊長類とは根本的に異なっており、それを知るのに田舎や都市を訪れる必要もない。狩猟採集民は、他の霊長類よりも多くの、大型の動物を狩猟している。多くの採集民は、塊茎を得るために深く穴を掘るし、すべての狩猟採集民は食物を入手し、調理するために道具を使う。そうやって食物を調理して、口当たりを良くし、咀嚼しやすくし、消化しやすいようにしている。食物を集め、子どもたちや他の者たちに分配し、それで動物界には並ぶもののない社会的な絆を築き、それを発達させている。これらは、ヒトを他とは異なるもの、ヒトを人間にしたことの一部である。

だがこのすべてがいつ、そして何と共に始まったのかを、どのようにして知ることができるのか。大地溝帯の堆積層から、そして南アフリカの洞窟から掘り出されたカットマークの付いた骨と石器の山は、二〇〇万年前の人間のような行動、たぶん人間に近い行動を探るなにがしかのヒントとなるだろう。しかしヒトを人間にした基本的変化の証拠を求めて、ヒト族化石も観察できるのだ。そして脳のサイズよりも良好な調査スタート地点はあるのだろうか。少なくとも他の霊長類と比べれば、人類はこれまで著しく脳を巨大化させてきた。[16] これが我々の祖先を人間の適応ゾーンへと導いたパッケージの中での重要部分であったと考えるのは、こじつけでは決してない。事実、スコットランドの著名な解剖学者であるアーサー・キース卿は、かつて一九四〇年代後半、人間への道程で後戻りできない段階を画する性質として脳サイズの閾値、すなわち「脳のルビコン」を主張した。彼はそれを、七五〇ccの脳容量と推定した。その値は、当時知られていたゴリラの脳の最大値と正常な人間の最小値の中間に当たる。

　正直に言うと現在でも、どれだけの脳容量が人間であるとみなせるのか、あるいは脳容量でそれを確定できるのかさえ確かではない。最近、発見された「ホビット」ことホモ・フロレシエンシスは、石器、紛れもない動物解体の証である獣骨と共に発見され、たぶん火の管理をしていた証拠さえあった。[17] にもかかわらずホモ・フロレシエンシスの脳容量は、キースのルビコンの半分しかなかった。それは、現生類人猿の範囲内でしかなかった［訳者あとがきでもふれているが、二〇一三年に南アフリカで発見されたホモ・ナレディは、男性でも五六〇ccの脳容量しかなかった。猿人並みだが、年代は古くても三三万年前頃と、ずっと新しかった］。さらにまたルイス・リーキーと彼の仲間が、一九六四年にホモ・ハビリスをホモ属に含めることによってキースのルビコンをゴミ溜めに捨て去ったことも想起される。最後に挙げると、初期ヒト族の種内の変異は極端で、種間で、そして属との間ですらかぶさる部分がある。そのことは、ある種から次の種に脳サイズは避けようもなく増大する（漸進的であれ突発的であれ）という考えを破綻させている。それにもかかわらず時代と共に、人間の脳のサイズは今日までに最大になったという明確なトレンドが存在する。実際に我々の脳は、他のいかなる霊長類と比べても大きいのだ。これこそ、人間の適応ゾーンについて重要な含意を持っている。大きな脳は、それを発達させ、維持させるのに非常に高くつくということ以外の他の理由はないとしても。

エネルギー浪費型の組織

我々の脳は、同サイズの哺乳類で想定されるよりもほぼ五倍の重さを持つ。それは、リンゴとパイナップルとの間ほどの違いであり、そのことは人間のエネルギー要求量に関しては非常に多いということを意味する。睡眠中の人間の体は、一般的家庭の電球一個程度、約六十ワット分のエネルギーを使っている。ところが我々の脳は、その十倍も消費し、一日の消費エネルギーの約二十%を占める。それは、さほど多くないように思えるだろうが、人間の脳は体重の二%しかないことを考えると、非常な驚きである。言い換えれば、我々の脳は、総じて体重のほぼ十倍もカロリーを燃焼しているのだ。神経細胞がエネルギーを消費し、細胞膜を通じてイオンを出し入れするのに、大量のエネルギーを必要とするからだ。使われるエネルギーは、組織の量に依存しているので、我々の大きな脳は、驚くべき量の燃料を必要としているというわけだ。

それでは一日当たりヒトの体重を持つ哺乳類で予期されるよりも多くのカロリーを燃やしているわけではないことを知れば、真の驚きとなるだろう。それこそ、本物の難問である。我々は、エネルギー消費量の多い大きな脳に与えられたエネルギー予算と、どのようにして帳尻を合わせているのだろうか。この疑問は、一九九〇年代前半のレズリー・アイエロの心の中で大きく膨らんでいた。

当時、彼女はロンドン大学（ユニバーシティー・カレッジ・ロンドン）に在籍し、身体の全体の大きさと身体を構成する各部位との関係の研究に専念していた。個々の組織、部位のエネルギー必要量は、その大きさが全体として身体のエネルギー必要量とどのような関係にあるのかを理解することが重要である。

ある器官を働かせるのに必要なエネルギーはその量次第なので、大きな脳のコストは、他の器官を小さくすることで相殺されているに違いない、とアイエロは判断した。最初、アイエロはそれは我々の弱々しい筋肉ではないかと考えた。何しろチンパンジーは、人間よりも四倍も強いからである。一度、彼らと腕相撲を試みてみればよい。チンパンジーは、信じがたいほどの強力な上肢を持っていて、それを使って木から木へと伝っていく。我々の直立二足歩行を始めた祖先は、大きくなった自らの脳に力を与えるために筋肉量を犠牲にしたのではないのか。ところが、そうではなかった。たとえ我々の筋肉が体重のほぼ半分を占めていたとしても、それは我々のエネルギー消費量の十五％に相当するに過ぎない。他にエネルギー収支を説明してくれる別の組織があるに違いなかった。

アイエロは、リバプール・ジョン・ムーア大学の生理学者であるピーター・ウィーラーに助けを求めた。二人は、心臓や腹部臓器のような「割高な」組織に注意を向けた。最初、ウィーラーはそれは腎臓ではないか、と考えた。とどのつまり我々の祖先は、乾燥した環境条件のもとで進化した。だからおそらく大量の尿を産生するための大きな腎臓は必要としなかっただろう。だがまたしても、それは違った。我々の腎臓は、期待したほど小さくはなかったのだ。同じことは、肝臓や心臓でも言えた。

　一方で、人間の腸は短い。事実、我々の腸と脳を足し合わせれば、二つの総重量は我々と同じくらいの体格の哺乳類で予測されたものにほぼ近い。それはまるで、短く小さくなった腸によって節約されたエネルギーが、大きくなった脳によって必要なエネルギーの埋め合わせをしているかのように見える。これは、現実の霊長類では珍しくはない。葉食性のサルは、果実食性の近縁種よりも小さな脳と長い腸を持っている。それについて考えてみよう。葉を消化するには長い腸が必要だが、周りの世界がサラダ・バーみたいであれば、大きな脳は特に必要ではない。おそらく若い、多汁の物を好むだろうが、葉なら林冠のどこにでもあるからだ。一方で果実食性のサルは、果肉を消化するのに発達した腸など必要としない。しかし彼らは時と場所によって果実が入手可能かどうかの予測可能性を判断するのに脳の能力を必要とするのだ。

　そうしてアイエロとウィーラーは、ヒト族が大きな脳を進化させたので、彼らの腸はその埋め合わせをし、エネルギーバランスを維持するために短くなった、と提唱した。それが意味するのは、食物獲得のためには大きな脳を必要とするが、消化には短く小さな腸で済むような食物へという食性の変化があったということだ。我々の祖先がアウストラロピテクスから早期ホモ属へ、そしてさらにホモ・エレクトスへと進化していくにつれ、脳の必要は満たすが、腸にはそれほどではない食物が次第に重要になっていったに違いない。アイエロとウィーラーにとって、最も論理的に「容疑」が濃厚なのは、肉であった。しかし繊維質の比較的乏しい塊茎、特に調理されたそれも、その一つだったかもしれなかった。とはいえ、いわゆる「エネルギー浪費型組織仮説」は、総じて哺乳類については最近疑問を投げかけられるようになっている。[18]この議論では可能な限り、我々はその説をとってきた。いよいよ歯に話題を移す時だ。歯こそ、ホモ属としての適応ゾーンに我々の祖先を導き、あるいは付随させてきた食性の変化に関して、様々な考えを選り分けて調べるのに役だてるだろう。

化石ホモの歯

アウストラロピテクスやパラントロプスほどは悩まなくて済みそうだが、早期ホモ属の歯の形態と機能の究明にはいくつもの課題がある。なによりもまず、人類進化でのこの重要な瞬間――臨界点と言う者もいる――の歯の証拠は、驚くほど貧弱である。アフリカの更新世前期のものであるホモ属――ホモ・ハビリス、ホモ・ルドルフェンシス、ホモ・エレクトス――の歯のすべては、靴箱に、それも小さな箱に納まる程度しかないだろう。事実、それぞれホモ・エレクトス、ホモ・ルドルフェンシスかホモ・ハビリスのいずれか（両種は区分するのが難しい）のものと同定された標本は、二十数点に過ぎない。[19]多くの歯は遊離歯、一本だけの歯である。だからどこの位置の歯にしたところで、例えば下顎第二大臼歯でも、それぞれの種でせいぜい一握りしかなく、さらにそのうちのいくつかは壊れ、磨り減り、まるで岩のタンブラーで揺さぶられてきたかのような状態なのだ。だから研究できるごくわずかの化石しかない時、確信をもって解釈するのは難しい。

また石器が食物調理に次第に重要な役割を果たし始めたとすれば、食物に関連するゲームの規則は、早期ホモ属と共に変化し始めたかもしれない。歯は食物噛み切りの特性に関連し、正確に言えば食物のタイプに関係したものではないと述べた第一章を思い起こそう。もしヒト族が硬い食物を軟らかくするために、あるいは頑丈で噛み切りにくい食物を噛み切りやすくするために石器を用いたとしたら、歯の形態と食物のタイプとの間の関係は不鮮明になり始めていただろう。

現生の動物が、今、道具を使っていることを考えてみよう。ほとんどの場合、彼らはそれがないとテーブルに持って来られない食物を手に入れやすいように道具を用意する。エジプトハゲワシは、岩の上に落として硬い卵殻を割る。カラス、オランウータン、チンパンジーは、木の中の虫を釣り出すために木の枝を加工する。イルカは、貝殻を使って、魚を罠に落として捕まえる。ラッコとカニクイザルは、ハンマー石を使って、二枚貝とカキの殻を割る。オマキザルは岩片を用いてナッツを叩き、殻を割る。右記のリストは、さらに延々と続く。稀にはタンザニアのマハレ山地国立公園のチンパンジーのような例外もある。彼らは、小枝を自分の鼻に入れてくしゃみを起こすのに枝を使うと報告されている。しかしこの例でも、チンパンジーはくしゃみで出てきた粘液を吸っている。[20]

しかし我々の目的にとって、道具は主に生物圏のビュッフェに関して増加する選択肢である。だがそうであっても、道具は歯が対処しなければならない食物の材質特性を変えることができるのだ。また、オルドゥヴァイとクービ・フォラから出土する剥片石器は、氷山の一角でしかない公算が大きい。例えば考古学者は、遠い昔の考古学記録の中で木製やその他の植物質部分で作られた道具をまだ発見できていない。けれどもそれらは現生の類人猿などでそうであるように、ヒト族にとっても類人猿を超えるほどではないとしてもこうした腐りやすい道具も重要だったと考えなければならないだろう。言い換えれば、石の薄片は、食物を獲得し、調理するためにどんどん使われた、増大しつつあった道具箱の中身の一部にしか過ぎなかっただろう。

歯のサイズ

ルイス・リーキーらがジョニーの子どもの発見を発表した時、石器がより重要になって、歯はさほど重要ではなくなったと主張した。口の外で食物を処理することは、歯からプレッシャーを取り去っただろう。それが、歯が小さくなることを可能にしたのだと思われる。そうやって大きな脳と器用な手は、早期ホモ属の一つの素敵なパッケージとして、小さな大臼歯と弱くなった顎と一緒に進化しただろう。石器製作者は、その石器によって自らが作り変えられたのだ。

しかし研究者が歯と向き合い、それを計測し、そのサイズを他のヒト族すべてと比較する段になると、話は全く辻褄が合わなくなる。確かにホモ・ハビリスの歯は、彼らと一緒に見つかったパラントロプスの歯と比べればはるかに小さいが、その歯を（そしてホモ・ルドルフェンシスの歯を）アウストラロピテクスのものと比べれば、決して小さくはないのだ。身体の大きさを考慮すれば、ことにそうである。言い換えればホモ属の最古のメンバーは、実際に小さな奥歯を進化させたのではなかった。そしてパラントロプスは大きな歯を進化させた。事実、頬歯はホモ・エレクトスまで小型化することはなかった。彼らホモ・エレクトスの最初に知られた歯は、最古の石器の五〇万年以上も後にやっと出現した。したがって石器がヒト族に小型化した大臼歯をもたらしたとすれば、しばらく時間がかかったことになる。

しかし口の正面となると、別の物語がある。できるだけうまく話すが、ホモ・ハビリスとホモ・ルドルフェンシスは、いずれもアウストラロピテクスやパラントロプスよりも身体サイズに対して大きな切歯を持っていた。第三章で見たように、ホモ・ハビリスとアウストラロピテクスとの大臼歯に対しての切歯サイズの違いは、オランウータンとゴリラの間の違いとほぼ同じである。オランウータンはその前歯で果実の皮を剝く一方、ゴリラは後歯でオランウータンより多くの葉やその他の頑丈な噛み切りにくい植物質を磨り潰すのに適応しているので、早期ホモ属はアウストラロピテクス以上にその切歯を使っていて、それ以下ではなかったということなのかもしれない。しかしホモ・エレクトスは、ホモ・ハビリスやホモ・ルドルフェンシスよりも小さな切歯を確かに持っていて、アウストラロピテクスと同じような相対的大きさであった。それならホモ・ハビリスとホモ・ルドルフェンシスは口の外で処理を必要とする食物を食べてはいたが、石器が実際に前歯の義務を緩和し始めたのは、ホモ・エレクトスからだったのかもしれない。

しかし、歯のサイズのこうした変化が実際に何を意味したかは分からない。古人類学者が手にしているサンプル数が少ないだけでなく、体重推定もひどく不正確でもあるからなのだ。歯が付いている身体のサイズについて、何らかの推定もせずに、歯のサイズの実際の意味について判断を得ることはできない。それは、相対的なのだ。例えば読者の口中の歯やゾウの歯を考えてみよう。そして完全な骨格でいっぱいになった博物館金庫室があったとしても、歯のサイズから食性についてどれだけたくさんの情報が引き出せるのか私には確信はない。確かに大きな前歯を持った種は、果実の皮を剝くような、より頻繁に切歯の使用を必要とする食物を食べる傾向がある。しかし臼歯の大きさと食性との間の関係となると、明確ではない。噛み切りにくい葉をたくさん食べる南米のサルは、果実食のサルよりも大きな臼歯を持つ傾向が見られる。それは、辻褄が合う。しかしアフリカとアジアのサルについて、反対のパターンを既に見ている。それは、例えば咀嚼の量——顎の中のスペース——よりも重要なことが臼歯の大きさにはあるからなのだ。それを取捨選択するのはかなり困難である。

歯の形態

臼歯の形状は、よく研究されているように思える。第一章で、ゴリラやその他の霊長類が歯やセロリの茎のような噛み切りにくい食物を食べるのに適応していて、彼らはチンパンジーのような果肉の多い果実食家よりも勾配の大きい、粗い咀嚼面の臼歯を持つ傾向のあることを学んだ。硬いが割れやすい食物に適応したマンガベイなどは、特に切れ味の悪い、平坦な頰歯を持っている。こうした経験則は、南米、アフリカ、アジアを問わず、あらゆる霊長類グループにあてはまる。

それなら早期ホモ属の歯の形状について何が分かっているのか。フィリップ・トバイアスは、ホモ・ハビリスの後歯を咬頭が高く、尖っていて、エナメル質は薄いと記載した。少なくともアウストラロピテクスと比較すれば、そうなのだ。ホモ・ハビリスは、アウストラロピテクスがそうだったように、後歯が磨り減って平坦にもなっていなかった。だが歯の形状を数字に置き換える時、何が起こるか。早期ホモ属の種を先行者であるアウストラロピテクスと区別できるのか。第一章を思い起こしてほしい。そこで、レーザー・スキャナーと山岳や谷をモデル化するためにデザインされたGIS機を使って歯の咬頭と裂溝を計測でき、現代の種の計測値を同じ咬耗段階にある早期ホモ属の計測値と比較できるとした。これを行うと、早期ホモ属は、アウストラロピテクスと確かに分離される。

鋭敏な観察眼と明晰な頭脳を持った古人類学者なら誰も、早期ホモ属は特別に鋭い臼歯を持っていたなどとは言わないだろう。それでも早期ホモ属の後歯は、彼らの祖先であるアウストラロピテクスのそれよりも、噛み切りにくい食物を切断するのに向いていただろう。対照的にアウストラロピテクスは、自らの歯を壊すリスクを低下させた歯で硬い食物を噛み割ることができただろう。このことは、ホモ属で最初に現れた種で食性の変化があったことを推定させる。たぶん、肉や繊維質の多い植物可食部の比重を高くしただろう。

だがこの解釈を受け入れる前に考慮すべき問題点が、二つほどある。第一に、またしてもだが、口中の同じ位置の同じように咬耗した歯を比較できるだけの、古人類学者が持つ早期ホモ属のサンプル数が少なすぎることだ。事実、アウストラロピテクスと比較できるようにするため、利用できたホモ・ハビリス、ホモ・エレクトス、ホモ・ルドルフェンシスの下顎第二大臼歯すべてを、私はまとめて単一のサンプルとせねばならなかった[21]。それは、早期ホモ属間ではいかなる比較も不可能だという意味でもある。

もう一つの問題点は、次のことだ。歯の認識はさておき、たとえ石器を使っての処理が食物の特性を変化させなかったとしても、歯の形状は比率ではなく、種類に関する問題だということだ、と思い起こす必要がある（第二章、第五章参照）。換言すれば、歯冠の傾斜とかギザギザとかは、ヒト族が何を食べることができたかを教えてはくれるが、日常に食べていた物を伝えてくれるのではない。早期ホモ属は、先行者のアウストラロピテクスがいつも食べていたのと同じ種類の食物を食べることはできただろう。つまり第五章で見たように、ここは食跡（foodprint）――化学と歯の微小摩耗痕観察――の出番である。

食跡

早期ホモ属の歯の軽い炭素と重い炭素の割合は、樹木や灌木の一部と熱帯の草本類の両方を含む食物で想定されるものに近い。しかしその炭素は、植物に直接由来するものか、そうした植物を食べた動物からなのかは分からない。言えるのは、早期ホモ属の生物圏のビュッフェが熱帯の草原と森林の双方に由来した食物で満たされていたということだ。このように早期ホモ属の炭素同位体比は、アウストラロピテクス・アフリカヌスやアウストラロピテクス・アファレンシスのものとあまり違わない。さらにパラントロプスと同様に、南アフリカと東アフリカの早期ホモ属の炭素同位体比にも違いはない。

微小摩耗痕だけは、わずかな違いの物語を語ってくれる。ホモ・ハビリスはアウストラロピテクスとは違うからだし、ホモ・エレクトスはホモ・ハビリスとも異なるからだ。ホモ・ハビリスの歯表面の微小摩耗痕の平均像は、アウストラロピテクスのそれと似ているが、このホモの種は、かすかなひっかき傷で覆われた表面からやや多い微小孔を持つ表面まで、バリエーションに大きな幅を見せている。ホモ・エレクトスの歯は、我々が幾通りもの微小摩耗痕面から実質的に微小孔と呼ぶ範囲まで、とさらに変異に富む。これはすべて、以下のことを推定させる。ホモ属の種はどれ一つとして硬い食物だけを食べる偏食家ではなかったようだが、ホモ・ハビリスはアウストラロピテクスよりも少しだけ多く硬い食物を食べていたかもしれないし、ホモ・エレクトスはさらに多くの硬い食物を食べていただろう。微小摩耗痕のザラザラ度合いで見られるバリエーションが一つの種の食性の幅について教えてくれるとしたら、たぶんホモ・ハビリスはアウストラロピテクスよりもずっと柔軟な食性であり、ホモ・エレクトスはホモ・ハビリスよりもさらに融通のきく食性だっただろうということだ。

ピースを組み立てる

だから、証拠は以下のものになる。すなわち歯のサイズ、形状、摩耗痕、現在の食料収集民に基づいたモデル、そして古い時代の考古証拠、である。ジョニーの子どもが初めて見つかった時、話はずっと明快だった。石器の出現は、新しい暮らし方と石器がなければ食卓にものぼらなかったはずの食物の新たな獲得を意味した。それは、サバンナが彼らの祖先の原郷土に卓越するようになり、森が乾燥で縮小し始めた事態への対処の仕方だった。石器製作者は、自らの作った石器で変身させられると、歯が縮小し、手が器用になり、脳が増大した。その結末が、人間であった。

ホモ・「フーダニット」［「フーダニット」とは、「誰がやったか」の意味の「Who done it?」が語源で、犯人の解明を重視した推理小説のこと］

だが新しい証拠が現れ、その解釈が進むと、物語はそれほど単純でなかったことが分かった。ホモ・ハビリスとホモ・ルドルフェンシスの臼歯は、サイズではアウストラロピテクスのそれと現実にほとんど変わりがなかった。ジョージ・ワシントン大学のバーナード・ウッドとサイモン・フレイザー大学のマーク・コラードは、ハビリスとルドルフェンシスはホモ属には完璧に含まれず、彼らが石器を持とうが持つまいが、アウストラロピテクス属に帰属させるべきだとさえ主張している。[22] 一方で、ハビリスとルドルフェンシスは大きな前歯を持っていたから、食性には変化があったかもしれない。つまり咀嚼される前に、可食部は食べられない部分から分離される必要があったが、その選択をするという変化だ。食べられない部分とは例えば、殻で守られた果実とか骨に付着した腱である。また早期ホモ属の臼歯は、いくぶん鋭く、「尖って」おり、これは噛み切りにくい食物を効率的にスライスしたり切断したりできるようになったことを意味するようだ。そして微小摩耗痕の示すところでは、ハビリスはアウストラロピテクスよりも食物の選り好みはしなかった。

ホモ・エレクトスとアウストラロピテクスとの違いは、さらに大きく、明白だ。第一に、ホモ・エレクトスはアウストラロピテクスよりも明らかに小さな臼歯を備えていた。そして前歯も、ホモ・ハビリスやホモ・ルドルフェンシスのそれよりも小さくなっていた。石器が歯と顎を大きいままに保っていた咀嚼器への選択圧を軽減し始めたのは、おそらくはホモ・エレクトスからであったということなのだろう。実際、石器とカットマークの付いた骨の大きな集積が、ホモ・エレクトスの最古の記録の現れる前の二〇〇万年前頃に見出され始めるのだ。たぶんこれは、ホモ・エレクトスがどのようにして大型化した脳を維持できたかを説明するのに、一部役立つだろう。もしそうだったら、我々の祖先が人間の適応ゾーンの高原へと登るのは、少なくとも二段階の過程であったことになる。第一段階はホモ・ハビリスやたぶんホモ・ルドルフェンシスであり、次がホモ・エレクトスであった。

オルドゥヴァイ、クービ・フォラ、その他の初期考古遺跡で発見された石器をどのヒト族の種が作ったのかは、もちろん定かではない。その特定なしには、石器を使用したヒト族についての推定は、憶測となる。二〇〇万～一五〇万年前の地上を遊動していた少なくとも四種のヒト族がいたことを思い出していただきたい。しかしホモ・エレクトスがおそらくは石器を作り、使ったのは確実だ。最大限言えるのは、彼らだけが前期更新世にアフリカ大陸からユーラシアに出て行き、ユーラシアの諸遺跡に石器とカットマークの付いた骨の集中を残したのだ。だがそれでは、ホモ・ハビリスとホモ・ルドルフェンシスについてはどうなのか、さらにその件で言えばパラントロプスやアウストラロピテクスではどうなのか。最古の石器の出現は、ホモ・エレクトスよりも五〇万年以上も先行した。だから少なくともホモ・ハビリスも石器を作ったと推測するのが合理的だ。それは、何か物事をするための対向できる親指を与えたのではなかろうか。その他の人類も、排除できない。

変わるゲーム

これまでに人類以外の霊長類の研究で分かったことを見てきた。それは、食物選択はその物の入手しやすさに左右されるし、これは所定の場所で所定の時に見つけられる物、そして集め、処理し、消化吸収することをどんな歯と腸が可能にできるかにもよるということだった。

早期ホモ属は、自然が提供してくれる物をほとんど管理していなかった。そのうえ生物圏のビュッフェの選択肢は、いつも変化していたに違いない。更新世は、気候が不安定化した時で、土地の景観と居住環境が変わっていた。第四章で、それは草原が森林を圧倒しつつあったことではなかったのを見た。ホモ・ハビリスとホモ・エレクトスの炭素同位体比は、開けた環境で得られる物と森のような閉鎖された環境で得られる物を混ぜ合わせた食物であり、彼らの鮮新世後期の先行者であるアウストラロピテクスとほとんど同じだったことを示している。そのことは、変わらなかったようだ。

それより重要な物語は、温暖・湿潤と冷涼・乾燥という環境条件の変貌するサイクルと共に、次第に変動の大きな気候になったというものだ。ヒト族の生息地は、大地溝帯の拡大により湖沼が拡大し、縮小するにつれて変動したに違いない。地球が地軸をふらつかせ、地球軌道が円から楕円に、そしてまた円へと変化するにつれ、森林は草原に道を譲り、その後は草原が森林に変わった。こうして見ると、アウストラロピテクスからホモ・ハビリスに、そしてホモ・エレクトスにと進化するにつれて大きくなる微小摩耗痕のバリエーションは納得できる。そうやって、より多角的な食物を集め、それを調理するための道具の役割が増した。それは、所定の場所と時期での食物の選択肢が増したという意味でもある。おそらくこれが、次第に予測不能性の強まった世界をうまく切り抜けるのに必要な才能を早期ホモ属に与えたのだ。たぶんそれは、人間としての適応ゾーンの必須条件なのだろう。

我々ヒトは、この地球上に棲む他の動物とは根本的に異なっている。どのように異なっているかを知るには、都市と村落、農場と牧場を剝ぎ取る必要がある。我々の祖先は、そうしたものが現れるずっと前から人間だったからだ。ハッザランドには、ギデル・リッジの頂上から見渡す限りにサバンナが広がっている。そこの見晴らしの良い地点から見ると、大きな共同体における暮らしの中での独自の関係の構築により我々は人間であることが明らかになる。食物を調理し、獲物と集められた植物食を分配するので、道具はこの物語の重要な一部となる。道具は、我々の祖先をアフリカからユーラシアに進出させ、行った所のどこででも生計の手段を見つけられるようにした物である。祖先たちのやった食物の採集、調理、分配の手法は、彼らに自然が与えた物のほとんどを利用させたのだ。

しかし一部の祖先にとって、それでは十分ではなかった。彼らは、植物を育て、動物を飼養し始めたのである。次に見るべきは、新石器革命である。そこでもやはり歯、食性、そして変わりつつある世界というレンズを通せば、それを見ることができる。

第七章　新石器革命

植物の種を蒔き、動物を育てることは、根本的かつ徹底的に人間と周囲の世界との関係を変えた。その二つのことは、我々の祖先を自然の一部から、自然とは切り離された存在へと移動させた。オーストラリア生まれの著名な考古学者の故V・ゴードン・チャイルドは、こう書いた。「農耕の採用と家畜の飼育により、（人は）自然の気まぐれから解放された創造者になった」[1]。チャイルドは、それを「新石器革命」と呼んだが、その革命は聖書に書かれている道への一里塚になった。これについて考えてみよう。安定した食料と余剰は、文明の燃料でもある。食料生産は、我々の祖先が大きな共同体に集まり、複雑な社会を形成できることを意味した。祖先が、植物を栽培し、動物を家畜化し始めるや、メソポタミア、インドのインダス川流域、エジプトのナイル川沿いのような場所に最初の大きな都市が現れるまで長くはかからなかった。

新石器革命の前、我々人間は、他の動物と同じ規則で活動した。約二〇万年間、人々の食物は生物圏のビュッフェ上に自然が選んで設えた品目に制限されていた。彼らは、その前に昔のヒト族が数百万年間もやっていたように、野生食料を集めた。だが環境が変わった時、食物選択も変わった。祖先は、それに対応しなければならなかった。それは容易なことではなかった。一部の者たちは住む場所を移動し、中には死に絶え、また一部はその変化に適応した。第三章に挙げたエリザベス・ヴルバのヒンドゥー教三神の比喩を思い出してほしい。ヴィシュヌ再生神、シヴァ破壊神、ブラーマ創造神のことである。このような反応が、革命へと動かした。そうしたことが、我々の周囲の変化する世界はどのように無数の生物種に他に例を見ない独自性を与えてきたのか、そしてそれはどのようにしてヒトを人間にしたのかを、説明してくれるのだ。

だが、我々の祖先はゲームのルールを変えた。祖先は、動物の飼育と植物の育成を始めたのだ。近東ではライ麦、小麦、大麦、中国ではコメと雑穀、アフリカではソルガム（モロコシ）、南北アメリカ大陸ではトウモロコシ、ジャガイモ、カボチャ、そしてニューギニアではタロイモとバナナを。人類は、一万世代にもわたって、野生動物を狩猟し、野生植物を採集して生計を得てきた。だがわずか一、三千年という短期間で、食料生産が全地球で始まった。食料生産は、少なくとも十カ所以上の場所で独立して始まった。支配権は我々のものだった。そして、人間に偉大な達成点を与えるカスケードのように連なる出来事が始まった。ピーナッツバターのサンドイッチから深宇宙を往く探査機まで。

いつ、どこで、なぜ、この革命、すなわちすべてを変える革命が起こったのか。それは、それに伴って現れたすべての社会的、政治的な携行品と共に、我々が人間であることの不可避の結末だったのか。ヒトは、自らにもたらされた天与の能力からひとりでに脱却したのか。それとも更新世最末期の、最後の大氷河期末の全地球的な気候変化により農耕の道へと誘われたのだろうか。考古学者たちは、祖先が食料収集から食料生産へと変わった細部を詳しく調べてきた。だがほとんど一世紀に及ぶ調査でも、その答えよりもむしろ謎を多く生み出した。大半の研究者たちが合意している唯一の点は、簡単な答えは何もない、ということだけだ。

本章では、太古から将来に目を向け、気候変動、それが食料の入手しやすさ・難しさに及ぼした影響、祖先が生計を営むために下した選択というレンズを通して、いくつものモデルを考察しつつ新石器革命に関する我々の視点を設定する。これから、近東で最も重要な遺跡を二カ所、オハロⅡとアブ・フレイラを訪れ、それを発掘し、発見した遺物を基に本質的見通しを集めている考古学者たちを見ていきたい。その次は、寒冷で荒涼としたグリーンランド中央部に向かい、タイムカプセルを開ける。それは、厚い氷床に塞がれた、地球の気候史の書庫である。その後、旅はラボに戻って、気候変化と食料収集から食料生産への移行を目撃した祖先の歯と骨を調べる。こうした事柄は、生物としての人間にどのような影響を及ぼしただろうか。さらに我々の進化に重要な洞察をもたらす過去と現在のいくつかの新しい研究成果と共に再びなじみの深い食跡を考えていく。

砂漠の中のオアシス

気候変動は、人類進化に明らかに重要な役割を果たした。だが気候変動は、我々に何をもたらしたのか。チャイルドは、祖先は自分たちの世界が変化したことで野生植物の栽培と野生動物の家畜化を促されたと考えた。氷河時代の終末頃にヨーロッパの北半部を覆っていた氷床が融けた時、降雨のパターンが変化したに違いない、と彼は推測した。その過程で、北アフリカと西アジアは乾燥化しただろう。草原は砂漠に変わり、そこに暮らしていた人々と動物たちは、否応なくまだ十分に水の豊かだったナイル川沿岸、インダス川流域、ティグリス川・ユーフラテス川流域に集まっただろうという。これらの地域は、小麦、大麦、ヒツジ、ウシの野生祖先が見つけられ、最古の農民や遊牧民がそうした野生種を栽培・家畜化していたまさにその場所であったが、それはチャイルドにすれば偶然ではなかった。

教科書が通常、更新世末は新石器革命の引き金になったという考えをチャイルドと結びつけて記述するのは当然である。チャイルドの名は、二〇世紀考古学では最大の名前だったのだ。しかしその名は、不名誉の名前でもある。前述のオアシス説を「本当に」考え出したのは、ラファエル・パンペリーという地質学者、探検家、冒険家であり、彼の名は研究者たちもほとんど知ることはないからだ。彼については、紹介しておく価値のある話である。パンペリーは、チャイルドが小学校に入学する前の年の一九〇六年にアメリカ地質学協会の総裁演説の際、その主張を明確に述べた。

パンペリーがピースを集めてオアシス説を組み立てるまで四十年もかかっており、いくつか信じられない運命の展開があった。その話は、フォレスト・ガンプがインディ・ジョーンズに会うようなものに似ている。パンペリーは、冒険に次ぐ冒険でいくつもの大陸を歩き回った時、歴史を目撃してきた。[2] 彼は、南北戦争前にアリゾナの鉱山で職に就いた地質学者として職歴をスタートさせたが、ほどなくアパッチ族の戦士や馬に乗ったメキシコの山賊どもから逃避する憂き目に遭い、やむなく西へ逃げた。カリフォルニアにやって来た彼は、その後そこから船に乗って北海道に渡った。そこで、鉱山業を発展させる手助けとして日本の封建政府（幕府）に雇われて仕事をした。しかしパンペリーは、すぐにそこも辞めて北海道を脱出しなければならなかった。天皇が攘夷思想を利用して日本を支配していた幕府の将軍から権力を奪い取ろうとし、内戦が起こりそうな気配だったからだ。彼は再び西に向かい、アジア大陸、ヨーロッパを経て、大西洋を越え、アメリカに帰国した。地球を一周した彼の旅は、ほぼ五年間に及んだ。

中国にいた時、新疆省のタリム盆地の古地図が彼の関心を引いた。それは、孔子の著作集の本で、そこに「ここには、髪が赤く、青い目を持ったウサン（Usun）族という民族が住んでいる」と読める一つのメモが書かれていた。もう一つのメモには、大きな川と遠い昔に砂漠の砂に呑み込まれた古代都市について書かれていた。別の地図には、ゴビ砂漠を干上がった海「ハン・ハイ（Han-hai）」と述べられていた。[3] 中央アジアにかつて広大な内陸海があったのか。たぶんそれは、今日のアラル海、カスピ海、その他この地域に点在する無数の小さな湖の最後の名残だったのだろう。パンペリーは、ルイ・アガシーと彼の仮説について考えた。彼の説は、当時、人気を博していたが、それによるとかつて北半球の大半は、地中海やカスピ海の辺りの南まで氷床に覆われていたという。たぶんその氷と雪が、内陸海に水を供給していたのだろう。だが、氷河時代が終わると、そうした内陸海は干上がった。それではその海岸沿いに住んでいた赤毛で目の青い民族はどうなったのか。砂漠が中央アジアを制圧すると、ついに彼らは西に移動し、ヨーロッパに入り、アーリア人の起源となったのだろうか。

それは、魅惑的で新奇な思いつきだった。だがパンペリーはアメリカに帰ると、その考えをいったん忘れなければならなかった。彼はハーヴァード大で新たな職に就くと、全米で多くの地質学調査を行った。彼はまた、中央アジアに戻ることになるが、それは後の三十年間の滞在とは別だった。この滞在期間中、そこで氷河時代堆積層から貝殻が発見されていたことを知った。そこにかつて広大な内陸海があったと思われた。これを知ったことにより一九〇三年、彼は現在のトルクメニスタンに赴いた。そこのアシハバード南方のコペトダグ山脈の麓で、アナウ考古遺跡を発見した。パンペリーのチームは翌年、アナウ遺跡を発掘し、最下層からシカ、ガゼル、その他の野生動物の骨を発見した。だがウシ、ヒツジ、ブタの骨は、さらに上の層にあった。チームは、その遺跡で小麦と大麦の遺物も発見した。

パンペリーは、一つのヒストリーを組み立てた。中央アジアの大半を占めていた大きな内陸海は、氷河期末に縮小し始めた。砂漠が形成され始めると、それまで北の山脈から山麓斜面を流れ落ちてきた水の恵みを受けていたアナウ人を含め、人々はオアシスに集結した。人口が増えると、食料への要求が強まり、種を蒔いて作物を育て、動物を飼養するようになった。当時のほとんどの考古学者は、メソポタミアかエジプトが文明の揺り籠だと信じていたが、パンペリーはそれは中央アジアだと考えた。更新世の終わりを告げた環境変化は、第一の階段、すなわち狩猟と採集から牧畜と農耕への引き金を引いた。

パンペリーのオアシス説は、どのようにして科学者と歴史家がセレンディピティーで交わり、革新的で魅惑的な着想へと導かれたのかを我々に活写して見せてくれる。だが残念ながら、時はパンペリーにも彼のオアシス説にも優しくはなかった。中央アジアは確かに現在よりも湿潤であり、アラル海とカスピ海も今より大きかったが[4]、更新世後期に大きな内陸海は存在しなかった。さらにアナウに人々が現れる数千年も前に、近東では人間が作物を栽培し、動物を飼養していた。パンペリーは、細かい事実のほとんどを間違えていたのだ。それが、私が学部の考古学者たちに尋ねた時、誰一人として彼のことを知らなかった理由なのだろう。だが彼の基本的な着想は、今も生きている。食料収集から農耕への転換は、一万一六〇〇年前（ＢＰ）頃の完新世開始時に[5]、温暖化、湿潤化した環境へという気候変化の直接の結果だった。このことは、Ｖ・ゴードン・チャイルドに閃きを与え、彼を通じて現在の多くの考古学者たちに刺激を与えたのだ。

心の変化

北半球の大半を覆った氷床は、最古のホモ属の祖先が最初に現れてから、それこそ百回は去来した。大氷床が後退・縮小した最後の時以外は、ほとんどの期間、人間たちは獲得できる動物を狩り、周りの野生植物を採集するという同じ基本的な生活を繰り返してきた。確かなのは、彼らが食物を獲得し、それを処理・調理するためのより洗練された道具を作り出すことにより、生業の技術が向上したということだ。こうした工夫で、彼らは自分たちの栄養の需要を満たすための多くの選択肢を手にし、地球全体に拡散できるようになった。だがつい最近まで、食事メニューは予測もできず、常に変わっているにもかかわらず人々は自然が恵んでくれる物で満足していたのだ。新石器革命が気候変化の結果であれば、ではどうしてもっと早くにそれが起こらなかったのだろうか。それこそ数え切れないほどのチャンスがあったのに。

研究者の中には、新石器革命は気候変化だけが原因ではなかったからだと言う者もいる。それは、人々が自然の中での自らの立ち位置についての見方に変化が起こったからだという。[6] 人々は、自然の一部としてではなく、自然から分離したものとして自らのことを考え始めたのだ。第六章のギデル・リッジに暮らす狩猟採集民ハッザ族を思い出してみよう。私が彼らに我々は他の動物とどのように違うのかと尋ねた時、彼らは答えるのに悪戦苦闘した。ある老人は大声で、人間は体毛を持たないことではないのかと叫んだ。若い女は、たぶんそれは人間が二本脚で歩いていることだろうと付け加えた。ハッザ族は、自分たちは自らが自然への支配権を持つと考えていないのはもちろん、基本的な違いがあるとは考えていない、との感覚を私は持った。

それではたぶん、新石器革命とは我々自身を自然の世界の支配者として観るようになったこと「だった」のだろう。考古学者の中には、初期農耕民の遺残の中に、この跡を見ることができると考えている者もいる。女性の多産を表す地母神と男らしさを示す雄牛像である。彼らは、この二つを人間の固定された考え方の象徴、農耕を行うのに必要な大型の恒久的な共同体をまとめる一種の膠のようなものとみなしている。おそらく植物を栽培し、動物を飼育するのは、気候変化の結果ではなく、自分自身についてのこれまでとは異なった考え方の所産、新しい「精神文化」的枠組みと一部の学者が呼んできたものなのだろう。

また別の研究者たちは、新石器革命は富と名声への意欲という人間の本質に基づいたものだったと主張している。クリステン・ホークスの自己顕示仮説（第六章参照）を、私はそう考えている。彼女は、アチェ族の狩人が、自分の家族を養うために、小さくて、狩りに際して当てになる獲物を狙うのではなく、共同体に分配できる大型動物を意図的に標的にしていると確信している。たぶん一部の人間は、平等主義的な狩猟採集民の生活様式ではあきたらない、大きな野心を持っていたのだ。人気のある例として、北西太平洋岸の先住民族による伝統的なポトラッチがある。そこの「ビッグ・マン」たちは一生懸命に働き、隣人や友人たちのための盛大なパーティーを開けるだけの余剰を蓄積していた。[7] 彼らは、食物やその他の貴重な品を惜しげもなく振る舞い、それで社会的地位を得るのである。おそらくはある人の必要、次には一部の人のそれを満たすための定住化が、ある意味では気候変化よりも、新石器革命に至らせたのかもしれない。

確かな証拠

しかし正直に言うと私は、精神文化モデルやビッグ・マン・モデルのファンではない。それらのモデルが、洗練された、説得力ある説明ではないというわけではない。問題は、それらのモデルの評価が難しいということだ。我々は、一万年前に暮らしていた人々の心の中にわけ入ることは簡単にはできない。確かに定住と食料蓄積の証拠はあるが、こうした証拠は、過去に暮らした人々のモチベーションについて実際に何を教えてくれるのだろうか。コミュニティー全体の饗宴を記録できたとして、それがポトラッチかポトラック（持ち寄りパーティー）なのか、どのようにして伝えることができるだろうか。またこれらのモデルは依然として、農耕への転換になぜ二〇万年間近くもかかったのかも説明していない。それから、鶏が先か卵が先かの問題がある。我々の祖先が自らを取り巻く世界についての見方の変化が先にあり、それが栽培と家畜化に至らせたのか、それとも食料生産それ自体が祖先の心の中の変化を引き起こしたのだろうか。野心が一部の者を植物栽培へと動かしたのか、それとも栽培化が先にあって、農耕民に社会的な階梯を生み出し、それをよじ登らせる必要となったことをもたらしたのか。考古記録は大量の断片を与えてはくれるが、こうした根本的な疑問に答えてくれるには不十分である。

鶏が先か卵が先かで言えば、私が大学院生だった時、人口増に伴う需要から人は植物栽培と動物飼育へと押しやられたのか、それとも農耕に伴う余剰が共同体の人口増をもたらしたのかという大きな論争があった。ある者たちは、人口増加は前のままだが、それが土地の環境収容力の制約を受けるに至ったと主張した。[8] 生物圏のビュッフェが養える人口は、食料を蓄積できる自然の能力に制約されるというのだ。たぶん豊かさへ、多産へ、繁殖へと向かわせる欲動は、人々を自分たちの食料を生産し始める方向に向かわせるのに十分だったのかもしれない。作物は動かないので、それが人々を定住化させたのだろう。それは、悪循環ともなる。定住化は人々にさらに子どもをつくることを可能にし、そうさせることを促した。その結果、人口が増加すると、さらに多くの食料を必要としたのだ。また別の者たちは、人口が増えすぎて、移動できなくなり、それが定住化を余儀なくさせたが、人口増に対処できるだけの根底的な食料は十分ではなかった、と説く。他の者たちは、集団は実り豊かな地域に定住したが、人口増に伴い、より辺縁の地への移住へと広がらねばならなかった、と考える。たぶんその後の周縁部での天然資源の欠乏が、食料生産を強いたのだという。

食料収集生活から農耕生活へという切り替えを解明しようとする過去一世紀の努力の中で、膨大な土の量が考古学者によって掘り返されてきた。何が祖先を新石器革命へと押しやり、あるいは引っ張ったかをめぐって、何千という学術論文と書物が書かれ、ある考え、そしてまた別の考えが広められた。なぜ人が種を蒔き、動物を育て始めたのかをめぐっては、なお依然として大きな不一致がある。こうしたことは、様々な場所で、様々な時に、様々な理由で起こったと思われ、おそらく助けにならないだろう。それによってもたらされる情報がありすぎるため、情報の意味を理解するのも非常に困難になっている。だがある特定の場所で革命へと至らせたものを解明できるという希望のもとに、焦点を絞ることは可能だ。「肥沃な三日月地帯」と呼ばれる近東の一部がそれで、そこについて考えていこう。この地域は、新石器革命が最初に起こったと考えられている所で、たぶん更新世末の気候変化を生業と関連づけられる最良の機会を持てる場所である。

地図の上での肥沃な三日月地帯は、私にはブーメランのように見える。ある者は、エジプト、フェニキア、アッシリア、メソポタミアの各古代文明を用いてそれを定義する。そしてエジプトのナイル川上流から地中海東部地方、すなわちレヴァント地方を経て、さらにティグリス川、ユーフラテス川がペルシャ湾へと流れるように両河川のコースをたどるまで振れる。また別の者は、その西端をシナイ半島までしか広げない。どちらにしても、それは北はトロス山脈とザグロス山脈まで、南はシリア砂漠までに限定された地域だ。この地域には、初期定住村落、農耕、そして最終的に家畜化について我々に垣間見せてくれる無数の考古遺跡が存在する。[9] それらの遺跡は、新石器革命の前、その最中、そしてその後の生活を覗かせてくれる窓である。それらの遺跡を用いて、何が起こり、何が起こらなかったかを、大きな謎を探究できる。特に二つの遺跡が、私の頭に浮かぶ。ガリラヤ湖の南西岸にあるオハロⅡ遺跡と、ユーフラテス川中流域の南岸にあるアブ・フレイラ遺跡、である。

オハロⅡ遺跡

ガリラヤ湖は、イスラエル最大の湖である。湖は、約五十キロの湖岸線で囲まれているが、湖水面は年間降水量に応じて変動する。湖水面は、旱魃の年にはイスラエルの飲料水源として需要が大きくなり、大きく低下する。一九八九年には、湖水面は通常より三メートルも低下し、非常に長い期間、たぶん数千年間も水没していた考古遺物が姿を現した。一人のアマチュア考古学者が、ティベリアの約八キロ南の浜辺で、いくつもの獣骨、フリント石器、そしてヒトの下顎骨一点を発見した。

当時のイスラエル考古庁先史学部門の管理人であったダニ・ナデルは、調査のために現地に赴いた。その場所は、それより三年前の湖岸線が低下していた時に発見されていたもう一つの遺跡であるオハロⅠから二、三百メートル離れていた。ナデルは、エルサレムのヘブライ大学の修士課程大学院生だった時、オハロⅠ遺跡を記載する助手を務めたことがあった。だが新しい遺跡、オハロⅡは、Ⅰよりも明らかに大型の遺跡で、しかも重要だった。湖水面が再び上昇すると、遺跡は水没するおそれがあったので、ナデルはすぐに短期間の野外調査チームを組織した。彼の調査チームは、湖水面が低下していて調査が可能だった一八八九～一九九一年、さらに一九九九～二〇〇一年に、約一千平方メートルの遺跡のかなりの部分を発掘することができた。調査でチームは、小屋跡と炉跡、それに人間の埋葬遺体一体、石器と骨器などを発見した。彼らは、コテで堆積土をすくうたびに土を篩いにかけ、数十万点もの植物遺存体と獣骨破片を回収した。保存状態は信じられないほど良好だった。その年代の遺跡にしては、かつてないほど最高だった。

オハロⅡ遺跡は、いまだ例を見ないほど完全な新石器革命前のレヴァント地方の暮らしを垣間見せてくれた。それは、二万三〇〇〇年前、北半球の氷床が極大になった時だった。その時代、毛皮をまとった氷河時代の狩猟民の遊動するバンドが、中東の冷涼で乾燥したステップ草原をうろついていた大型動物を追跡していたことが思い浮かべられるだろう。だが、今となってはそのイメージは忘れるべきだ。オハロⅡ遺跡は、最終氷河期最寒冷期の間のその想像とは全く違っていた。むしろヤナギやオーク、ギョリュウの枝を編んで壁にし、草のマットを敷いた数軒の小屋から成る、大きな湖の畔の小キャンプを想像できるのだ。オハロⅡの人々は、そこに通年暮らし、自然が湖やその周りの草原で惜しみなく与えてくれる恵みによって繁栄した。ナデルの調査隊は、野生のアーモンド、ピスタチオ、オリーブ、ブドウ、その他の植物食物の炭化した遺存体を見つけた。彼らはまた無数の魚骨、さらにはガゼル、シカ、ウサギといった野生哺乳動物の骨も発見した。さらに、一号住居址で磨《す》り石《いし》も掘り出した。その表面には、練り生地を作るため挽いて粉にしたであろうと思われる野生の大麦、小麦、エン麦由来の澱粉粒が付着していた。それらを刈り取る際に使った石鎌の刃には、明瞭な光沢使用痕が見られた。また今日の耕作地で繁茂している雑草の祖先もあった。ここの人々は、単に漁労、狩猟、果実や漿果を採集していただけではなかった。野生穀物も採集していたのであり、さらにひょっとするとその一部を作付けさえしていたかもしれない[10]。

　最終氷河期最寒冷期に、どのような生活がなされていたのだろうか。オハロⅡ遺跡は、少なくともガリラヤ地方の人々について新しい全体像をもたらしてくれている。人々は、食料資源が得られるので、そこに定住したのだ。彼らは穀物を集め、おそらくは栽培さえしていたかもしれない。それは読者のあなた方に、新石器革命の「革命」とは実際にどれほどのものだったかを想像させるだろう。だがそれは、一万年以上も続いたわけではなかった。次に我々が停車する駅は、シリアのアブ・フレイラ遺跡で、ここから北東に約四三〇キロほど離れた所にある。

アブ・フレイラ遺跡

ユーフラテス川のタブカ・ダムの完成後の一九七四年、アサド湖は満水となった。タブカ・ダムは、水力発電をするために建設され、また飲料水と灌漑用の水を供給する目的で湖も造られた。だが湖の建設は、約十立方キロもの貯水量でユーフラテス川中流域と元のユーフラテス川両岸沿いに分布していた古代集落遺物を水没させることを意味した。それは、シリアの国民的な歴史遺産、事実上の文明の揺り籠そのものを水中に失わせることになる重大事であった。シリアの古物局は、ダムの完成前に遺跡発掘の支援と考古遺物の救出、貴重な遺産の保存を、国際社会の考古学者たちにアピールした。シリア政府は、発掘調査の資金を拠出する博物館へのインセンティブとして、発見された遺物の半分を確保してもよいことを外国人研究者に認める法律の採択さえ行った。

反応は大きかった。十チームが、この呼びかけに応えたのだ。発掘調査隊は、アメリカ、イギリス、フランス、ベルギー、ドイツ、スイス、オランダ、レバノン、そして日本からやって来た。[11] 当時、オックスフォード大で考古学を学んでいた大学院生のアンドリュー・ムーアも、その中にいた。彼は、ダマスカス近くのテル・アスワードのフランス調査隊の発掘に参加し、以前にもシリアにいたことがある。その調査隊の隊長が、ムーアのことを推薦してくれたのだ。それで古物局の長官が、

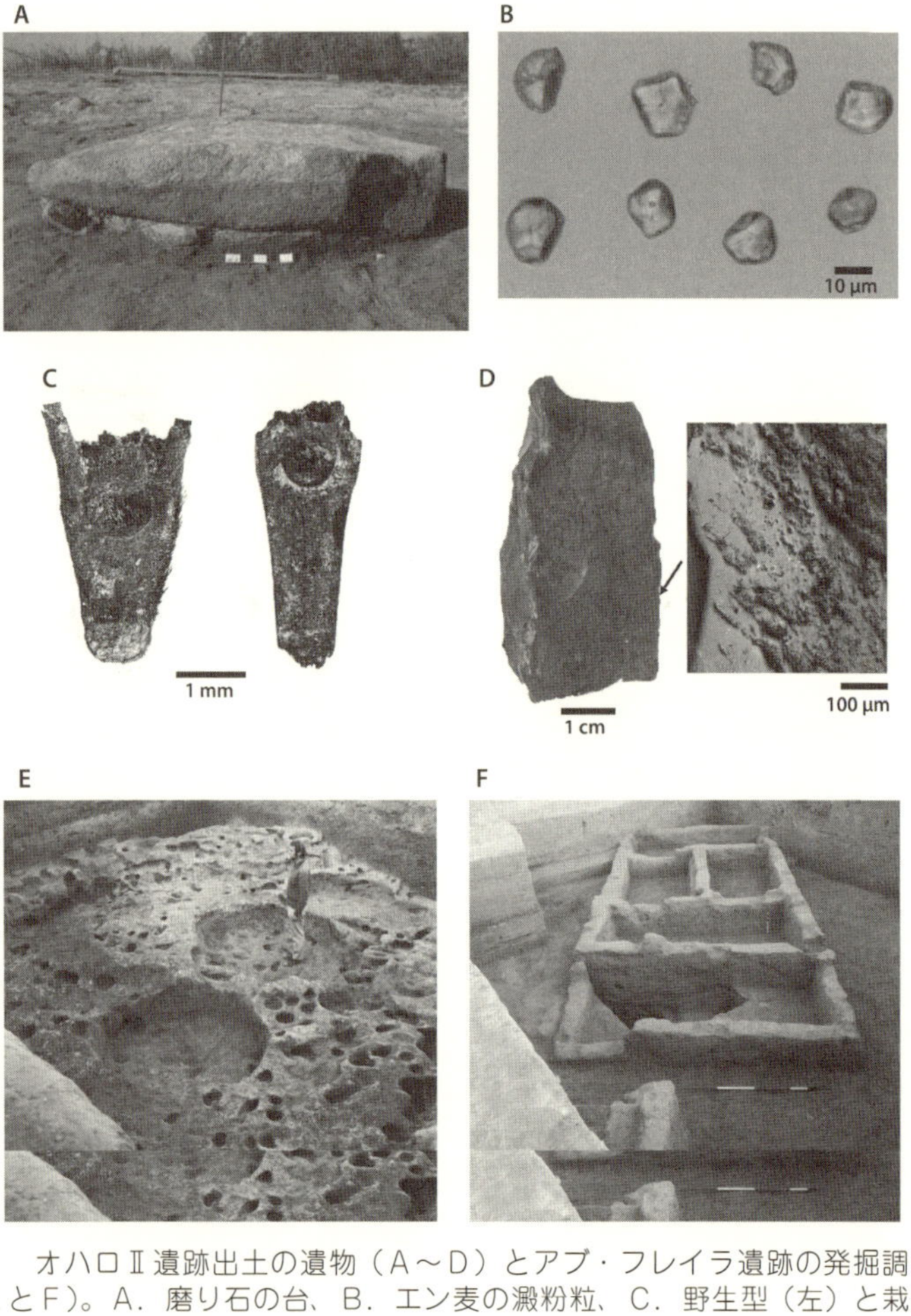

7.1　オハロⅡ遺跡出土の遺物（A～D）とアブ・フレイラ遺跡の発掘調査（EとF）。A．磨り石の台、B．エン麦の澱粉粒、C．野生型（左）と栽培型（右）の野生大麦、D．穀物刈り取り用に製作された、使用・摩耗痕の光沢（右）を持つ石鎌の刃（左）（矢印は拡大された領域を示す）、E．アブ・フレイラⅠ遺跡の発掘調査、F．アブ・フレイラⅡ遺跡の発掘調査（Aはダニ・ナデル提供、Bはドロレス・ピペルノ提供、C及びDはアイニト・スニールらの“The Origin of Cultivation and Proto-Weeds, Long Before Neolithic Farming,” PLoS One 10［July 2015］から、E及びFはアンドリュー・ムーア提供）。

彼を調査地選定のために招待してくれた。それは、一九七一年のことだった。ムーアは、測量図を眺め、夏の間、ユーフラテス川流域を訪れ、アブ・フレイラを選定した。そこは、ユーフラテス川南岸にある広さ約十二万平方メートルの巨大な居住マウンド（テル）であった。それは賢明な選択であったことが後に明らかになった。

なすべきことはたくさんあったが、ムーアには時間が残されていなかった。活動計画をまとめ、調査を成し遂げるのに必要な基金を立ち上げるのに、一年の半分以上を要した。その時点でアブ・フレイラが水没するまでに、二調査シーズンしか残されていなかった。それなのに考古遺物包含層は、七十六万立方メートル以上もあったのだ。ムーアは、一度に五十人にものぼる調査スタッフと労働者から成る大型の調査隊を集合させ、発掘をスタートさせた。だが遺跡にブルドーザーをかけ、できるだけ掘りあげるのではなく、彼はより慎重な手法を選んだ。悪魔は細部に宿ると、彼は考えた。調査隊は全部で七つのトレンチを掘った。できる限り居住マウンドの多くの部分をサンプルにできるよう、戦略的にトレンチを配置した。コテ一杯の土をすくうと、そのたびに彼らはメッシュで土を篩い、後に残された細かな人工品と骨片を集めた。彼らはまた、水を満たした水洗選別装置の中に一トン近い掘り上げた土を投入した。それはまるで、チョコレート・ミルクのグラスの中にストローを通して息を吹き込むようなものだった。空気を流して泡を作り、泥を攪拌すると、包含層から植物遺存体と木炭を選別できる。表面に浮き上がったこれら遺物をすくいとって、乾燥させてから分析するのだ。

ムーア調査隊は、一九七二年に二カ月、七三年に四カ月の計六カ月間、発掘を実施した。彼らは、二トンの骨と、大部分が細かい種子と木炭片から成るそれ以上の量の植物遺存体の他、数千点もの人工品、数百体のヒトの埋葬遺体を発見し、冷蔵庫を満たした。それはヘトヘトになるほどの作業だったし、ダムの完成日が近づくにつれ緊張感も高まった。さらに悪いことに、第二シーズンに入って数週間たったところでアラブ・イスラエル間で六日戦争が起こった。その時、トレンチは居住層の最下層のサンプルを取るのに十分なだけの深さは掘れていなかった。だが、時は尽きつつあった。ムーアは、さらに調査のアクセルを踏んだ。彼の調査隊は、ユーフラテス川で戦争中も活動している唯一のチームとなった。調理用のコンロやキャンプに補給してくれる車用の燃料はもちろん、発電機を動かし、水洗選別装置を稼働させるだけの燃料もほとんどなかった。チームは、飲用水と食料を消費し尽くした。さらに軍が作業員の若者たち何人かを徴兵した。彼らのうちの二人は、棺に入って帰ってきた。それでも調査隊は最後までやり抜き、その結果、アブ・フレイラは肥沃な三日月地帯での食料収集から食料生産へと移行する間の人々の暮らしの類を見ない図像を作り出したのである。他の遺跡のどこも、新石器革命へのそうした洞察、その原因、その結果をもたらしたものはない。

以下が、私たちの知ったことだ。アブ・フレイラは、およそ六〇〇〇年間、継続的に人に居住されていた。現在でも、それほどの長期間の居住を主張できる都市はほとんどない。もっと重要なのは、アブ・フレイラの居住民たちは更新世から完新世への移行を目撃したことだ。最初のうちは彼らは、野生動植物から得た食物に完全に依存していたが、その後の住民たちは自分たちの食料の一部を育てて、最終的には農耕に依存するようになった。新石器革命の原因と結果を探究するのに、なんと重要な場所であろうか。ムーアの粘り強い努力のおかげで、これ以上のデータセットが得られた例は他にはない。植物遺存体と動物骨は、食と居住の証拠をもたらしているし、人工品と構造物は新しい技術と生活様式で居住民がどのようにして気候変化に立ち向かったのかの解明を助けてくれる。そして人骨は、その人々自身に及ぼした変化の結果をうかがう手がかりを与えてくれる。十分に年代測定された遺物を古気候のデータと照らし合わせることで、物語を組み立てることができる。

人々が初めてアブ・フレイラに落ち着いたのは、一万三四〇〇年前（BP）頃だった。これらの定住民は、ナトゥーフ文化人（*Natufian*）と呼ばれる。[12] 最古の村落の居住人口は、百人から二百人程度だった。この村落は、床を部分的に地下に掘り込み、屋根を編み枝とアシで葺いた小さな円形家屋の集まりから始まった。住民は、ここに通年住み、ユーフラテス川沿いの湿地と拠水林と周りの疎林で狩猟採集を行って生計を立てていた。彼らの獲物の大部分は、特に群れが近くを通る春季はガゼルであったが、野生のロバ、ウシ、ヒツジ、さらにそれより小さな動物も狩猟していた。植物性食料も、少なくとも最初のうちは豊富にあった。ドングリとアーモンド、野生のブドウ、イチジク、エンドウ、レンズ豆、小麦とライ麦が採集できた。さらに野生メロン、澱粉を含む塊茎類、そして村落から採集できる距離内にその他の可食植物が育っていた。

この姿は、氷河時代の狩猟民を考える時に私たちの大半が心に呼び起こすイメージではないだろう。豊かな土地で余暇のある暮らしが川の屈曲部の周りにあった時、マンモスを探して広いステップをうろつき回る理由があるだろうか。アブ・フレイラのナトゥーフ人は、彼らより一万年前にオハロⅡの人々がやっていたのと同じように、定住して、自然の豊かさを享受していた。

だが野生の植物性食物は、考古記録から一つずつ抜け落ち始めた。生物圏のビュッフェは、世紀を重ねるごとに次第に乏しくなった。それは、初期の居住から約五〇〇年もたつと、途切れ始めた。最初のうちは、疎林に実る果実やナッツ、それに野生のレンズ豆といった降水量に左右される食物が減少した。次いで野生のライ麦と小麦が、乏しくなった。最後は、トウシンソウやイネ科植物のような旱魃に強い植物でさえ少なくなった。だが野生食物が減少したまさにその時、現在の耕作地で見られるような雑草に似た、粒の膨らんだ、栽培種のようなライ麦の粒がわずかに現れた。人口は、時と共に増えていた。調査隊は、住民たちがライ麦を粉に挽くのに使ったに違いない磨り石石器も発見した。レンズ豆と栽培化された小麦も、やや新しい層から出てきた。

それからあらゆる変化が、一万〇六〇〇年前（ＢＰ）に起こった。始まって約三〇〇〇年後に、最初は小規模な村落だったアブ・フレイラは、突然、約二千人から三千人が暮らす新石器時代の町になったのだ。そしてその町は、最終的には人口五千人から六千人もの大きな町に成長した。数百棟もの泥レンガ造りの方形の住居と農耕に深く根ざした生活様式を想像してみよう。このマウンドの上の方の層からは無数の雑草の種子に取って代わって、別の物が出てきた。野生の穀物種子よりも、栽培化された穀物の方が多くなった。小麦と大麦は、主要な作物となった。しかしレンズ豆は、どの層位からもずっと発見され続けた。ヒヨコマメやソラマメが大量に見つかるように、新しい層位になるとパン小麦がありふれたものになった。こうした栽培化された穀物やマメ科植物は、時と共に次第に野生の植物食料から置き換わっていった。狩猟されたガゼルやその他の動物から、飼育されたヤギとヒツジへという動物性食物の転換も起こった。家畜化されたウシとブタも、アブ・フレイラの終わり頃には現れた。ただし数はそう多くはなかった。

環境変化と新石器革命

ダニ・ナデル、アンドリュー・ムーアらは何十年も費やして、新石器革命前、その最中、その後の肥沃な三日月地帯での人々の暮らしの証拠を集めた。オハロⅡ遺跡は、最終氷河期最寒冷期の間のガリラヤ地方での暮らしの基線である野営像をもたらした。次の食物を探して荒涼としたステップ地帯を彷徨していた遊動する狩猟民の、飢えた、寒々としたバンドを、見ているのではない。そこに通年住んでいた人々は、豊かな疎林に囲まれた、大きな、きらめく湖畔に定住していたのだ。そこには、漁獲できる魚、狩猟できるガゼルやシカ、そして採集可能なあらゆる種類の植物性食物があった。彼らはひょっとすると小規模な菜園を営み、野生種の大麦、小麦、ライ麦を育てていたかもしれない。最終氷河期の絶頂期の間、ここでの生活が厳しいと思われたとしたら、誰もオハロ

Ⅱで定住せよと命じなかったはずだ。公平のために言うとオハロⅡでの人の居住は、寒冷で乾燥した長い期間にもあった温暖で湿潤な束の間に行われたかもしれない(次の節を参照)。北方のステップ地帯では、困難な生活を営んでいた多数の遊動する狩猟採集民がいたのは間違いない。それでもオハロⅡ遺跡から得られた証拠は、最終氷河期という時代はすべての人々に対して厳しいわけではなかったことを予示し、それを明らかにしているのだ。

アブ・フレイラの時代まで一万年だが、さらに話を進めよう。アブ・フレイラ遺跡での早い時期の居住と遅い時期の居住との間に突如とした変化があり、両者の間に本当に連続性があったのかどうかを一部の人たちに疑わせたが、最初の居住民が狩猟採集民であり、最後が農耕牧畜民であったことはほぼ間違いはない。最初の五〇〇年間、住民たちは緑の流域地帯で野生植物を集め、大型動物を狩猟することに満足していた。彼らは種を蒔き、動物を育て始めるずっと前から、定住していた。そしてそこでのライ麦種子と雑草の存在が本当に栽培していた兆候だとするなら、住民たちが初めて土地を耕し始めた数千年の間も人口は少ないままだった。遅い時期の集落を考えると、人口増が起こったので、農耕民は食料生産を増加させたのだろうか。だが村人たちが増加する人口を支えるために、農耕に追いやられたようには見えない。少なくともアブ・フレイラではそうではなかった。

そこで最初の疑問に立ち戻ろう。何が人々に食料の増産を始めるよう動機付けしたのか。宴会を開き、社会的地位を得ようとして、誰かが余剰を蓄積しようとしたのだろうか。彼らは神を見出し、自然への支配権を得たのか。これらは、とうてい答えられない疑問である。だがたぶん気候が一定の役割を果たしたかどうかについては解明できる。しかしそれを行うためには、考古記録の解と合致する地球の気候史の追究が必要である。最終氷河期が終わるまで寒冷だったというだけでは不十分だ。それから、暖かくなった。もっと詳しさが必要だ。更新世と完新世の移行期の数世紀にわたって、数十年にわたって、さらに数年でも、どのように温度と降水量が変わったかを知る必要がある。そうでなければ、アブ・フレイラのような様々な遺跡の食や生業での変化を気候と関連づける期待はほとんど持てない。

いよいよ地球の最近の気候史の記録庫を開ける時が来た。さあ、パーカーを着て。グリーンランドに向かうから。

氷床のアイスショー

グリーンランドの大半は氷で覆われている。氷床は島全体の約一八〇万平方キロにまで広がっていて、最高度の所の厚みは三キロ以上にも達する。それは、世界の淡水全貯水量の十%にも達する。もしこの氷が融けると、海面は七メートルも上がり、世界中の沿岸都市の多くが水浸しとなるだろう。この巨大な氷床は、一五万年前頃に形成され始め、それ以来、大半の時代、形成され続けてきた。年月がたつにつれ雪が降り積もり、増え続ける重みで下の層が圧縮されて変形する。雪は、氷の粒が重みで圧迫されるので、下で「フィルン」と呼ばれる特殊な氷に変わる。下層深く、表面から六〇メートル以上深くなると、フィルンは空気の泡が密封された氷に変わる。この過程まで、数世紀かかることがある。空気、水、そして海の塩分、塵、さらには火山灰のような新雪の上に降ったすべてが、氷に閉じ込められ、その中に眠るのだ。グリーンランドの氷の蓋は、さながら巨大なタイムカプセルである。

古気候学者たちは、そのタイムカプセルを探ることに多大な努力を注ぎ込んできた。事実、過去一〇万年間の地球の、特に北半球の気候史について明らかになっていることのほとんどは、グリーンランドの氷床から得られている。過去半世紀にわたって、いくつもの研究班が氷の中に坑を掘り、ドリルでコアを採ってきて、その秘密を解き明かしてきた。しかしこの中でも特に二つのプロジェクト、すなわち「グリーンランド氷床コア・プロジェクト2」と「グリーンランド氷床コア・プロジェクト」が傑出している。二つのプロジェクトは、別個の調査で、それぞれ一八八九年から一九九二年までと一九九三年に相前後してなされた。最初の調査はヨーロッパの研究チーム、二番目の調査はアメリカの研究チームによるものだった。それらの氷床コアは、グリーンランド中央部の氷床の最頂部近く、互いに三〇キロほど離れた所で採取された。両者とも氷床表面から底の岩盤まで三キロほど掘削され、頼もしいことに互いに矛盾のない結果を生んだ。

アメリカ・チームのリチャード・アレイは、『二マイルのタイム・マシーン（*The Two-Mile Time Machine*）』でその体験を詳しく物語った。[13] グリーンランドの氷床コア掘削は、大きな成果を出した。温度が華氏マイナス二〇度（摂氏マイナス二九度）で、太陽が決して沈まず、ラボが雪を削り込んで造られたトレンチである以外は、多くの点でそれは深海底掘削（第四章参照）と似ている。

7.2　グリーンランド氷床の上に立つ「第二次グリーンランド氷床コア・プロジェクト」の掘削ドリル塔の上にかかる真夜中の太陽。写真はリチャード・アレイ提供。

アメリカ隊のプロジェクトは、長さ六週間の調査を二回という日程で行われ、それぞれ五十人の掘削技師、科学者、サポート要員が参加した。掘削装置の稼働している先は、幅六インチ（約一五センチ）の回転する金属製パイプで、その先端に切り込まれた歯が付いていた。装置は、厳しい環境を寄せ付けないジオデシックドーム（三角形の部材を組み合わせた半球形の構造）から伸びた高さ三〇メートルのタワーから吊り下げられた。掘削班は、昼夜交替制で働き、一度に長さ〇・九メートル、径一二・七センチのコアを採取した。科学班は、一日十時間、週に六日間も作業して、コアを母国に搬送して研究するのである。コア断片採取は、その準備であった。岩盤に到達して任務が完了するまで、五年かかった。

氷冠の頂部は、北極圏内の極北に位置するので、太陽は夏には決して沈まず、冬季は昇らない。夏季の数カ月間は雪の表面は太陽で暖められるので、冬季の雪よりも軽く、ふわふわしている。この結果、コアで見られるような縞模様ができる。コアは、年輪を数えていくように、過去へと数えていく。コアの縞は、深度が深くなり、上にかかる氷の重みによる圧力が大きくなると共にどんどん薄くなり、識別が難しくなる。だが雪の化学組成も季節の間に変化し、氷の中に電流を通し、その一時的急変を読めば年数を知ることができる。年数は必要に応じて、噴火年が分かっている特別な火山噴火で噴出されて運ばれてきた火山灰の化学組成と対照してチェックし、補正できる。例えばポンペイを埋没させたヴェスヴィオ火山の爆発などが、そうだ。

アイスコアから、過去の気候について多くことを知ることができた。まず、水（H_2O）そのものから始めていこう。第四章で、酸素原子の九九％以上が八つの陽子と八つの中性子を持っており（^{16}O）、残りの大部分は中性子十個（^{18}O）を持つことを学んだ。だから炭酸カルシウムの粒や有孔虫の殻の酸素同位体比を、過去の気温を計測する一種の「古温度計」として利用できた。氷の中の水も、同じように考えることができる。この場合、水分子の原子の重さは、酸素と水素にいずれも同位体があるために変化する。大半を占める通常の水素であるプロチウム（^{1}H）は中性子を持たないのに対し、重水素（^{2}H）は一個持つ。軽いプロチウムから成る水の氷は、気温が低い時に積もった雪から形成される傾向があるから、アイスコアを時を経ての気温変化を追跡するのに利用できる。ちょうど炭酸カルシウム粒や有孔虫の殻を利用できるように。

氷の中に閉じ込められた、風で運ばれてきた粒子も観察できる。やや汚れた氷は、塩分が海洋から、埃が大陸から吹き飛ばされてきたことを示すので、乾燥期で風の強い環境条件にあったことの明白な印だ。さらに、気泡がある。それから古気候学者は、氷柱に閉じ込められた大気中の二酸化炭素とメタンの濃度を測定できる。[14] 産業革命前、大気中の二酸化炭素の総量は、主に温暖な時期には海面が高くなり、海も拡大した世界中の海洋によって調整されてきた。メタンは、湿地帯のバクテリアに由来した。温暖で湿潤な環境は、それに一致する植物の繁茂と大気中の高いメタン濃度を意味した。

二つのアイスコア採取プロジェクトから古気候学者は、層ごとの気候の代理指標《プロキシ》、すなわち水の同位体、塵・埃と塩分、二酸化炭素とメタンの濃度を読み解いていった。彼らは、過去の気候変化の優れたアーカイブを築きあげた。彼らが最終氷河期に至る経年的な変化を過去へと遡って見ていくと、コアは著しく黒く、汚れていった。寒冷化し乾燥化していったから、と想定できた。だがこれよりももっと詳しい事実があった。コアから教えられたのは、気候は気まぐれな野獣のようなものだということだ。数千年間も安定することがある一方、短期間に急展開することもあった。地軸の傾きと太陽からの距離がちょうどよいところになったり、大陸が衝突したり分離したり、氷床が前進したり海洋循環パターンを変化させた時に崩壊したりすると、気候は時々転換点を迎えたようだった。リチャード・アレイが注目したように、気候は特に大きな、長期的変化の前に、数十年から数年のうちに寒暖を入れ替えさせながら揺らいだ。フィラメントが切れる直前の白熱電球を思い浮かべればいい。生物圏のビュッフェで提供される食物は、狂ったように出されたり取り下げられたりしたに違いない。そしてそのことは、そうした気候激変をくぐり抜けて生きた人間たちの暮らしに影響したのは間違いない。

では最終氷河期最寒冷期に始まり、完新世に向かって作用した細部の様子を見ていこう。[15]北半球は、二万五〇〇〇年前頃に、現在のグリーンランド中央部のように、寒冷化かつ乾燥化した。その当時、大気中の二酸化炭素は今よりずっと少なく、メタンは過去一〇万年の中で最低限の濃度まで低下していた。アイスコアのその時代の層は、塵で黒くなり、海の塩分がたっぷり入っていた。北半球の大半の地域が、激しい、繰り返し起こる冬の嵐に見舞われていたのだ。地球は、さらに一万年以上続く氷河期のまっただ中に沈んでいた。だがそれでも時には、温暖な一時期があった。実際に、その温暖な一時期の一つは、二万三四〇〇年前頃に起こったようだ。ちょうどオハロII遺跡に人が定住していた頃である。

コアは一万四七〇〇年前頃、いわゆるベーリング＝アレレード亜間氷期の始まりで突如として変化する。氷柱の中に閉じ込められていた大気の気泡中のメタンと二酸化炭素の濃度は、以前よりも高まった。これらの大気中の温室効果ガスの濃度が回復したのだ。酸素同位体比も、気温の上昇を示していた。その時点のアイスコアの中の塵も減っていた。穏やかで温暖な、そして湿潤な気候の新たな到来のもう一つの証拠である。世界の氷が融けた。その亜間氷期の間、束の間の寒冷な急変があったが、それがベーリングとアレレード亜間氷期を分ける古ドリアス亜氷期である。[16]亜間氷期約一八〇〇〇年間のより良い時期、北半球は温和な気候を享受した。少なくとも一時期、砂漠とステップは湿原と森林に道を譲ったのだ。

しかし更新世は終わっていなかった。一万二八〇〇年前頃、「大寒波」がまたやって来た。古気候学者は、それを新ドリアス亜氷期と呼ぶ。大氷河時代の最後のあがきである。氷柱の酸素同位体比は、数十年の長さの、階段を下るような、気温の急落期を物語っている。グリーンランドの標高最頂部は、気温が低い時点で今よりも約三〇度も寒くなった。その時の雪の層は、特に薄い。これは、乾燥した気候が戻ってきた印である。たくさんの塵と海からの塩分の集積は、平均風速が今日の倍もあったことを示している。熱帯の湿原が乾燥し、高緯度の湿原は凍結したので、大気中のメタン濃度のレベルは落ち込んだ。この氷河期の寒の戻りは本格的で、一二〇〇年間も衰えずに続いた。ただ幸いにも、それ以来、地球はこのような気候条件を経験していない。

新ドリアス亜氷期は、ついに一万一六〇〇年前頃に終わった。その終焉は、それが始まった時よりもいっそう突然だった。アイスコアは、その変化をそれぞれ約五年ごとの三つの段階を踏んで、四〇年間の広がりをもって進んだことを記録している。変化のほとんどは、真ん中の段階で起こった。グリーンランド中央部が温暖化したため、積雪量は三年間で倍加した。風が弱まった時に塵のレベルは落ち込んだ。そしてメタン濃度は、湿原が回復したので上昇した。気候は、一千年や百年にわたってではなく、年のレベルで変化した。その変化は、当時生きていた人なら誰でもそれを十分に知覚できるほど急速だった。更新世はついに終止符を打ち、それに取って代わった環境条件は、それ以降のどの時代よりも急速に温暖化、湿潤化したのである。

気候の記録と考古記録の照合

グリーンランドの氷床の年代記は、突然かつ急激な気候の振れを記録している。その振れは、この時代を経て生きた人々を取り巻く世界を一変させたのだ。終わることがなかった乾燥期を体験し、老境に至った今になって同じ土地が樹木に取って代わられたことを想像してほしい。かつて青年期に、その荒涼としたステップを、彼は彷徨していたのだ。遅い夕べに、老人はきっと炉辺で「昔々」の物語を語ったに違いない。

アブ・フレイラに定住した最初の人たちは、アレレード亜間氷期の温暖で湿潤な気候で、豊かな土地を見つけた。そこに住んだナトゥーフ文化人は、ユーフラテス川流域の先の疎林ばかりでなく、川の周りの湿地や拠水林で動物を狩り、植物性食料を集めていた。自然は、小さな共同体なら支えてくれる十分な食料を用意してくれた。村人が住まいを移動させたりする必要もなく、人口を増やすほどでもなかった。そうやって彼らは定住し、百世代は続く安定した人口を持続するには、それで十分だった。だがその後、自然はナトゥーフ人の支援を急にやめた。寒冷で、乾燥し、風の吹きすさぶ新ドリアス亜氷期が、水を必要とする樹木と灌木の深い木立を取り除き、ステップがユーフラテス川中流域に戻ってきたのだ。苛烈な気候条件が、住民を旱魃耐性の食料にどんどん依存させるように仕向けた。ムーアによれば、これはちょうど数家族が細りつつある野生食料を補うために菜園栽培を始めた頃だった。最初は彼らはライ麦を育て、その後、自分たちの畑に小麦とレンズ豆を加えていった。

アブ・フレイラの集落は、アレレード亜間氷期から新ドリアス亜氷期にかけて小さなままに留まり、安定していた。なお増え続ける人口を養わせるような植物栽培への圧力は何もなかったし、自然は豊かな収穫を保証する温和な気候と安定した降水量で人々を農耕へと引き込むこともしなかった。菜園栽培が、寒冷で乾燥した時代への逆戻りが生物圏のビュッフェから受け取る食料に置き換えられるだけの食料を集落にもたらしたようだ。

その意味は、もちろん誰もが新ドリアス亜氷期にこのように対応したということではない。野生の小麦と大麦は、オハロⅡ遺跡の時代でさえ肥沃な三日月地帯全体の狩猟採集民にとって十分ではあったが、完新世前にそうした作物の栽培を始めていたという証拠はアブ・フレイラ遺跡以外にはほとんどない。一部の場所では、自然は生物圏のビュッフェを十分にストックし続けたから、人々にはそれほど大きな影響はなかった。[17] 周りのどこにも食料がある時に、人はどうして努力を費やしたりするだろうか。しかし別の場所では、長期に及ぶ乾燥した時期が深刻な影響を及ぼした。果実の実る木の生える森と野生穀物の群落は縮小してやがて消失したので、集落は放棄され、その住民たちは散り散りになった。アブ・フレイラは、その中間のどこかにあったようだ。

科学者という人種は、新ドリアス亜氷期の開始のような一つの作用が農耕のような単一の特別な反応を引き起こすという辻褄の合った、予測可能な筋書きを好みがちだ。だが生活は複雑だ。人々は、様々なやり方で降りかかってきた様々な環境のセットに反応して行動したのだ。彼らが同じように行動したとしても、肥沃な三日月地帯全体では環境は違っていた。地中海岸平野からヨルダン川流域、さらにはトロス山脈とザグロス山脈の各山麓まで、景観は変わり、それは様々な場所で、生物圏のビュッフェのそれぞれ異なる食べ物があったということを意味した。それぞれ異なる考え方、挑戦、チャンスの意味は、気候変化に対する人々の様々な反応をもたらしたということだ。アブ・フレイラの人々にとって、その意味は彼らの世界を管理したということだった。

新石器革命は、実際には一万一五〇〇年頃までは肥沃な三日月地帯全体でフル回転したわけではなかった。ただ温暖で湿潤になった気候は、人々に栽培化の努力は当てになる見返りをもたらすだろうという確信を与えたに違いない。大気中の二酸化炭素濃度の増加は、さらに大きな生産をも意味したに違いない。以前より大きな恒久的集落が現れ、その中に穀物倉も設けられるようになり、それは集約的農耕と余剰の存在を示唆する。しかし革命と言うよりは、あたかも農耕の開始は進化であったかのように見える。例えばイランのザグロス山脈の山麓を例にとろう。ここのコガ・ゴーランの村落住民は、完新世の開始以前ではないとしてもその頃には、野生の穀物、レンズ豆、エンドウを栽培し始めた。だが家畜飼育は、さらにその後の一〇〇〇年間はまだ当たり前にはなっていなかった。

それはちょうどアブ・フレイラ遺跡が巨大になり、突然に人口増加ないし人の流入が起こった時だった。人口の自然増は村人を食料の増産に走らせ、最終的には人口の急増した町のために必要な食料を準備させたのか。それともどこかよそから別の農耕民の共同体が移ってきて、取って代わったのだろうか。十分に資料が調った二つの居住遺跡の間の重要な時期の証拠は、あまりに少なく、確かなことは言えない。たぶんその答えは、アサド湖の水面下に没したマウンドになお埋もれているのだろう。いずれにしろ好ましい気候条件が戻ってきて、新石器革命は遍く進行した。耕作された畑は数千人の人々を養い、文明が間近になってきた。

生物としての人間への効果

考古記録で食料収集から農耕への転換を見て、グリーンランドのアイスコアによって明らかにされた気候変化という脈絡でそれを理解することができた。だがこうした諸変化を生き抜いた人間についてはどうなのか。こうした諸変化は、当時の人々とその子孫にどんな影響を及ぼしたのか。気候変化と食物選択が人類進化を加速させたのなら、それらがずっと新しい過去のことであったとしても生物としての人間に何らかのインパクトを与えたに違いない。

もちろんいくつかの点では、そうではなかった。ヒトは最古の農耕民や牧畜民の前にいた人々とほとんど変わらぬ「人間」だったのだ。祖先の中に新石器革命の流行に飛び乗らずにそのまま留まった人々もいたのは、先に見たとおりだ。現在の狩猟採集民は、人間である点で私たち大多数と基本的には変わるところはない。これまで植物の栽培と動物の飼育を開始してからの数千年を話してきたに過ぎない。読者の寿命が一世紀に満たない時、一千年は長い時間のように思えるだろうが、数百万年という時間尺度で活動してきた人類にとって、それは瞬き程度のことである。一方で食料生産は、それとなくではあるが、生物としての私たちに確かに「影響を及ぼした」のだ。種を蒔き、動物を飼育することによって新石器人は自らの姿を変え始めた。骨と歯に、それを観ることができる。

生物考古学としての食跡

第五章で、ニコラス・ファン・デル・メールウェが今のニューヨーク州に住んでいた先史時代人の食料収集から農耕への転換の痕跡を炭素同位体を利用して追跡したことを見た。トウモロコシは基本的には熱帯性の草本植物であり、はるか北方の野生植物に認められるよりも多くの重い炭素(炭素13)を持つ。だからトウモロコシを食べた初期農耕民は、彼ら以前に暮らしていた狩猟採集民よりも多くの重い炭素を骨と歯に残していた。だがそれでは、肥沃な三日月地帯ではどうだったのか。この地方での新石器文化への移行の記録として炭素同位体を利用できるのか。残念ながら、それはできない。二つの主要穀物である小麦と大麦は、両方とも炭素13対炭素12の比率が狩猟採集民が食べていたであろう野生植物と同じだからだ。この地方での新石器文化への移行は、炭素同位体比の研究では基本的に不可視なのである。

だが歯の微小摩耗痕では話は違う。生物考古学者のパトリック・マーホニーは、テルアビブ大学の収蔵品の歯を研究した。後期更新世の狩猟採集民から新石器農耕民と銅器時代農耕民までの十一遺跡から集めた約百体分の資料である。微小摩耗痕は興味深いパターンを見せる。ザラザラ度合いが、小さな孔と幅狭のひっかき傷が目立つ歯の表面から比較的大きな孔と幅広のひっかき傷を持った表面へと、時と共に振れるのだ。[18] マーホニーが指摘するように、この変化は、人々が食べた物と同じくらい、食物がどのように処理されていたかを表しているのだろう。オハロⅡ遺跡の標本とナトゥーフ文化の標本との間の違いは、食物の違いを表しているのは確かだ。だが、それより新しい時代での変化は、磨り石を使ったことで生じた細かい石粒や土器で食物を煮炊きして軟らかくしたことに関係しているようだ。それでもこれらの信号の解析は難しく、さらに詳細を解明するにはやるべきことは多く残っている。しかし他に何もないとすれば、マーホニーの研究は、微小摩耗痕が人々が何を食べ、食物をどのように処理したかの時代による違いを追跡できることを明らかにしている。

別の生物考古学者、大英博物館のテヤ・モレソンは、一九九〇年代にアブ・フレイラの住民の歯の微小摩耗痕を観察した。残念なことにムーアたちの調査隊は、極めて重要な文化層下層で貴重な人骨をほとんど見つけられなかった。一カ所以外、トレンチを掘った場所が墓地を外してしまったのだ。したがってモレソンは、ベーリング＝アレレード亜間氷期と新ドリアス亜氷期の間の変化や更新世／完新世境界を通じての変化を観察できなかった。他方で彼女は、ナトゥーフ文化の村落全般の資料とその後に勃興した新石器時代の町の資料とを比較できた。その結果、明らかな差異を見つけた。新石器農耕民は、より強く農耕に依存するようになるにつれ、歯に残る微小孔が多くなった。彼らは、初期ナトゥーフ人よりも全般的に歯の摩耗が激しくなっていた。小石混じりの磨り石で脱穀し、粉に挽いた穀物にそれだけ強く依存するようになっていたからのようだ。もう一つの大きな変化は、新石器文化に入って二、三〇〇〇年の、人々が土器を使って煮炊きを始めるようになって表れた。彼らの歯の摩耗はあまり進まなくなり、表面の微小孔も小さくなった。そのことは、おかゆとか水分の多い軟らかい食物を摂るようになったことから辻褄が合う。またしても微小摩耗痕は、食性の変化だけでなく、食物を集め、それを処理したやり方の変化を記録するのに役立ったのだ。

もう一つ別の食跡の学問分野がある。それはまだ本書では見てこなかったもので、古病理学である。これまで古人類学者は、骨格と歯で同定できる食性に関係した栄養不良状態、疾病などにほとんど着目してこなかった。だが多くの生物考古学者たちは、今それに注目している。彼らは、これまでより研究すべきたくさんの証拠を手にしてきた。それは、比較できる現代司法の法医学証拠の膨大な基準値である。いったい食料収集から農耕への移行は、人体に対し何を引き起こしたのか。生物考古学、特に古病理学を専門とする研究者に尋ねてみよう。

イギリスの哲学者トマス・ホッブズは、『リバイアサン』(一六六八年)でこう書いた。「人類の自然での状態は、孤独で、貧しく、ひどく、野蛮で、何から何まで不足し」[19]ていた、と。確かに新石器革命は、定住し、当てにできる食料供給の恩恵を受けることができた人たちの健康と福祉を改善した。初期農耕民は、夕食時に皿いっぱいの食物を食べ、もはや自然の気まぐれに振り回されることのない知識を備えて安心することができた。人口は、増えた。それはアブ・フレイラ遺跡

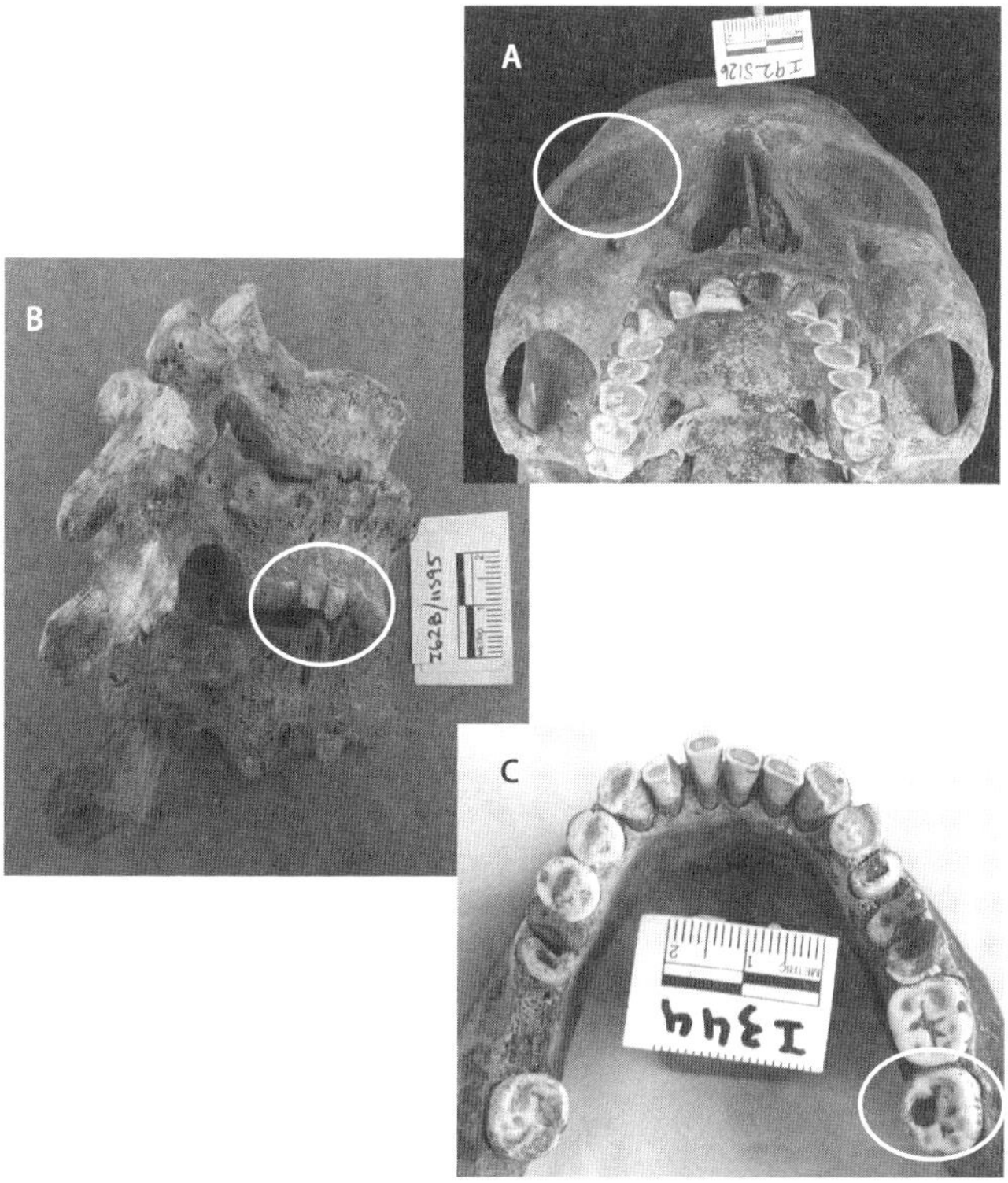

7.3　古病理学の目印マーカー。A．クリブラ・オルビターリア、B．変形性骨関節炎、C．齲歯（虫歯）。すべてエジプトの古代都市アマルナからの例。写真は、ジェリー・ローズ提供。

を見ればよい。著名な人口学者のアンスリー・コールは、最終氷河期が終わった時、地球上には八〇〇万人しかいなかった、と推計した。食料生産は、それ以来、人口を一千倍に増やすことを可能にした。新石器革命のおかげで、歌手のエセル・マーマンを引用すると、すべては「バラ色になっ」たのだ。

だがバラには、棘もある。モレソンは、アブ・フレイラ遺跡の骨格を綿密に観察した際、例えば新石器時代の女性たちは何時間も費やして磨り石の平石の前で跪き、平石の上で背を曲げて粉を挽いていた紛れもない印を見出した。変形した足の指骨、曲がった大腿骨、関節炎にかかった膝関節と脊柱を、見つけたのだ。農耕は町の人々に食料をもたらし、それで数千人もが支えられたが、それは重労働であり、人々に辛い暮らし、特に女性にそれを強いたに違いない。アブ・フレイラの人々より前の時代のナトゥーフ人の骨格には、そうした古病理学的変形は認められない。ナトゥーフ人たちはアブ・フレイラの人々よりも、生計を立てるのに楽な時間を過ごしていたのは確かだ。これは、一見した限りでは驚きかもしれない。だが第六章で述べた「狩猟民としてのヒト」シンポジウムに参加していれば、そうではなくなるだろう。一九六〇年代のような初期に、文化人類学者たちは狩猟採集民は文明社会の我々の大半と異なり、実は労働にあまり多くの時間を費やしていないことを理解し始めていた。彼らの中には、狩猟採集民の文化は「最初の豊かな社会」と呼んだ者さえいた。[20]

モレソンのような生物考古学者が、火に油を注いだ。初期新石器農耕民の食が前より過酷な労働を必要とし、その食はさほど健康に良くもなかったというのは公正というわけではなかった。確かに農耕は、祖先に豊富な食料をもたらしたが、貧弱な栄養上の基礎しかない、わずか二、三種の育ちやすいイネ科植物を重視するということも意味した。言い換えれば初期農耕民は、十分なカロリーは摂れたかもしれないが、身体に必要とされる栄養の組み合わせとしては不十分だっただろう。それが、低栄養と栄養不良状態の違いである。

典型的な例は、新大陸で見られる。トウモロコシは多くのカロリーをもたらすが、一部の必須アミノ酸、ビタミン、ミネラルを欠いている。初期農耕民の栄養状態の欠陥を、彼らの低身長と頭蓋骨に貧血で引き起こされたスポンジ状のものに認めることができる。これらは数十年間も、新石器革命は栄養不良ももたらしたと古病理学者たちに用いられた主な例である。[21] 最初それは、より豊富な食物が栄養不良をもたらしたという、およそ通常の考えにそぐわないもののように思われた。しかしある場合には、それは確かに起こったことなのだ。それは、大洋を救命ボートで漂流している間、周りに十分な水があるのに一種の脱水症状になったようなものだ。

生物考古学者たちは、全体的な福祉を覗く窓として口中の健康状態も観察してきた。歯と歯茎が健康なら、身体全体もそうだ。原因であれ結果であれ、不健康な口中の状態は、心内膜炎、心臓血管疾患から早産、低出生体重、糖尿病、HIV/AIDS、骨粗鬆症、アルツハイマー病に至るまで、あらゆる種類の疾病や疾患と関連づけられる。[22] そして歯は他の部位よりも良い状態で保存されるので、考古遺跡からもたらされる情報は多い。古病理学者たちは、古生物学者たちと負けず劣らず歯の資料が大好きである。それを証明するように古代の人々の虫歯や歯周病に関する文献は膨大だ。

この研究のほとんどは、両米大陸の食料生産経済への移行に集中している。炭水化物は虫歯を引き起こす歯垢中のバクテリアの繁殖に好都合だという事実を、まず頭に置いておこう。このバクテリアは、糖質や澱粉を分解する時に副産物として乳酸を産生する。炭水化物が多ければ多いほど、乳酸も多くなる。そして乳酸が多くなればなるほど、人の歯に虫歯ができ、それが大きくなる。だから生物考古学者が食料生産経済への移行と共に新大陸で平均齲《う》歯《し》率が五倍にもなったことを見出してきたことや、野生食物からトウモロコシへという食性の変化を画する食跡として虫歯を用いたとしても、何ら意外なことではない。

同じように、歯周病も食跡として使える。歯垢細菌は、体に感染菌と闘うサイトカインという免疫分子を産生させる毒素をまき散らす。歯垢細菌が多くなればなるほど、それだけ免疫システムが反応する。その闘いの結果、歯茎、歯を顎に固定している間膜（ligament）、さらに顎骨そのものも、味方からの誤爆の射程内に入る。付随的なダメージとして歯が抜けるという結果も想像できるだろう。ただ正直に言うと歯周病と農耕の関係は、虫歯とトウモロコシ栽培との間の関係ほど明確ではない。疾病の結果を埋葬中や埋葬後に起こった遺体の損壊と識別するのは困難なことが多いし、歯周病のごく初期の段階なら顎骨に影響さえしないかもしれない。それでも依然として歯の脱落は、食料生産の新石器文化開始と共にいくつもの場所でよく起こったのだ。だから研究者の中には、歯の脱落を狩猟採集から食料生産への移行の指標として用いる者もいた。

口中の健康の話は、新大陸ではとても単純なように思える。事態は、トウモロコシが登場すると急速に悪化したからだ。[23] だが肥沃な三日月地帯での農耕の開始では、それは全く明確ではなかった。テルアビブ大学のイズレイアル・ヘルシュコヴィッツらは、約二千個体のナトゥーフ人と前期新石器人の骨の歯を調べ、歯が健康状態の変化を記録しているかどうかを比べた。だが彼らは、齲歯率でも歯の欠失でも顕著な違いを見出せなかった。食料生産経済への移行は、近東での食の変化が新大陸などよりも大きくなかったことを意味しているのだろうか。野生の大麦と小麦は、レヴァント地方の人々が穀物を栽培化させるずっと前から、オハロⅡとアブ・フレイラで主食であったことを思い起こせばよい。

それにもかかわらずヘルシュコヴィッツらは、両集団の間のいくつかの差異を見つけ出した。ナトゥーフ人の方が歯周病が多く、その歯もずっと速やかに磨り減っていて、新石器人は歯石の蓄積がより進んでいたのだ。だがこうした違いは、彼らが何を食べていたのかよりも食物の処理のしかたの変化の方に関連性が高そうだった。テルアビブ大の研究チームが、貧血に関係する頭骨の変化（クリブラ・オルビターリア）のような栄養疾患における違いを示す骨のマーカーを何も見つけられなかったことも重要である。その後になると変化は見られたが、食料収集から食料生産への初期の移行期にはそうではなかったのだ。

骨と歯の病理学観察結果は、食の変化や食物をどのように獲得し、処理したかの変化に対する人体の反応を示しているのかもしれない。それは、それらの変化に適応するために人体がどのように進化してきたかについては教えてくれない。それどころか病理学は、新石器人が農耕の生活様式に万事うまく適応したのではなかったことも示唆する。だがそれは別に驚くことではない。一千年とは数十世代に過ぎない。そんな短い時間の枠内で、いったいどんな種類の進化的変化が期待できるだろうか。あったとしてもそれは、消化を助ける酵素のような目に見えないものだけだろう。

祖先は進化して、食べた物を分解する作業のため遺伝的格納庫の中に特殊な道具を備えた。食べた物を身体作りに用いるためにはそれを十分に小さな断片に分解する酵素が、食物ごとに必要だ。言い換えれば食性の変化は、新しい食物を十分に利用するのに必要な酵素を作る遺伝的変化を伴わなければ意味をなさなかっただろう。この変化は、研究者が速やかな、たぶん新石器革命以降に起こった進化のようなごく短い時間軸でも進化したと予測できる類いのものだ。確かにそれは起こった。生物人類学者が最近の人類進化を例示するために教室で用いる例は、ますます増えている。

ヒトは概して、チンパンジーよりも澱粉をうまく消化できる。それは、*AMY1*（アルファ・アミラーゼ1）と呼ばれる遺伝子のたくさんのコピーにゆきつく。この遺伝子は、唾液腺中の細胞にアミラーゼ酵素を作るように命令する。人が持つ *AMY1* のコピーが多ければ多いほど、唾液腺中のアミラーゼ酵素は多くなる。アミラーゼは澱粉を分解する酵素で、口の中に始まり腸内でもその作用は続く。

アミラーゼは、断裁機のような働きをして、澱粉の分子を麦芽糖に切断する。次に麦芽糖は、別の酵素でグルコースに分解される。グルコースは、私たちの肉体を動かす燃料に用いられる。ヒトは、チンパンジーよりもずっと *AMY1* のコピーが多いのだ。おそらくもっと重要なのは、農耕という遺産を受け継いだ現代の私たちが、狩猟採集民よりもずっと多くの *AMY1* コピーを持つことだ。言い換えれば、農耕民の子孫である現代人は、ごくごく短期間で小麦や大麦、コメといった穀類やジャガイモ、ヤムイモのような根菜類を効率よく消化できるように進化したのだ。

ラクターゼ（乳糖分解酵素）の成人までの持続も、最近になって起こったもう一つの進化の例である。私たちの中には、他人よりもミルクをうまく消化できる人がいる。ところが乳糖不寛容の人では、アイスクリームコーンをほんの一舐めしただけで、胃けいれんの痛みやその他不快なことが起こることがある。それは、ヒトが誕生した時にどれほど大問題となるかは容易に理解できる。成人の多くはミルクを消化できないが、それは意外でも何でもない。大半の哺乳類は、離乳後にラクターゼ、すなわち乳糖を分解し、単糖にする酵素の産生を終えるからだ。だから離乳したらもはや必要のない物を作るのに、どうしてエネルギーを使う必要があるだろうか。だがもしあなたが牧畜民であり、ヤギやラクダ、ウシに栄養を依存しているとしたら、ラクターゼは無駄どころではない。これは、ラクターゼ産生を成人になっても行うという突然変異が選択されてきた結果だ。その突然変異は、人が動物の家畜化を始めて以来、保存され、さらに集団内に広がってきたものだ。

酵素は、人類が食性の変化に合わせて進化してきたことを示す主要な例と言える。酵素こそ、新石器文化への移行が我々人類の詳細な進化を評定する尺度として使えることを明確にするものだ。だが酵素は、数百万年前の化石を相手にする研究者にとってほとんど助けにはならない。歯と顎の適応としての変化について、古人類学者はもっと興奮に満ちた結果を得ている。では食料収集から農耕へという移行以来、何かの変化を見るための十分な期間があっただろうか。もちろんあった。少なくとも一部の個体群では、なによりもまず歯と顎はさらに小さくなった。食物獲得や処理に際して石器が歯や顎の役割を引き受けた時、ヒト族は縮小した歯と弱々しい顎を進化させたとルイス・リーキーたちが考えたことを述べた第六章を思い起こそう。事実、リーキーたちは、我々の生物分類学上の属であるホモ属を定義する特徴として歯のサイズと顎の頑丈さの有無を使った。彼らは、こうした特徴は人間へと進化する道に立つ道標、世界中で我々の道を創るために起こった文化とテクノロジーへの新たな依存だと主張した。更新世を通じてホモ属の一つの種から次の時代のホモ属の種へと移る際に、臼歯も小型化していったようだ。そのパターンは入り組んでいるが、そのトレンドははっきりしている。

同じことは、私たちホモ・サピエンスの内部で、完新世という短い時間幅の枠内でもあてはまる。新石器人は、アフリカ、ヨーロッパ、アジアの狩猟採集民の先行者たちよりも小さな歯を持っている。齲歯率や歯の欠失の変化の認められなかったレヴァント地方でさえ、初期農耕民はナトゥーフ文化の先行者よりも幅狭の臼歯を持つようになっていた。リーキーたちは、石器製作というテクノロジーの革新と食性の変化は、それ以前のヒト族にとって有利だった大きな咀嚼器を維持しようとする選択圧を弱めることを意味したとホモ属に対して提示したが、その説明は初期農耕民にも適用できるのだ。この事例では粉に挽いた穀物、さらにその後は土器で煮炊きした食物が、軟らかな食物志向につながった。おかゆを食べるのに、大きな歯や力強そうな顎などもはや必要はない。

だがこのことは、歯が小さくなった理由を必ずしも説明していない。選択圧が緩和されたから、自然の「使え、さもなくば失うぞ」モデルに従えば、そうなる。だが現実にはそうではない。歯が小さくなる方が有利だったか、少なくとも歯が大きくなることには不利だったに違いないのだが。私にとって最も合理的と思える説明は、シカゴ、ロヨラ大学のジェームズ・カルカーノとカスリーン・ギブソンが数年前に提起したものである。二人は、スーダン北部で見つかった新石器人が彼らの先行者である狩猟採集民よりも小さな顎と小さな歯を持っていたことに注目し、顎のサイズと歯のサイズとの関連性を提唱した。

それについて考えよう。顎を激しく使うと、骨がその負担に応えるために顎は長くなることが分かっている。[24] 一方、歯は、いったん形成されると、もう大きくならない。そこで自然は、咀嚼でかかるストレスとその結果となる成人の顎の長さを推測で見積もり、どれだけ歯を大きくすれば顎に正しく合うかを知っておく必要がある。言い換えれば歯は、具体的な負荷のかかる環境の範囲内で発達する顎の大きさに適合するように進化するのである。もし負荷が自然が予期するよりも小さければ、顎は歯全部を納めるのに十分なほどに長くは発達できないだろう。前歯はぎゅう詰めになるか前方に押し出され、奥の歯は顎の骨にぶつかるか傾いたりねじれたりした状態で萌出するだろう。

歯の密生は齲歯と不正咬合の原因になる。その両方の場合も、相対的に大きな歯に逆行した選択の結果だ。智歯《ちし》（親知らず、第三大臼歯）の骨への衝突は、多くの問題を内包している。少なくとも現代アメリカの大半の歯科医に言わせれば、そうなのだ。早い話、塊茎とガゼルの干し肉からおかゆへの転換は、咀嚼の応力と顎のサイズの縮小をもたらし、それはより小さな歯へという選択に至るはずなのだ。このことについては、次の第八章でもっと詳しく取り上げよう。

興味深い注として、レヴァント地方の人たちは、食料収集経済から食料生産経済への移行の間に、齲歯率に対してそうだったのと同じように、歯と顎の長さが縮小するという世界的トレンドに抵抗した。他方でレヴァント地方の初期新石器人は、先行したナトゥーフ人よりも舌側に対して頬側に幅の狭い歯を持っていた。[25] 一部の研究者は、歯の表面を齲蝕させにくくして虫歯を発生させやすい食性との均衡を取ることで齲歯率を低いままにする手だて、としてこれを説明している。過去数千年にわたってそうだったように、歯が小さくなった理由の細部を究明するというたくさんの研究がまだ残っている。だが新石器革命がそれと関係があったのは明らかである。

この章の結び

本書の中心テーマは、気候変化が人類の進化を進めたということだ。その大部分は生物圏のビュッフェで利用できる食物の選択肢を切り替えたことによる。しかしここで、本章の冒頭で提起した疑問に立ち戻ろう。気候変化は、比較的最近の人類に何をもたらしたのか。答えは、次のものだ。たくさんのこと、特に過去一万二〇〇〇年間では。人間の野心と自然界における人間の住む場所の景観の変貌が、食料収集経済から食料生産経済への移行に、一つの役割を演じたことを私は受容できる。増加する人口の需要を満たすことも、その役割を演じたに違いない。だが新石器革命は、それに適した気候環境の変化がなくとも起こりえたのだろうか。新ドリアス亜氷期の開始と共にアブ・フレイラで最初の農耕、そして完新世の始まりと共に肥沃な三日月地帯全体への農耕の拡大が起こったことが偶然だとは想像しにくい。環境が変化してそれが必要となる時、他の動物は自らの食性を修正する。人間もまたそうだったに違いない。人類と他の動物との大きな違いは、種を蒔き、動物を育てて、ビュッフェの補充を自分自身で始めたことだ。ラファエル・パンペリーは、たくさんの間違いを犯したが、彼は一つのことでは正しかった。最終氷河期末の気候変化は、少なくともいくつかの場所で農耕の口火を切った。そしてそうした中で、今いる所へと我々を導くいくつもの事象を次々と引き起こした、ということが。

第八章　自らの成功の犠牲者

地球上で最も成功した種は、私たち人類以外にほとんどいない。個体数において、私たち人類は八〇億人に近いが、ただアリは兆のレベルでいる。生物量に関しては、人間よりウシは優に五〇％多い。種の長さで成功度を測るなら、私たち現生人類は地球に二〇万年程度しかいないが、カブトガニ（*Limulus*）は一億五〇〇〇万年もほぼ形態を変えずに生き続けている。[1] それなら人類が地球に与えたインパクトはどうか。人類が大気中に排出し続けた全二酸化炭素量は、二十三億年前にシアノバクテリアによって大気中に形成された全酸素量には及ばない。この時の地球の生命史を根本的に変えた大酸化イベント（ＧＯＥ）から見ると、人類は表面をかすった程度に過ぎない。私たちは大いに偉ぶっているだけだ。コメディアンのジョージ・カーリンは、自身出演の衛星・ケーブルテレビ局ＨＢＯのコンサート「*Jammin' in New York*」の中で「地球は人間よりももっと悪い、いろいろな目に遭ってきた」と言い、最後には間違いなく「運の悪いノミのように人間を振り払うだろう」と続けた。[2] すべての生き物への支配権は終わったのだ、実際に。

しかし人間が好結果を出している一つの地位は、ホモ・サピエンスの拡大である。我々は、極北のグリーンランドから亜南極のナヴァリノ島まで、乾燥した不毛のアタカマ砂漠からインド・メガーラヤの土砂降りの雨の降る雲霧林まで、アンデスの高地から死海沿岸の低地まで至る所に定住している。人間の分布にごく近い他の唯一の哺乳類は、ドブネズミだけだ。彼らは、私たち人間の往く所のほとんどに付きまとってきたからだ。他に何もいないのだとすれば、どうにか生活をやりくりできる多彩な生態系に適応したことに私たちは自賛できる。それが私たちの誇りであり、祖先の種がもし持っていたとすれば、その冷蔵庫の上に掲示しただろう誇りである。

第六章で、私たちの住む絶え間なく変化している世界が、食の選り好みのうるさいヒトの一部を除去したケースを挙げた。その結果、自然は私たち人間を融通無碍な種にした。それが、多種多様な生物圏のビュッフェのテーブルのほぼすべてで満足できる食べ物を見つけられる理由である。それは、食料収集者から農耕民への変身で、人間がゲームを変えられた理由である。そして実際に地球を消耗させ始めた。だがそのことは、食べるためには決して進化させなかったはずのとてもひどい食物――バター焼き、ホットドッグ、綿菓子など――で身体にエネルギーを注げることも意味した。食べる「ことのできる」物と食べるべき物との間の違いに立ち向かう時、人類は自らの成功の犠牲者となったことが明白になる。

自然のままのヒトの食性とは何だろうか。最後のこの章は、人類史で最も永続する論争の一つへ直接、読者を導いていく。ヒトは肉を食べたいと強く思うのか、それとも生得の菜食家なのか。今風に表現すれば、我々は飽和脂肪酸や炭水化物を削減すべきなのか。ここで、古くからのこの問題を新たな目で見直すことにしよう。ただ人類学者の目から見た場合、この問題自体が人間の食性の進化に関しての基本的な誤解の上に組み立てられているため、答えられそうには思えない。それでも、それを問うことに何の益もないというわけではない。本書は、人間の歯と、歯が人間自身について教えてくれることでスタートした所で結末を迎えることになる。

ピタゴラスからペイリンまで

人々は自然のままのヒトの食性をめぐって、他の動物を食べることについての倫理の問題という枠組みで、何千年間も論争してきた。ライオンには選択肢などなく、彼らは草食動物を食べる。例えば古代ギリシャの哲学者、ピタゴラスを取り上げよう。彼については、中学生の数学では、$a^2+b^2=c^2$でよく知られている。だが倫理的な菜食家にとっては、彼は守護聖人である。「ああ、肉が肉から作られることは、貪欲な肉体が他の肉体を呑み込むことで太ることは、一つの生き物が別の生き物の死で生きるとは、なんと不道徳なことか！」[3]。この主張は、二五〇〇年間のほとんど変わることなく続いている。例えばピータ（PETA：People for the Ethical Treatment of Animals「動物の倫理的扱いを求める人々の会」）のウェブサイトをちょっと覗いてみればよい[4]。だが今では我々は、サラ・ペイリンの主張を目にしている。彼女は、著書『ならず者扱いされて（*Going Rogue: An*

American Life)』で書いたように、「神は我々が動物を食べるように意図していなかったのだとすれば、どうして神は肉以外の目的で動物をお創りになったのか」[5]。私はそういう言い方は嫌いだが、彼女は的を射ている。創世記一：二十九によれば、アダムとイヴは菜食家だったが、神は創世記九：三でノアに肉を与えることにとてもはっきりした意思表示をした。

しかしそうは言っても、我々の遠古の祖先が草食動物だったというわけではない。第六章で見たように、早期ホモ属は肉食獣のような鋭い歯の代わりに狩猟具と肉を切る石器を創造した。肉を切り裂く刃のある臼歯を進化させるよりは、礫を打ち欠いて薄片を作り出す方がずっと容易だった。オルドゥヴァイ峡谷のような場所で、石器によるカットマークだらけの獣骨化石に対してヒトが肉を食べた痕だという以外、他に説明はできない。石器の発明はまたヒト族に、特殊化した歯で食べられるよりも多くの食物選択肢ももたらした。それに加えて、早期ホモ属はどちらかと言うと鋭い刃を現実に持っていた。さらに、先行者であるアウストラロピテクスよりも、たぶん短くて単純な腸も備えていただろう（第六章のレズリー・アイエロに触れたくだりを参照）。私たちがネコ科やイヌ科のようには見えないからといって、私たちが肉を食べると「思われない」ということにはならない。何かをかぶりついてむさぼるという倫理的ディレンマに関しては、それは完全に個人的な決断である。だが肉を食べるのはいささか「自然に反する」という主張を基になされるのは倫理的ディレンマではない。

穀類キラー

グルテン（麩質）も、自然に反する物ではない。炭水化物を減らすようにという呼びかけが広がっているにもかかわらず、穀物は主食であった。少なくとも栽培化のずっと前から、そうだった。第七章でオハロII遺跡を残した人々は、最終氷河期の極相期の、これらのイネ科植物が栽培化された一万年以上前から、小麦と大麦を食べていたことを見た。古植物学者のアマンダ・ヘンリーらは、はるか四万年前のネアンデルタール人の歯石に含まれていた澱粉粒を見つけ出してさえいる。[6] この粒は、大麦と他の穀粒に比べて特徴的な形をしていて、調理に由来する大きな損傷を受けていた。穀物消費について、特段新しく始まったことは何もない。

この事実は、私たちに旧石器時代の食性の案内をする。それについて私は、しばしば自分の考えを問い返す。私は、映画『スリーパー』[7] のウディ・アレンの役柄である健康食品店主のマイルズ・モンローについて、時々考えることがある。モンローは一九七三年に凍結保存され、白衣を着た二人の科学者、アゴン博士とメリック博士により二〇〇年後に解凍された。二人の会話は、次のように交わされた。

アゴン‥彼は何か特別な物を注文したか。

メリック‥はい。今朝の朝食に、彼は小麦胚芽と有機栽培された花から集められたハチミツ、そしてタイガーズ・ミルクというような食べ物をリクエストしました。
アゴン：（笑いながら）ああ、そう。そいつは、だいぶ前に人の健康を守る食材だと考えられていた悪魔の食品だよ。
メリック：それは、高脂肪のものではなかったということですか。ステーキやクリーム・パイ、温チョコレートは、高脂肪ではないと？
アゴン：そうした食べ物は、健康に良くないと考えられていたんだ。現在、我々が正しいと知っていることと正反対だよ。
メリック：信じられない。

私は実のところ、旧石器時代の食の愛好者ではない。ピザ、フライドポテト、それにアイスクリームが大好きだ。私の同僚のほとんども、同じように考えている。数年前、人間の食性の進化についての研究発表会の後、彼らの何人かと夕食を共にし、モッツァレラ・スティック（スティック状のフレッシュモッツァレラに衣を付けて揚げた物）、ポテト・スキンの前菜（ジャガイモを加熱して切り分け、中身をくりぬいて、薄く身を残した皮の部分だけを焼き上げて味を付けた前菜）を注文したことを思い出す。その際私は、ボイド・イートンが同席していたので、少し後ろめたさを感じていたことも思い出す。イートンは、『ニューイングランド・ジャーナル・オブ・メディシン』で発表された影響力の大きい論文の筆頭著者で、『旧石器時代の処方箋（*Paleolithic Prescription*）』という題の続編の本も書いていた。[8]古食性の教祖とも言うべきローレン・コーダインの言葉によれば、イートンは「復古運動（Paleo Movement）のゴッドファーザー」である。[9]イートンたちは、私たちが今日食べている食物と祖先が進化して食べるようになった食物との間の不一致を説明する説得力のある事例を提出していた。[10]この食バランスの不一致が私たちの健康管理システムを損なう慢性退行性疾患のほとんどの原因だ、と彼らは説いていた。事実、現代人は、食性を急速に変えたために遺伝子が追いつけないほど「追い越し車線にはみ出た石器人」である。その結果が、心臓病、糖尿病、癌、その他の多くの慢性疾患となって表れている。メタボリック・シンドローム、高血圧を含む疾患群、高血糖値レベル、肥満、コレステロール値異常が、ファストフードの溢れる世界に蔓延している。私たちが祖先の食に戻ることができさえするなら……。

それは、説得力のある説である。私たちの身体は、パンと牛乳、ピーナッツと豆類、コーンシロップとグラニュー糖、コーラとコーヒーを摂るように進化したのではないからだ。例えばレギュラーガソリン用に作られた自動車に軽油を給油したら何が起こるか考えてみればよい。間違った燃料は内燃機関に惨事を引き起こし、えらいことになるのは間違いない。そうした主張は、道理にかなう。したがって旧石器時代の食が、現在、大いに人気を博しているのも当然だ。「旧石器時代」はグーグルの話題になっている食の検索でトップになるばかりか、伝えられるところによればマイリー・サイラスからマシュー・マコノヒーまでの多くのセレブたちが「旧石器時代に戻っ」たという。[11]一般向けの話題としてはたくさんの変種があるが、蛋白質とオメガ3脂肪酸が多く含まれる食物などは、繰り返し話題にされる。グラス・フェッド牛乳と魚は良く、炭水化物は非澱粉質の生果実か野菜から摂るべきだという。その一方、穀物、豆類、乳製品、ジャガイモ、そして高度に精製されたり加工されたりした食品は、アウトだ。この考えは、石器時代の祖先と同じ物を食べるべきだというものだ。当たり前だが、アボカド入りのホウレンソウのサラダ、クルミ、角切りのシチメンチョウ肉などだ。

このメニューは、素敵なように感じられる。だが、本当のところの栄養的な費用対効果はどうなっているのか。私は栄養学者でないから、権威をもってこの問題を語ることはできない。だが『USニューズ&ワールド・レポート』誌によって主催された二十人の専門家の公開討論会では、その問題を取り上げることができ、そうした。[12]彼らは、人気のある三十八種の食のうち、旧石器時代食を三十六位までランク付けした。考えられるどのカテゴリーでも、それは点数が低かった。平均すると、体重の減少、継続しやすさ、栄養、安全性、糖尿病、心臓の健康で、五点満点の二・三点だった。イギリス栄養士協会は、それを「栄養失調に至る必勝法で、あなた方の健康と食物との結びつけを損なう」とさえ呼んでいる。[13]旧石器時代食は混乱を生み続けており、今も無数の書籍、新聞・雑誌記事、ブログが溢れ、それは賛否両論の意見を広めている。[14]

私が異議を申し立てたいのは、旧石器時代食の栄養学的な費用対効果の比重が、その進化的な基礎から考えて小さいことだ。脂肪の蓄積を失わせる食は、どんな食物であれ日々の必要カロリーを満たせないことを意味する。身体の維持が必要な栄養素をもたらさない食物を私たちが重視するよう、自然が選択するなんてことを信じるのは困難である。そうなのだ、様々な民族が様々な方法でカロリーを代謝しているが、ゴールはどれもいつも同じだ。今、消費されるエネルギーを、長期にわたって費やされるエネルギーと均衡を取ることが目標だ。それをするにはたくさんの方法がある。そしてそれは、アメリカ心臓病学会、アメリカ心臓協会、肥満協会の臨床実践ガイドライン[15]にある重要なメッセージのように私には思える。これが私たちを直接、問題の核心へと導いてゆく。

旧石器時代食は神話である。生物圏のビュッフェについて考えてみよう。第二章で、食物の選択は、一つの種がそれを食べるべく進化したことと同じくらい、食べる機会のあることによるのだということを見た。食物が年ごとに森に現れたり、森から消えたりするのとちょうど同じように、ヒトを取り巻く世界が時を経て変われば、ビュッフェの皿もそこに置かれたり持ち去られたりしてきたのだ。その変化が人類進化を促した。たとえある特定のヒト族に食べられた食物のグリセミック負荷、脂肪酸と主要栄養素と微量栄養素の組成、酸／塩基バランス、ナトリウム／カリウム比、繊維含有量を復元できたとしても（実際にはできない）、その情報は、祖先の食に基づいたメニューを立てる計画には無意味だろう。人を取り巻く世界は常に変化していたのだから、祖先の食もまたそうだったはずだ。ヒトの進化過程のある時点での祖先に焦点を当てても、それは無駄というものだろう。ヒトの進化は、今も進行中だ。祖先のヒトの食が何だったのかって？　その問いは、それ自体、ナンセンスである。

ヒト族は、空白を埋めるように拡散した。そして川の流れる森林に棲んだヒト族は、湖岸や開けたサバンナに暮らしたいとこたちの食とは異なっていたのは確かだ。祖先の食物選択に基づいたメニューを組み立てるのは、たとえ時間的にある瞬間を考えるにしろ、食物の選択が彼らの生息地ごとに変わるので不可能だ。旧石器時代食の熱に浮かされている人たちを勇気づけてきた最近の狩猟採集民を考えてみよう。アラスカ北部沿岸に住むティキガグミュート族はほぼ全面的に海棲哺乳類と魚からの蛋白質と脂肪に依存しているが、ボツワナのカラハリ砂漠中央部のグウィ・サン族は、炭水化物の豊富な甘いメロンと澱粉質の根茎類からカロリーの約七〇％を摂っている。食料収集民たちは、北極に近い高緯度帯から熱帯までの驚くべき多様な居住地で彼らを取り巻く生命の大きな共同体からなんとか生計を得ていた。既に見たように、他の哺乳類でそのようなことができる種はほとんどいない。融通無碍な食性こそヒトが達成してきた成功の核心であったことは間違いない。第四章でオロルゲサイリエで調査するリック・ポッツの現場を訪ねたことを思い出してみよう。更新世を通じて気候変動の高まりは、人間であることの品質証明となる食の柔軟性のおかげで、祖先を変えた。身体面で、あるいは知性で、またはその両方で。[16]

もう一つ重要なのは、進化生物学者マレーネ・ズクが著書『太古幻想（*Paleofantasy*）』で指摘したように、[17]ヒトは追い越し車線を実際に十分うまく走ってきているということだ。人類が「現代風の」生活様式に合わせ始めなければならなかった一万二〇〇〇年間は、あまりある時間であったように思われる。人類は柔軟性に富んでいたばかりでなく、融通無碍であり、また変わり身が早かった。第七章で見たように、*AMY1* 遺伝子が多ければ多いほど澱粉を分解する唾液中の酵素が多くなる。ヒトはチンパンジーよりも平均で三倍も*AMY1*遺伝子を持っているし、農耕民の子孫は、狩猟採集民の子どもたちよりも多くの*AMY1*遺伝子を持つ傾向が見られる。*AMY1*遺伝子は、アブ・フレイラの人たちが大麦を初めて栽培し始めた時以来、燎原《りょうげん》の火のように広まった。それから乳糖分解酵素の産生を維持する遺伝子の変異形を持つ人々もいる。牧畜民の血統を引く人々の多くは、成人になるまで乳に耐性を持っているのだ。

しかし私のお気に入りの例は、グリーンランドに読者を連れ帰ることになる。すなわちデンマークの医学研究家のハンス・オラフ・バング、ヨルン・ダイアボー、アース・ブリュンダム・ニールソンは、ある研究成果を一九七一年に医学誌『ランセット』に発表した。そこで彼らは、魚と海獣に由来した高水準の脂肪がグリーンランド先住民のイヌイットを心臓病から守っていると述べた。[18]この論文は、新聞に大見出しで報道され、今日もなお私たちの中に残る熱狂的なオメガ3信仰に導いた。魚油のサプリメントは、それだけでアメリカで年間十億ドルを売り上げる一大産業となっているのだ。

だが話は、この二〇二〇年でさらに込み入ってきて、またさらに面白くなってきた。バークリーの遺伝学者ラスムス・ニールセンらは、グリーンランドという極端な環境条件への適応の遺伝的特徴を探るために、同地のイヌイットのゲノムを精査した。[19]研究チームは、脂肪、特にオメガ3脂肪酸を調節する遺伝子群に突然変異が起こっていたことを見出した。イヌイットの人々は、大量の海産動物の脂肪摂取のおかげではなく、大量摂取「にもかかわらず」、血中脂質レベルを健康な範囲内に保っているのだ、と彼らは述べている。グリーンランド先住民たちは食べ物から大量の脂肪を得ているので、彼らの身体はその埋め合わせをすべく血中脂質レベルをなるべく下げるように進化したのだ。ニールセンが正しいのだとすると、読者がイヌイットなら別だが、海獣と魚類の食はさほど心臓のためによいわけではない。

では魚油は、二十一世紀のほら話なのか。『スリーパー』のアゴンとメリックが行ったように、歪んだ楽しみに首を横に振るべきなのか。前述のバングらによるオリジナルの研究は、これまでたくさんの根拠を基に疑いを投げかけられ、トップ級の医学誌に発表されたたくさんの医学研究は魚油のサプリメントの効能に疑問を投げかけてきた。[20] 私は確信しているのだが、この問題に関しての決定的な発言を私たちは聞いたことがないはずだ。魚油サプリメントが、小麦の胚芽、有機飼育で採られたハチミツ、タイガー・ミルクなどと同じ道をたどるかどうかは時が決めるだろうが、ラスムス・ニールセンの研究は、現代人に考えるべき多くのことをもたらしている。グリーンランド先住民の脂肪酸産生を制限する遺伝子は、食の適応は速やかに進化し、また様々な種類の食べ物に対しても進化し得るというさらに多くの証拠をもたらした。そうしたことは、様々な民族は、その祖先が住みついた土地、祖先たちが食べた食物に依存するという独自の適応を果たしたという事実も明確に示している。そうした食の多様性は、ドラマティックである。重要なことは、人類はある特殊な環境のセットのもとで進化したのではなかったということだ。したがって現代人がまねるべき祖先の単純な食は存在しないのである。

口を開けて鏡を覗け

ヒトが何を食べて進化したのかという問いは新しい知識の光の下ではもはや何の意味もなさないが、食と健康との関係に関して進化の視点からは何も利益は得られないということを必ずしも意味しない。本書がスタートした所まで、歯の話に戻ってみよう。読者は口を開けて鏡を覗き込んでほしい。歯に何か詰め物とかかぶせ物があるだろうか。下の前歯の歯並びはいいか、それとも上の歯が下の歯より前に突き出ているか。智歯《ちし》は既に抜歯されているか、それとも手術で取り除かれているだろうか。歯肉炎、すなわち歯茎の疾病になってしまっているだろうか。読者のほとんどすべては、こうした問いの少なくとも一つに「はい」と答えるに違いない。[21] 人間以外の動物では、ごく時たま虫歯になったり、歯並びが悪かったりということはあるが、上に挙げたことは自然状態ではめったに見られない。この事実は、進化という観点から現代人の口内健康について考慮することを要請している。そうやってみると、現代人の口中の化学的、生物的、歯を磨滅させる、ストレス的環境は太古にはなかったことだと思い浮かぶ。食が時と空間の移り変わりとともに変化したので、ヒトの歯も多くの様々な条件下で進化したことは疑いないところだが、はるかな祖先が暮らしていたどの時点でも祖先がミルクシェークを浴びたり、タフィーで身を覆ったりしたことはなかったと確言できる。それなら化石ヒト族に、虫歯、歯周病、歯並びの悪さのあった証拠がほとんどないのも当然である。

第七章で見たように、炭水化物は虫歯や歯周病を引き起こす歯垢細菌の餌になる。これらの細菌は、乳酸を産生し、歯の表面を腐食させる。それらはまた、免疫システムを活性化させる毒素も産生する。それが二次的に歯茎、結合組織、そして歯を支える歯槽骨にダメージを与えるのだ。一部地域、特にトウモロコシが栽培化された両米大陸での新石器革命と口内健康の低下との間の関係は、増大した炭水化物の消費を考えれば明らかで、納得できるものだ。だがそれは、世界のどこででも起こったわけではない。レヴァント地方の人々が小麦と大麦の栽培を始めた時、齲歯率頻度にほとんど変化が起こらなかったこと、さらにナトゥーフ文化の狩猟採集民は、彼らの後に続いた新石器人よりも「多くの人たちが」実際に歯周病に罹患していたことを思い起こそう。農耕の開始と共に齲歯率が高まった所でも、初期農耕民は現代の私たちより、なお平均してほんのわずかの虫歯しか持たなかったのだ。

本当に問題なのは、砂糖、すなわち卓上に置かれるグラニュー糖である。砂糖は、歯を損なう齲歯を引き起こす細菌を助け、細菌がコロニーを作り、累積し、乳酸を産生するのを容易にするのだ。砂糖は、せいぜい十二世代前である産業革命まではまだ今ほど広く利用されていなかったので、現代人の歯を虫歯から守る方法を進化させるのに、まだ時間は十分ではないのだ。

そこでこの情報を利用して、現代の私たちが口内健康を管理するのに役立つ方法が何かあるだろうか。歯列の解剖学について考えてみよう。私がハッザ族狩猟採集民の口の中を覗き込んだ時（第六章参照）、私が受けた第一印象は、彼らはたくさんの歯を失わずに持っていたということだ。ほ

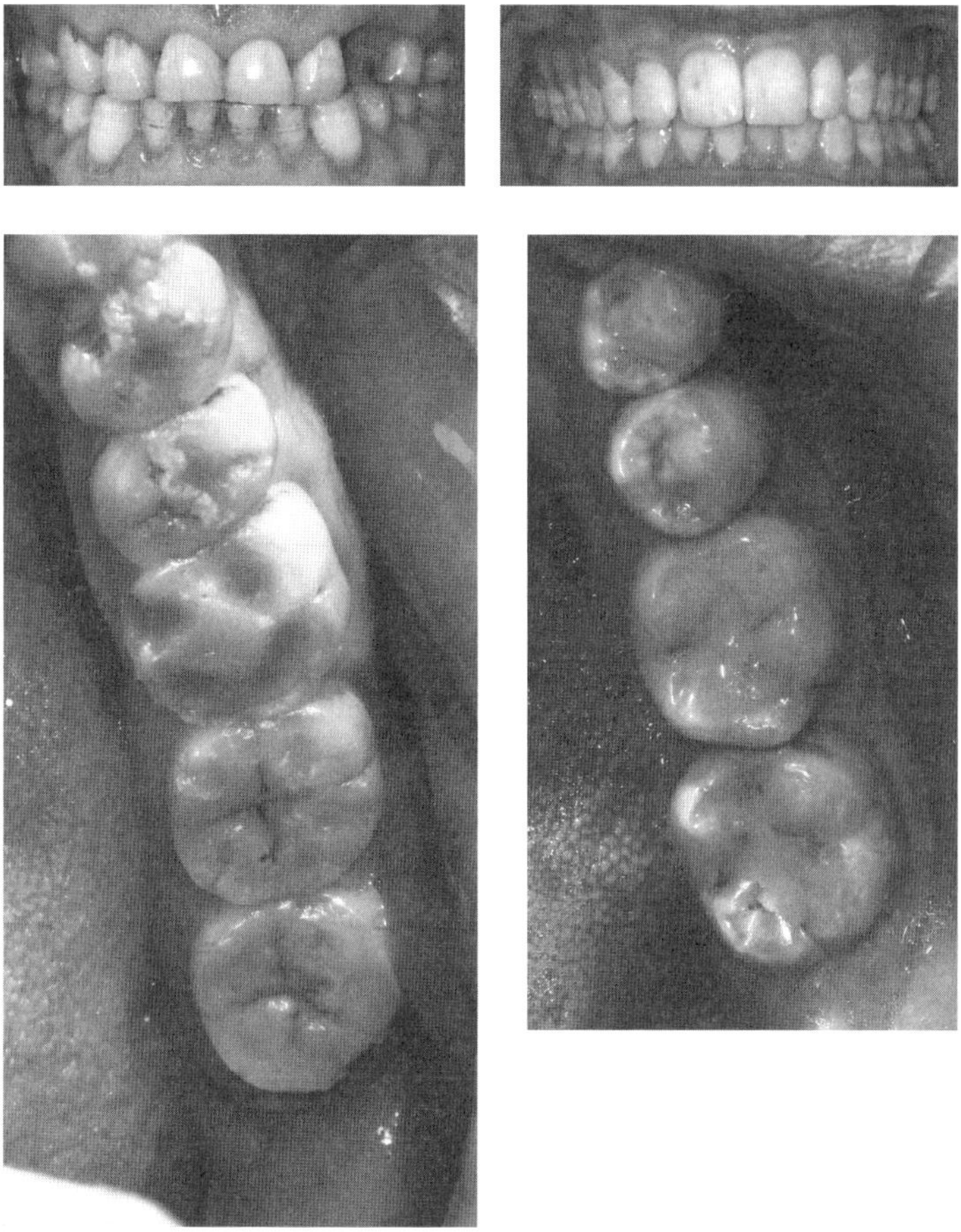

8.1　野外で集めた伝統的な食物を食べている現代の狩猟採集民の歯（左）と「工業化時代」の食生活を送っている都市住民の歯（右）の比較。両者ともタンザニア北部で暮らしている。

とんどの人たちは咀嚼に使える大臼歯を十二本持っているが、アメリカの典型的な歯科患者は八本しか持っていない。アメリカ人の智歯は、狩猟採集民の智歯よりも十倍もの高頻度で歯茎の奥に埋まっている。それらの歯は決して萌出もしないし、口中の歯列の奥に智歯が生え出る余地もないから、歯科医は智歯を抜歯する。ついでに言えば、歯列の前部にも十分な余裕はない。アメリカ人はほとんどが、下顎前歯の歯並びが悪く、乱杭歯になっているし、上顎前歯が下顎前歯の前に突き出る過蓋咬合となっている。早期ヒト族も最近の狩猟採集民も、上顎切歯と下顎切歯の間は先端と先端が嚙み合うのが普通だ。彼らの下顎前歯の端は、完璧なアーチを形成するように並んでいた。それは、彼らの歯と顎のサイズが完全に合致していたからである。

現代人の顎の長さは成長中に耐えなければならない負荷に依存するとした第七章を思い起こそう。その一方、歯のサイズは、最終的な顎の長さを自然が最高度に想定した値に基づいて遺伝的にプログラムされている。硬くて割れやすい食物、あるいは嚙み切りにくい食物を常食することは、すべての歯の生え揃う十分な余地を用意するということだ。しかし軟らかく、汁気の多い食物ばかり食べているなら、顎は短すぎるままに放置されるだろう。だが歯はそうではないから、顎には十分なスペースがないことになり、前歯の歯並びが悪くなったり、前歯の過蓋咬合や後歯の埋伏という結果を来す蓋然性がある。それならたぶん、今日の私たちの歯列解剖学的問題は、もっぱら軟らかく調理された食物しか食べないという現実と関係しているのだ。現代人は、顎が必要とするだけの運動負荷を与えていないだけだ。

歯牙人類学者のロバート・コルッキーニは、インド北部のチャンディーガルに住む都市住民とその周辺の農村居住民の間の歯の噛み合わせの違いを調べてきた。前者は軟らかいパンやすりつぶしたレンズ豆を食べ、後者は粗末な雑穀類や噛み切りにくい野菜を常食としていた。彼は、アリゾナの先住民保留地内での商業的な食物調理施設の開業に伴うピマ族の世代ごとの噛み合わせの違いも調べた。[22]

食性の違いは大きな差を作るのだ。私は妻に、次のように注文を付けてきたことを思い出している。それは、私たちの娘たちがまだ小さかった時、彼女たちの食べる肉をそんなに小さく切らないでほしい、ということだった。「娘たちには肉を噛ませよう」と、お願いしたのだ。妻は、のどを肉で詰まらせるよりブレース（歯列矯正装置）代を払った方がいい、と応じた。私は、その口げんかに負けた。

それでも、歯並びの悪い歯、乱杭歯、正しい位置にない歯、歯茎に埋伏した歯は、今日の大きな問題である。あれこれと悩む美意識の問題ばかりでなく、こうした諸問題は咀嚼に悪影響を与えかねず、それは虫歯を増やし、ひいては顎に埋めている歯を抜けさせかねない。現代人の十人中九人までが、少なくとも軽度の不正咬合である。そしてほぼ半分が、歯列矯正術の恩恵を受けることだろう。今一度言うが、現代人の歯は大きすぎるのではなく、その歯を収容するには顎が小さすぎるのだ。だから、歯並びの悪さと不正咬合の最善の処置は、顎を今より大きく成長させることであり、それをせずに歯を引き抜いたり削ったりするのは本当に必要なのだろうか。ここアーカンソー大学の私の同僚の一人である生物考古学者のジェリー・ローズは、まさにその疑問を念頭に置いて地元の矯正歯科医であるリチャード・ロブリーと協力してきた。では、二人の推奨策は？　臨床医は、特に子どもに対し顎をもっと発達させることに精力を注ぐべきであるという。成人に対しては、骨の成長を刺激させる外科的選択肢も本格化していて、処置時間を今よりさらに短くすることにつながるかもしれない。[23]現代人は祖先が決して取り組む必要もなかった口内環境の前に立ち往生しているのかもしれない。しかしこれを認識することは、もっと良い方法で私たちが問題を解決するのに役立つだろう。今度笑う時は、鏡を見ることを心がけていただきたい。

訳者あとがき

化石を深く、細かく研究すれば、その動物種の生前の行動について合理的な復元像が得られる――これは、昔から古生物学者が疑わず確信してきた思考だった。特に種にとって最も基本的な行動である食性については、歯と顎の咀嚼器の研究は基本中の基本だった。

原著者も、それを疑わず、野外調査に入り、しかし予測はやがて見事に裏切られた。

例えば本書第一章の冒頭で、著者は二人の幼い娘を博物館に連れて行き、キリンとライオンの頭蓋の歯を示してどちらが肉食動物かを尋ね、少女たちが見事に当てる場面を描いている。それは子どもでも間違いようのないほど両種の歯は画然と違っているからだ。

しかし、野外で実際に野生霊長類の観察を始め、後述するパラントロプス・ボイセイなどの化石ヒト族の歯を顕微鏡観察し、先人や同僚たちの調査成果を調べていくと、事はそんなに単純でないことに気づかされたのだ。

例えば原著者も関心を持つゴリラである。アフリカ中央部ヴィルンガ山地の標高の高い雲霧林に棲むマウンテンゴリラは、繊維質が多く噛み切りにくい野生セロリや樹皮、木の葉を常食としている。そして彼らはそれに適応したような、大きくて鋭い大臼歯、強力で大きな顎を備え、またそうしたものを消化できるような長い腸も持っている。ところがすぐ近くのブウィンディのマウンテンゴリラ、そしてさらに西の熱帯雨林に棲むニシローランドゴリラは、ヴィルンガのゴリラとほぼ同じ解剖学的構造を持ちながら、森でふんだんに手に入るジューシーな果肉を持つ果実を食べている。歯と顎を観ただけで遠い未来の古生物学者は、ブウィンディのマウンテンゴリラやローランドゴリラが果実食だったとは想像できないだろう。

またマダガスカル島に棲むブラウンキツネザルとワオキツネザルは、互いに似通った歯を持っているのに、食性は異なっている。観察によれば、ブラウンキツネザルは多くの葉を食べ、ワオキツネザルは前者よりも果実を好むのだ。

そしてアフリカ中央部キバレ国立公園に棲むホオジロマンガベイは、樹皮や硬い種子を噛みくだける厚いエナメル質を備えた強力な歯と大きくて頑丈な顎を備えているが、降水量の多い通常の年は森に軟らかくて汁気の多い果実や若葉が豊富にあるので、特殊化した歯と顎の恩恵を受けることはない。ところがひとたび旱魃になると、そうした食物はなくなるので、ホオジロマンガベイは硬い種子と樹皮を食べるように変わった。この時、特殊化した歯と顎は存分に機能を発揮するのだ。キバレでそれが有効性を発揮するのは、一世代に一度くらいしかない非常時だが、それでも万が一の時にもホオジロマンガベイは生き延びられる。

さらに魚類学者のカレル・リームが注目した淡水魚シクリッドの食性である。この魚は、硬い巻き貝の殻を砕けるように、平らで礫のような歯を備えている。ところが彼らは、軟らかい食物が食べられる所ではいつも巻き貝を避けて通るのだ。

歯と顎の形態だけで、その動物の食性を推定することはできないというわけだ。著者はこう言っている。もしあなたが年に三六〇日間も、おかゆを食べているとすれば、あなたの歯の形態がどのようなものであろうと、ほとんど問題ではない。しかし生きるために残りの五日間、岩を食べなければならないのだとすれば、あなたは岩をも砕ける歯を備えておかないと生き延びられないだろう――。

こうして著者は、早期ヒト族の食性を探る研究「放浪」に出る。人類進化の解明に、食性が（そしてそれを変えた環境変動が）重要な役割を果たしたとの認識からだった。

だが早期ヒト族でも、思惑どおりにはいかなかった。メアリー・リーキーが一九五九年にオルドゥヴァイ峡谷でようやく見つけたパラントロプス・ボイセイ「クルミ割り男」は、ナットのような巨大な大臼歯を持っていたことから、愛称のようにクルミのような堅果を食べていると当初は推定された。しかし歯の摩耗痕や骨の炭素同位体比などを調べていくうちに、その予想は思いもかけない方向に修正されていくのである。

例えば南アフリカのパラントロプス・ロブストスと東アフリカのパラントロプス・ボイセイについて、長く考えられていた食性は、追究の結果、従来観を否定し、衝撃的な新たな復元像に導かれる。本書に取り組む前に訳者も、頑丈型猿人である両者が共通して巨大な大臼歯を持つことから、硬いナッツ類、根茎類を常食し、たまには動物蛋白源としてシロアリを捕食していたと考えていた。しかし第五章で紹介されている炭素同位体分析から明らかになったように、南アフリカ産と東アフリカ産の頑丈型猿人の食性は、かなり異なっていた。これでは、両者を同じパラントロプス属に含めてよいのかさえ怪しくなる。

鍵は、両種の系統の違いにあるのだろう。南アフリカ産は、先行するアウストラロピテクス・アフリカヌスの後継種であった（だから両種とも炭素同位体分析では食性は同じという推論になった）。しかし東アフリカ産は明らかに先行するパラントロプス・エチオピクスの後継種であり、アフリカヌスとは別系統なのだ。

東アフリカ産と南アフリカ産の頑丈型猿人が類似した形態を示すのは、「他人のそら似」である収斂進化の結果、ということになるのだろう。

◇追記として（その1）：南ア「人類の揺り籠」でホモ・ナレディの発見

なお本書とは直接の関係はないが、進化人類学の新しい話題、アフリカとアジアで新たなヒト族がメンバーに加わったニュースを、訳者追記として述べておきたい。

南アフリカのホモ・ナレディ、東アジアのホモ・ルゾネンシス、台湾の澎湖人、デニソワ人新化石の発見、そしてギリシャでの最古のホモ・サピエンスの発見である。

二〇一三年に南アフリカの世界遺産「人類の揺り籠」の猿人遺跡ステルクフォンテインすぐ近くのライジング・スター洞窟で発見・調査されたホモ・ナレディは、その異質さが二〇〇三年に発見されたインドネシアのホモ・フロレシエンシスに勝るとも劣らぬものだった。

まずその産状が、異質だった。最狭部で幅十八センチしかない縦穴の奥深くの後方にあるディナレディと呼ぶ奥室に、少なくとも十五個体分、約一五五〇点もの骨が見つかったのだ。この骨が、ハイエナなどの肉食獣によって持ち込まれたのではないことは、フクロウの骨一点と齧歯類の歯が数点しか見つからなかったこと、骨には肉食獣の歯の痕もないことなどから明らかだった。また水の流れに運ばれたりしたものでもない。こうした作用で集積した骨なら、他の草食獣、肉食獣の骨も混じるはずだ。調査を指揮したヴィッツのリー・バーガーは、骨は同じ集団によって洞窟内に投棄されたと見る。だとすると、埋葬の萌芽のようなものと言えるのだろうか。

次に、完全に近い頭蓋から推定された脳容量が猿人並みに小さかった。男性二点で五六〇cc、女性二点で四六五ccである（二〇一五年に隣接する支洞「レセディ」で第五の頭蓋＝男性＝が発見され、こちらはやや大きく六一〇ccだった）。全身骨格を復元された男性の推定身長は、一四七センチと小柄だが、猿人の「ルーシー」やホモ・フロレシエンシスよりは大きい。

この時点で年代は全く未解明だった。脳容量のアウストラロピテクス並みの小ささから、リー・バーガーは、二〇〇万年前頃の早期ホモを想定した。

実際、脳の極端な小ささの他、眼窩上隆起が発達し、前額部が後退し、頭蓋冠は低平で、原始的である。さらに下顎の歯列の歯は、奥に行くほど大きくなっている。現代人はとっくに失っている第三大臼歯は、特に大きい。頤もない。

ただ歯列弓は現代人的なカーブを呈し、前記の特徴にもかかわらず歯のサイズは小さく、後期ホモを連想させる。

研究に加わった古人類学者が評したように、ホモ・ナレディは「腰を境にして上は原始的、下は現代的」だった。

肩甲骨は、木に登ったり、木からぶら下がったりするのに適した形で、猿人に似ているし、手の骨のつながり方はとても現代的なのに、指は木登りに適したように長く、また曲がっている。一方で手のひら、手首、親指の形態は現代的で、石器を使用できる特徴を備えていた。ただ石器は見つかっていない。

腰の腸骨は横に張り出して原始的だが、脚は長く現代的であった。足の骨は、現代人とほとんど変わらぬ形状で、土踏まずも存在した。

二〇一七年五月、歯や骨を覆ったフローストーンを試料に様々な放射年代測定法を使って、ホモ・ナレディの年代が当初見込まれた推定値よりも大幅に若い三三万五〇〇〇~二三万六〇〇〇年前と特定されたと発表された。

この年代は、ヨーロッパのやはり洞窟奥深くに人骨が集積されていたスペインのシマ・デ・ロス・ウエソスに近い（四三万年前頃）。またアフリカでは、カブウェ、フロリスバッド頭蓋がこのあたりの年代と見られる。

ただホモ・ナレディの頭蓋脳容量は既に見たようにこれらよりずっと小さく、半分くらいしかない。またモロッコ、ジェベル・イルードで新しく発見された「最古のホモ・サピエンス」とされる頭蓋は、三一万五〇〇〇年前の年代値が与えられている。

これらの同時代者とホモ・ナレディはいかなる関係にあったのか、興味は尽きない。そもそも南アフリカの荒野の一角に、どうして猿人並みに脳が小さな個体群が周囲から独立して存在できたのだろうか。謎は深まる。

◇追記として（その2）：フィリピンで六万年前頃の小型ホモ・ルゾネンシス

フィリピン、ルソン島北端でも新たなヒト族が発見された。最初の発見は、ここのカオヤ洞窟で二〇〇七年に見つかった足の指、第三中足骨だ。

その後、フランス国立自然史博物館のフローラン・デトロワ、フィリピン大などの国際研究チームが二〇一一年、一五年と発掘を続け、第三中足骨と同じ層から、足の指の二本、歯七本、手の指の骨二本、大腿骨の一部の計十二点を追加発見した。それらは成人二個体、子ども一個体の少なくとも三個体分で、二〇一九年四月に『ネイチャー』にて報告された。

アジアでは、ジャワ原人、北京原人（いずれもホモ・エレクトス）、後述する台湾の澎湖人、そしてホモ・フロレシエンシスに次ぐ第五のホモ・エレクトスかその近縁種の発見である。年代は、六万七〇〇〇～五万年前頃と推定され、ホモ・フロレシエンシス「ホビット」に近い。ホビットに近いと言えば、ホモ・ルゾネンシスも大腿骨からの推定で身長一メートルちょっとの低身長だった。

わずかな歯と骨の断片だが、推定年代に比べてルゾネンシスの意外な原始性が注目される。足の指の骨と手の指の骨はアフリカ産のアウストラロピテクスのように曲がり、木登りに適応していたらしいのだ。一方で、上顎小臼歯の歯根部が三つあるなど、現生ホモ・サピエンスと異なっている。ただサイズはずっと小型化し、進歩的な側面も示していた。

このような観点から、研究チームは見つかった化石を新種と認定し、「ホモ・ルゾネンシス」（ルソン島のヒト）と命名した。

注目しておかねばならないのは、ルゾネンシスの見つかったルソン島は、二五八万年間の更新世の間、一度も大陸と陸続きになったことがないことだ。この点は、ホビットの見つかったフローレス島も同様である。

しかしフローレス島のマタ・メンゲでは、二〇一四年十月にホビットの祖先と思われる七〇万年前頃のホモ・エレクトス下顎骨と六本の歯が、国立科学博物館の海部陽介氏らとインドネシアの研究者らのチームにより発掘されている。つまりホモ・エレクトスは、海を渡っていたのだ。実際、マタ・メンゲでは骨と別に石器も見つかっており、また二〇一六年にはこれまた大陸とつながったことのないスラウェシ島で、一九万四〇〇〇～一一万八〇〇〇年前の石器が見つかっている。だからホモ・ルゾネンシスも、フローレス島の先行者やスラウェシ島の同時代者のように、何らかの手段で海を渡っていたのだ。ホモ・フロレシエンシス同様に、そこで島嶼化されたのだろうか。アジアの古人類探索はまだほんの端緒に過ぎない。東アフリカや南アフリカのように調査が進めば、ホモ属の多様性は、もっと大きなものになるかもしれない。

◇追記として（その3）＝頑丈な顎の澎湖人の発見

その可能性を示す一例として、二〇一五年一月に海部陽介氏らが発表した澎湖人の右下顎骨片がある。

これは、いつ頃かは定かではないが、台南市沖、澎湖諸島近くの台湾海峡でトロール船の漁網に引っかかり、古物商に売却された後、古生物マニアに売られたヒトの下顎骨で、地元の古生物学者が重要性に気づき、日本の京大霊長研に持ち込み、ヒトの骨と分かったものである。海部氏らとの共同研究で、さらに詳細な分析がなされた。

下顎骨が網に引っかかった海域は、氷河期に海面が低下して陸化していた時、平原をゾウ、スイギュウ、ウマ、シフゾウジカ、クマ、トラ、ブチハイエナなどの澎湖動物群が歩き回っていた。したがって年代は氷河期と特定できるが、さらに絞り込むために化石のフッ素とナトリウムの含有量が調べられ、大陸では約一九万年前以降にならないと現れないブチハイエナとその元素の増減量が一致したことから、澎湖人下顎骨は一九万年前よりは新しい氷河期のどこか、と判断された。

ところが年代は新しいのに澎湖人は頑丈な顎と歯を持ち、七五万~四〇万年前の北京原人やジャワ原人の約八〇万年前の新しいグループの化石資料よりも頑丈だった。したがってこれらのグループの子孫と言えないともみられた。類似資料を求め大陸のヒト族化石を探すと、澎湖人の頑丈な特徴は、中国南部の和県から出土していてその素性に議論のあった化石（約四〇万年前）と共通することが判明した。和県人を含め澎湖人のグループは、この時点でジャワ原人、北京原人、ホモ・フロレシエンシスと続くアジアの第四の原人グループであったらしいことが推定されたのだ。そうなるとホモ・ルゾネンシスは、アジア第五の原人グループとなる。

古い方から年代順で言えば、ジャワ原人、北京原人、和県・澎湖人グループ、ホモ・フロレシエンシス、ホモ・ルゾネンシスとなるが、さらに発見が進めば、前二者はまだしも後三者は再編成される可能性もある。

◇追記として（その4）：チベット高原で実体を現したDNA人類デニーソヴァ人

ただこの他に、これまで系統や所属のはっきりしない後期ホモ属化石が中国で幾例も見つかっている。陝西《せんせい》省大荔《ダーリ》や広東省馬壩《マーパ》、遼寧《りょうねい》省金牛山の化石などである。北京原人と別種なのかどうかも含め、帰属は不明だった。

そこに一つの解決策になりそうな発表が、二〇一九年五月にあった。中国、ドイツなどの研究グループが、一九八〇年に中国、チベット高原の標高三二八〇メートルの高地に開口する白石崖溶洞（夏河《かが》県）で地元の僧侶によって見つけられていた二本の大臼歯の付いたヒト右下顎骨化石は、シベリア外で見つかった初めてのデニーソヴァ人（デニソワ人とも）化石だと報告したのだ。

デニーソヴァ人とは、二〇〇八年にシベリア、アルタイ山脈中のデニーソヴァ洞窟で発掘された少女の指節骨破片一個と臼歯二本に付けられた通称である。この発見以降も、いくつかの標本が見つかっているが、シベリア以外で、しかも下顎骨破片の発見は初めてとなる。

デニーソヴァ人は形態的研究が不可能なほど断片的に過ぎたが、冷涼な土地での洞窟内埋没であったため、骨には古代ＤＮＡが保存されていた。まずミトコンドリアＤＮＡが、後に核ＤＮＡが抽出され、遺伝子配列から四七万～三八万年前にネアンデルタール人と分岐した古人類グループと判明した。ただ両者の分岐年代はさほど遠くなかったから、両ヒト族は交雑可能で、実際、二〇一二年にデニーソヴァ洞窟で発見された約九万年前の十三歳前後で死亡した少女の腕か脚の骨の破片から抽出したゲノムから、母がネアンデルタール人、父はデニーソヴァ人のハイブリッドだったことが判明している。

さて夏河の下顎骨に話を戻すと、ＤＮＡは残っていなかったが、大臼歯から蛋白質の抽出に成功し、分析の結果、二二五〇キロも離れたデニーソヴァ人の一派と判明した。推定年代は、一六万年前頃という。

つまりこの頃、デニーソヴァ人はアジアにまで分布していたことがはっきりした。詳しい形態分析はこれからだが、そうなると想定年代が近いと見られる大茘、馬壩、金牛山などはデニーソヴァ人の可能性があることになる。

実際、現代のメラネシア人のゲノムの四〜六％はデニーソヴァ人のものと一致する。また中国南部などの現代人も約一％はデニーソヴァ人と共通する。

アフリカからおそらく六万年前前後にアジアに拡散してきたホモ・サピエンスは、ここでデニーソヴァ人と交雑したのだ。そのデニーソヴァ人から、チベット人の祖先は高地適応の遺伝子を受け継ぎ、そのおかげでチベット高原に分布できたらしい。

東南アジアの現代人のＤＮＡを大規模に調べた最近の研究では、実はデニーソヴァ人は一つのグループではなく、独立した三グループが存在したらしいことも示唆された。そのうちの一つは、ネアンデルタール人とデニーソヴァ人の違いと同じくらい、他のデニーソヴァ人と異なっているらしい（二〇一九年四月十一日付『Cell』誌）。

さらに一つのグループは、四万年前頃に姿を消したネアンデルタール人よりも新しい時代まで生き残っていたかもしれないという。同研究によると、デニーソヴァ人は少なくとも三万年前、おそらく一万五〇〇〇年前まで、ニューギニア島で現生人類と共存し、交配していたらしい。だとすると、デニーソヴァ人は、現生人類以外では最も最近まで生きていた古人類ということになるし、現代メラネシア人に高濃度の遺伝子が残されているのも頷ける。

かつてアウストラロピテクスやそれ以前の早期ヒト族の発見の焦点は東アフリカだったが、最近の上記の諸研究から東南アジアにも関心が広がっている。ここから東南アジアには現在明らかになっているよりも多くの後期ホモ属が生息し、その系統関係はかなり複雑だったことがうかがえる。

◇追記として（その5）＝ギリシャでヨーロッパ最古の二一万年前のホモ・サピエンスか

一九七八年にギリシャ南部マニ半島のアピディマ洞窟で発見されていた二つの人類頭蓋のうち、後頭骨のみ見つかっていた「アピディマ一号」が、その丸い形態からホモ・サピエンスのものと同定された。年代は、ウラン系列法で二一万年前頃（海洋同位体ステージ7）という。もう一つ見つかっている「アピディマ二号」頭蓋は、ネアンデルタール人のもので、こちらは一号より新しい一七万年以上前だった。ドイツ・テュービンゲン大学などの国際研究チームが、七月一〇日付の『ネイチャー』電子版に発表した。

これが事実だとすると、ホモ・サピエンスは従来観より一六万五〇〇〇年も早く、ヨーロッパに到達していたことになり、その後にヨーロッパ先住民であるネアンデルタール人に置換され、絶滅してしまったことになる。

これをどう解釈すべきか。ちなみに現在のところ最古のホモ・サピエンスは、前記のようにモロッコ、ジェベル・イルード頭蓋で、三一万五〇〇〇年前頃である。この一波が、中東を経て二一万年前頃までにペロポネソス半島にまで達していたのだろうか。ただまだ発見されないだけかもしれないが、途中の中東でもアナトリアでも、この頃のホモ・サピエンス化石は見つかっていないことが気になる（イスラエル、ミスリヤ洞窟の十八万年前頃の上顎骨がホモサピエンスという主張があるが）。

あるいは故郷のアフリカから、何波もホモ・サピエンスの出アフリカがあったが、いずれの試みも、ヨーロッパやアジアへの定住に至らず、実験は失敗したと考えるべきなのだろうか。例えば中東最古のホモ・サピエンスであるイスラエル、スフール洞窟の早期ホモ・サピエンスの子孫も、後にネアンデルタール人に取って代わられてしまっている。

今後の類例の発見が待たれる。

本書の原書を原書房編集部の大西奈己さんから受け取ったのは、昨年二〇一八年七月だった。最初は、年内末頃までにという要望で、訳者も内容をろくに吟味せず、安易に応諾した。それが訳了まで、半年近くも遅れてしまった。一つには今年二月末、訳者の不注意から右腕を骨折し、一カ月以上もパソコンに向かえなかったこともあるが、訳出に難渋したこともある。

お読みいただければ分かるが、本書のカバーしているのは、古人類学、考古学、民族学、第四紀学、霊長類学、古栄養学、古病理学など学際的な広範囲の領域に及ぶ。これらは科学ジャーナリストとして勉強した分野なので何とかなったが、歯牙解剖学は文字どおり歯が立たなかった。

やむなく第一章部分は後回しにしたが、第二章以後も、辞書にも例文がないような著者独特のターミノロジーや難解な表現があったりしたほか、常套句が頻発し、時には一般読者には必要とは思えないほど理屈っぽい個所があったりで、簡単ではなかった。叙述をもう少し整理できたのではないかと思える部分もあり、訳者としては必ずしも楽しく訳業を進められたわけではない。

それでも冒頭に述べたように、新しい視点でヒト族の食性を見直すなど、本書の進化人類学に貢献する意義は小さくない。それを日本の読者に紹介できたことは喜ばしいと思っている。

最後に、難解な歯牙解剖学に関する用語と文意解釈に、国立科学博物館名誉研究員の馬場悠男先生のご教示をいただいた。いつも馬場先生にはお世話になるばかりである。記して感謝を申し上げます。ただあくまでも訳については、訳者の責任であることは論をまたない。

また前記のように頻繁に締め切りを延長し、とどめとして訳業終盤に不注意で右腕骨折のけがでさらに遅延してしまった不手際を温かく見守ってくださった原書房編集部の大西奈己さんには、あらためてお詫びとお礼を申し上げます。

二〇一九年七月

河合信和

注

序章

1. Woody Allen, *Love and Death*, directed by Woody Allen (Culver City, CA: MGM Studios, 1975), film.

第一章　歯はどのように機能しているか

1. 最初の哺乳類は、2億2500万年前頃に現れた。それは、咀嚼のために垂直方向に閉じることができ、また水平方向にも動かせる新しい顎関節の出現によって確認される。
2. 例えば Henry Fairfield Osborn, *Impressions of Great Naturalists: Darwin, Wallace, Huxley, Leidy, Cope, Balfour, Roosevelt, and Others* (New York: Charles Scribner's Sons, 1928), 179. を参照。オズボーンがコープについて書いた伝記の素描で、次のようにコープの思い出を語っている。「生まれながらのクエーカー教徒の彼は、理論においても実際においても生まれつきの戦士であった。ある時、アメリカ哲学協会で、友人のパーシフォー・フレイザーと意見の食い違いから、二人の科学者は玄関ホールまで出て殴り合いになるほど激しい論争に至ったことがある！　翌朝、私はたまたまコープと顔を合わせ、すぐに彼の目のあたりが黒ずんでいることに気がついた。『オズボーン君、どうか私の目を見ないで。君が私の目の周りが黒いことに詮索するなら、今朝、フレイザーにも会うべきだよ！』と、コープは言った」
3. コープの父のアルフレッドは、ハーヴァード大の管理委員会から名誉修士の学位を受ける手配をしていたので、エドワードはそこで教壇に立つことができた。
4. Thomas Williamson, Douglas Nichols, and Anne Weil, "Paleocene Palynomorph Assemblages from the Nacimiento Formation, San Juan Basin, New Mexico," *New Mexico Geology* 30, no. 1 (2008): 3–11.
5. Edwin Colbert, "Triassic Rocks and Fossils," in *New Mexico Geological Society Fall Field Conference Guidebook, 11: Rio Chama Country*, ed. Edward C. Beaumont and Charles B. Read (New Mexico Bureau of Geology and Mineral Resources, 1960), 55.
6. William King Gregory, "A Half Century of Trituberculy: The Cope-Osborn Theory of Dental Evolution with a Revised Summary of Molar Evolution from Fish to Man," *Proceedings of the American Philosophical Society* 73, no. 4 (1934): 180.
7. George Gaylord Simpson, "Mesozoic Mammalia, IV: The Multituberculates as Living Animals," *American Journal of Science* 11, no. 63 (1926): 228.
8. J. William Schopf, *Cradle of Life: The Discovery of Earth's Earliest Fossils* (Princeton, NJ: Princeton University Press, 2001).
9. George Gaylord Simpson, "Paleobiology of Jurassic Mammals," Palaeobiologica 5 (1933): 155.
10. Christopher Beard, *The Hunt for the Dawn Monkey: Unearthing the Origins of Monkeys, Apes, and Humans* (Berkeley, CA: University of California Press, 2004).
11. 食虫性の霊長類も鋭い歯を持つから、これは興味深い例である。他方、昆虫食に特殊化した大型霊長類は全くいないから、歯のサイズと形状の「組み合わせ」を観察すれば、関係をかなりよく明らかにできる。これは、「機能Aのために歯を用いる形X、Y、Zの『組み合わせ』を持つすべての種」の例となる。
12. カレン・ヒーマエは『哺乳類の咀嚼機能』"Masticatory Function in the Mammals," *Journal of Dental Research* 46, no. 5 (1967): 883 の論文で、歯は「能動的な咀嚼器官における基本的に受動的な要素であり、機能的相補作用のために下顎の動きに依存して

いる」と記述した。

13. ピーター・ルーカスの後の著書 *Dental Functional Morphology*, (Cambridge: Cambridge University Press, 2007) は、この研究から育ったものだ。この本は、このテーマに関する学術著作の「必読文献」リストのトップに挙げられている。

14. このことは私の著書 *Teeth: A Very Short Introduction* (Oxford: Oxford University Press, 2014). で説明している。

第二章　歯はどのように使われるのか

1. 霊長類が体を動かす燃料として必要とし、また体を構成し、動かすのに必要な素材を供給するのに用いる6種の栄養素がある。炭水化物、蛋白質、脂質、ビタミン、無機物、水、である。初めの3つは、どれもエネルギー供給源として燃やすことができる。霊長類は自分で合成できず、通常は食物を通じて取り込んでいるいくつかの「必須」栄養素もある。こうしたものの中には、蛋白質、ビタミン、無機物、2つの脂肪酸を作るのに必要な約半分のアミノ酸が含まれる。各個体は、自分たちの食を選ぶ際にこうしたことを注意深く考慮しなければならない。その一方、霊長類は必要な多くの栄養素を他の生物から得て合成したり、腸内に住む微生物から吸収したりできる。これは、食物選択が柔軟であることを意味している。

2. Robert Sussman, "The Lure of Lemurs to an Anthropologist," in *Primate Ethnographies,* ed. Karen Strier (Boston, MA: Pearson Education, 2014), 34–45.

3. Alison Jolly, *Lemur Behavior: A Madagascar Field Study* (Chicago: University of Chicago Press, 1966).

4. 葉は、森の樹冠のどこにでもある。その葉には単糖類分子が含まれ、それは一緒につなげられて、多糖類と呼ばれる長い鎖になっている。多糖類はそれぞれ、長さが数百、数千の単位が連なったものだ。霊長類が食べられる葉の潜在的エネルギーは大したものではないものの、葉は容易にアクセスできる。食用にあたって多糖類は、単糖類に分解する必要があり、その後に腸から血流に入っていくが、霊長類は一緒につなげている結合を壊すのに必要な化合物を作らない。しかし葉食性の霊長類は、これを克服する巧妙な方法を編み出した。彼らはできるだけ細かく葉を噛みちぎって全体の表面積を大きくし、それを腸内細菌に受け渡す。その細菌は、多糖類に分解できるのである。だがそのプロセスは、ゆっくりとしか進まず、非効率でもある。そしてその任務をこなすのに十分な腸内微生物を収容するのに必要な大きくて複雑な構造の消化管を維持するにも、たくさんのエネルギーがかかる。多くの葉食性の霊長類は、エネルギーを節約するためにゆっくりと動き、またしばしばうたた寝する。その一方、果実の果肉には単糖類が含まれているし、昆虫は容易に消化でき、また大きくて高コストの腸を必要としない蛋白質を持っている。こうした食物は、正味で高いエネルギーを提供してくれるが、それ自身のいくつかの欠点を持っている。果実と昆虫は、あまり当てにできず、空間的にも時間的にも不均質にしか分布していないのだ。果肉の多い果実を手に入れるのは競争相手による制約も多く、果実の実った木は果実食の動物を食べるべく手ぐすねをひいて待っている捕食者を誘引する。そして虫やクモなどを見つけ、捕まえるのに要する作業量を考えると、その努力をする価値があるほど十分なカロリーが得られないかもしれない。ことに多くの燃料を必要とする大型霊長類にとっては、そうである。

5. Richard Preston, *The Hot*

Zone: The Terrifying True Story of the Origins of the Ebola Virus (New York: Anchor, 1995), 256.
6. George Schaller, *Year of the Gorilla* (Chicago: University of Chicago, 1964); ダイアン・フォッシー、羽田節子・山下　子訳『霧の中のゴリラ――マウンテンゴリラとの13年』平凡社、1986年
7. Richard Owen, "On the Gorilla (Troglodytes gorilla, Sav.)," *Proceedings of the Zoological Society of London* 27, no. 1 (1859): 19.
8. サンフランシスコ動物園グループは、研究者団体の中では良く知られている。事実、当代で最も有名だったゴリラのココは、まさにこの動物園グループの生まれである。雌ゴリラのココは、ペニー・パターソンの言語研究のため、1971年に初めて動物園から貸し出された。
9. 生物季節学者は、植物のライフサイクル各イベントへの太陽輻射の影響を論じる時、通常は「放射照度（*irradiance*）」と「光周期（*photoperiod*）」という用語を用いる。放射照度は、表面で受け止める放射光の流束の尺度、すなわち表面に当たる太陽エネルギーの量である。また光周期は日照の長さ、つまり植物が受ける光の時間のことを言う。
10. 生態系内の植物と動物は、時計の駆動部分のようにしばしば歩調を合わせて行動する。森の中の特定の種は、その祖先の互いの相互作用のおかげで生物季節学的パターンや他の特質を共進化させたと確信できるだろうか。2つの種の共進化を可能にする特質の一部は、その祖先がかつて出合って触れ合うずっと前に進化したのかもしれない。しかし私は、私たちの目的にとってそれは問題ではないと言いたい。要点は、2つの種は確かに共進化しているということ、そしてその2種の相互作用が生態系にその独特な特徴を与えているということだ。

第三章　楽園の外へ

1. アーサー・C・クラーク、伊藤典夫訳『決定版2001年宇宙の旅』ハヤカワ文庫SF、1993年
2. 読者も、レイモンド・ダート、山口敏訳『ミッシング・リンクの謎』みすず書房、1974年（New York: Harper & Brothers, 1959）に述べられた彼自身の言葉で、その感動の話を体験できる。
3. 霊長類化石は、実際には既に東アフリカのタンザニア、オルドゥヴァイ峡谷とケニア、ヴィクトリア湖近くのコルで発見されていた。しかし過去の時代の物を確かめるのは、並大抵のことではなかった。さらにケープタウン国立博物館のコレクションの中には、タウング自体から見つかった化石霊長類もあった。ただこの記載も、まだ発表されていなかった。
4. 現在の研究者は、アウストラロピテクスの歯の萌出の時期について類人猿のモデルを用いることを好んでおり、その時の口中の歯から見て、タウング・チャイルドは3歳か4歳頃に死亡したと考えている。
5. Raymond Dart, "*Australopithecus africanus*: The Man-Ape of South Africa," *Nature* 115, no. 2884 (1925): 195.
6. チャールズ・ダーウィン、長谷川真里子訳『人間の由来（上）（下）』講談社学術文庫、2016年
7. ピルトダウン人という名前の方が、良く知られている「エアントロプス・ドーソニ」は、当時は人類的な大きな脳を持つが、類人猿のような原始的な顎・歯を有する更新世の人類祖先だと考えられた。この標本は、当時の科学界の権威たちに脳サイズの増大が歯と顎を含む脳以外の人類的特徴の進化を促したと受け止められた。後にその「発見」は巧妙に仕組まれた捏造と判明した。頭蓋はもっと新しい時代のヒトのものであり、下顎はオランウータンのものであった。そのガラクタは、古く見えるように着色されており、断片が接合しない

という事実を覆い隠そうと、壊された上にやすりをかけて小さくされていた。これまで捏造を認める者は誰も現れなかったが、それは「誰が仕組んだのか」をめぐって多くの人気ある記事と本が書かれる格好のテーマとなった。

8. チャールズ・ダーウィン、長谷川 眞理子訳、前掲書、140.

9. Raymond Dart, "Taungs and Its Significance," *Natural History* 26 (1926): 319.

10. 博物館は、2010年にディツォング国立自然史博物館と改称された。

11. David Meredith Seares Watson, "Robert Broom, 1866–1951," *Obituary Notices of Fellows of the Royal Society* 8, no. 21 (1952): 40.

12. ブルームと同僚、さらにその後継者たちは、それ以来、ステルクフォンテインで4体の部分骨格を含む数百点もの化石ヒト族標本を見つけている。

13. Travis Pickering, *Rough and Tumble: Aggression, Hunting, and Human Evolution* (Berkeley, CA: University of California Press, 2013).

14. Raymond Dart, "The Predatory Transition from Ape to Man," *International Anthropological and Linguistic Review* 1, no. 4 (1953): 209.

15. Charles Kimberlin Brain, "Fifty Years of Fun with Fossils: Some Cave Taphonomy-Related Ideas and Concepts that Emerged Between 1953 and 2003," ed. Travis Rayne Pickering, Kathy Schick, and Nicholas Toth (Gosport, IN: Stone Age Institute, 2007), 4.

16. Dart, "The Predatory Transition": 214.

17. ロビンソンの生涯について、詳しいことはベッキー・シグモンの以下の伝記で読むことができる。"The Making of a Palaeoanthropologist: John T. Robinson," *Indian Journal of Physical Anthropology and Human Genetics* 26, no. 2 (2007): 179–341.

18. オランダ生まれの昆虫学者アントニー・ヤンセは1945年、自宅に長い間保管していた自分の膨大な蛾の収集標本を南アフリカ政府に売った。そのコレクションは、トランスヴァール博物館に納められたが、博物館にはコレクションを収蔵しておくスペースがなかった。ヤンセは蛾の名誉管理者に指名される一方、新しい標本収蔵用の棚や引き出しなどを購入する寄金が作られ、以前に博物館に収蔵されていたコレクションは代わってヤンセの家に移され、新しく取得された標本に加えられた！ Lajos Vári and Alexey Daikonoff, "Antoinie Johannes Theodorus Janse," *Journal of the Lepidopterists' Society* 25, no. 3 (1971): 211–13" によるヤンセの追悼記事による。「結局、彼の仕事を続けるため」アシスタントが雇われた。

19. Charles Kimberlin Brain, *The Transvaal Ape-Man-Bearing Cave Deposits*, Transvaal Museum Memoir no. 1 (Pretoria: Transvaal Museum, 1953).

20. 現在、研究者たちは砂丘はもっと後の鮮新世後期か、場合によっては更新世前期に堆積したと考えている。

21. John Robinson, "Adaptive Radiation in the Australopithecines and the Origin of Man," in *African Ecology and Human Evolution*, ed. F. Clark Howell and François Bourlière (Chicago: Aldine, 1963), 409.

22. Colin Groves and John Napier, "Dental Dimensions and Diet in Australopithecines," *Proceedings of the VIIIth International Congress on Anthropological and Ethnographic Sciences* 3 (1968): 274.

23. Clifford Jolly, "The Seed-Eaters: A New Model of Hominid Differentiation Based on a Baboon Analogy," *Man* 5, no. 1 (1970): 21.

24. 当時、一部の研究者はアウストラロピテクスはパラントロプスと早期ホモの両方の祖先だと考え始めていた。そしてジョリーは、アウストラロピテクスが「原始的（フェーズ1）の

祖先」である可能性を認めていた。だが彼より古い研究者たちのようにジョリーも、彼らが原始的だとするには新しすぎ、脳が進化しすぎているとみなした。

25. Phillip Tobias, *Olduvai Gorge: The Cranium of* Australopithecus *(*Zinjanthropus*)* boisei (Cambridge: Cambridge University Press, 1967), 243.

26. 古人類学者たちは、しばしば種名の最初の文字、すなわち属名を省略する。例えば *Australopithecus afarensis* は *Au. afarensis* に、*Homo habilis* は *H. habilis* などと表記される。

27. Ellen Ruppel Shell, "Waves of Creation," *Discover Magazine* (May 1993): 55–61.

28. この考えは、「赤の女王」仮説に変化するようになった。この仮説については、第5章で見る。赤の女王仮説は、「宮廷道化師仮説（Court Jester Hypothesis）」と好対照である。後者の仮説は、エルドリッジとグールドの断続平衡モデルを踏まえて立てられた。この基本的主張は、進化の主要な駆動力は（気候のような）非生物的な力なのか、それとも生物による力（競争相手、捕食者、獲物）なのかに行き着く。

29. Elisabeth Vrba, "Evolution, Species and Fossils: How Does Life Evolve?" *South African Journal of Science* 76, no. 2 (1980): 82.

30. 遺伝子の証拠から、今やヒトとチンパンジーの共通祖先が別れたのは700～800万年前に遡ると考えられている。また新しい発見と洗練化された年代測定技術から、ヒト族のアジアへの拡散は、ヴルバが種の入れ替え＝波動仮説を発展させた時に想定していた頃よりもはるかに早い180万年前以前になりそうだと推定されている。

第四章　移り変わる世界

1. 地球系には、大気圏、水圏、岩石圏、生物圏が含まれる。地球系の科学の課題は、これら相互依存する部分がどのように相互作用しているのかの究明することだ。気象学は、このプロセス理解のための重要部分である。

2. 地球温暖化は現実である。一部細部については論争はあり得るが、全体像に関しては科学者の間でほとんど意見の違いはない。the Royal Society and the US National Academy of Sciences, *Climate Change: Evidence and Causes* (2014), http://dels.nas.edu/resources/static-assets/exec-office-other/climate-change-full.pdf. 参照。

3. Peter deMenocal, personal communication (e-mail to author, December 2015).

4. Mark Maslin, *Climate: A Very Short Introduction* (Oxford: Oxford University Press, 2013).

5. Milutin Milanković, *Mathematische Klimalehre Und Astronomische Theorie Der Klimaschwankungen* (Berlin: Borntraeger, 1930).

6.『ネイチャー・エデュケーション』オンライン版「知識プロジェクト」掲載のピーター・デメノカルとジェシカ・チャーニーの記事 "Green Sahara: African Humid Periods Paced by Earth's Orbital Changes," *Nature Education Knowledge* 3, no. 2 (2012): 12. を参照。

7. ＪＯＩＤＥＳとは「Joint Oceanic Institutions for Deep Earth Sampling」の略で、世界中から集まった数百人の科学者たちの国際的集まりを表す。主としてアメリカの資金による掘削計画として1960年代後半に始まったものが、大きな国際的協力――初めは国際深海掘削計画、その後は現在まで続く統合国際深海掘削計画――へと発展した。船名は、イギリス海軍のスループ型帆船「ＨＭＳリゾリューション」号にちなんだ。同号は、1770年代にジェームズ・クックの指揮下で太平洋、その島々、さらに南極海を探検した。

8. Peter Clift, "Waiting for Core," *Joides Resolution: Science in Search of Earth's Secrets* (blog),

March 8, 2014 (11:59 p.m.), http://joides resolution.org/node/3515.
9. Maslin, *Climate*.
10. Yves Coppens, "East Side Story: The Origin of Humankind," *Scientific American* 270, no. 5 (1994): 88–95.
11. テューレ・サーリングの私信（筆者へのeメール、2016年10月）。
12. 植物は太陽からの光エネルギーを使って、水と二酸化炭素から糖と酸素に再編成している。この過程は複雑だが、結局のところ1つの六炭糖（ヘキソース：$C_6H_{12}O_6$）分子と6つの酸素分子（O_2）分子が、二酸化炭素（CO_2）と水（H_2O）の6分子から作られる。二酸化炭素の炭素は変換され、すなわち3つの道の1つを経て植物の有機構造の中へ入って固定される。ごく一般的な固定法は、樹木、藪、寒い季節の草で用いられているもので、この過程の途中、炭素原子3個を持った化合物が産生されるので、C_3 炭素固定と呼ばれる。マメ、果実と野菜、小麦・大麦・オートムギが、その例だ。他の植物（低緯度地帯や標高の低い土地のスゲと草）は、C_4 炭素固定を用いる。こうした植物は、3個ではなく、炭素4個の化合物を産生するのだ。C_4 炭素固定は、高温、日照の多い、水供給の少ない土地では効率的で、そのことから C_4 植物がなぜアフリカのサバンナ地帯に広がったかが説明できる。今日の重要な C_4 植物作物として、トウモロコシ、サトウキビ、アワ・キビの雑穀類がある。C_3 植物も C_4 植物も、大気中の二酸化炭素中よりも重い炭素13の比率が少ないが、C_3 固定過程では C_4 固定過程よりも炭素13を少なくなるように選択される。このため炭素固定への道が異なる植物は、異なる炭素同位体比率を持つことになる。CAM（ベンケイソウ型有機酸代謝、これが初めて見つかった植物名にちなむ）と呼ばれる炭素固定の第3のタイプは、サボテン、ラン、一部の多肉植物で用いられている。それは、軽い炭素原子に対し、重い原子が中間の比率になる。
13. グリン・アイザックには、第6章で再び触れる。
14. Holli Riebeek, "Paleoclimatology: The Oxygen Balance," NASA Earth Observatory, last modified May 6, 2005, http://earthobservatory.nasa.gov/Features/Paleoclimatology_OxygenBalance/. を参照。
15. そしてその後は80万年ごと。
16. スミソニアン研究所の人類起源プログラムのウェブサイト（http://humanorigins.si.edu/research/east-african-research-projects/olorgesailie-drilling-project）とアリゾナ大学 Hominin Sites and Paleolakes Drilling Project（https://hspdp.asu.edu/）には、プロジェクトごとの分野と記述由来の大量のブログがある。
17. アン・ギボンズ（Ann Gibbons）の "How a Fickle Climate Made Us Human," *Science* 341, no. 6145 (2013): 474–79, and Elizabeth Pennisi's "Out of the Kenyan Mud, and Ancient Climate Record," *Science* 341, no. 6145 (2013): 476–79. を参照。

第五章　食跡

1. Martin Meredith, *Born in Africa: The Quest for the Origins of Human Life* (London: Simon and Schuster, 2011). からの引用。
2. Simpson, "Mesozoic Mammalia, IV": 228.
3. Alan Walker, Henrick Hoeck, and Linda Perez, "Microwear of Mammalian Teeth as an Indicator of Diet," *Science* 201, no. 4359 (1978): 908–10.
4. ウォルポフの説は、ボブ・サスマンも刺激し、マダガスカルのキツネザルを研究に向かわせた。目的は、霊長類の近い関係にある種が、どのように共存することができ、限られた食資源を分け合っているかを究明することだった（第2章参照）。

5. それを正当に評価して、ジョージ・ワシントン大学のバーナード・ウッドとセントルイスの現ワシントン大学のデイヴ・ストレートは、パラントロプスは当時、多くの研究者が考えていたよりももっと柔軟な食性（広場所性の、と２人は呼んでいた）をしていたかもしれないと前の年に述べていた。体重180キロのゴリラに、あなたならどんな食物を与えるか。ゴリラが望むものは何でも、だ。ならば同じサイズの歯を持ったパラントロプスには、あなたは何を食べさせるのか。お分かりになるだろう。
6. Leslie Poles Hartley, *The Go-Between* (London: Hamish Hamilton, 1953), 9.
7. レズリー・フルスコと私は、最近、次のように提唱した（"The Evolutionary Path of Least Resistance," *Science* 353, no. 6294 (2016): 29–30）。機能に基づく形態は、遺伝的に最も抵抗のない道を歩むはずだ、と。たとえ次善の策としても、適応的な問題への解決策の蓋然性は、出発点からそこに至るまでに必要な進化の作用、すなわち突然変異の数に反比例するはずだ。
8. 炭素原子１兆個のうちの約１個が炭素14である。炭素14は、大気中での窒素原子と自由中性子の衝突の副産物として生成される。炭素14（6個の陽子、8個の中性子から成る）は、中性子が陽子と入れ替わることで窒素14（それぞれ7個ずつ）から出来る。炭素の他の同位体のように、炭素14は、酸素原子と結びつき、二酸化炭素となる。これは、植物の光合成の間に植物体に取り込まれる。炭素13と炭素12は安定だが、炭素14はそうではない。時間と共に崩壊し、元の窒素に戻る。元の炭素14が半分に減るのに、約5730年かかる。崩壊していく割合はほぼ一定なので、試料中の炭素の残っている不安定な炭素の数を数え、安定な炭素と比べることで、年代を割り出すことができる。
9. Michael DeNiro and Sam Epstein, "Carbon Isotopic Evidence for Different Feeding Patterns in Two Hyrax Species Occupying the Same Habitat," *Science* 201, no. 4359 (1978): 906–8, and Walker, Hoeck, and Perez, "Microwear of Mammalian Teeth."
10. Nikolaas van der Merwe, Fidelis Masao, and Marion Bamford, "Isotopic Evidence for Contrasting Diets of Early Hominins *Homo habilis* and *Australopithecus boisei* of Tanzania," *South African Journal of Science* 104, no. 3–4 (2008): 153–55.
11. Tim White, et al., "*Ardipithecus ramidus* and the Paleobiology of Early Hominids," *Science* 326, no. 5949 (2009): 64–86. アルディピテクス・ラミダスは、ホワイトの率いる調査隊によりエチオピアのアファール低地のアワシュ川河畔で1990年代前半に発見された。ラミダスの年代は、約440万年前で、どのアウストラロピテクス、パラントロプス、ホモよりも古かった。ラミダスは、チンパンジー大の脳サイズ、親指のような大きな足指、後のヒト族のどの種よりも薄いエナメル質を有し、ヒト族の中で最も原始的な種に位置づけられる。とはいえ、ラミダスは、小さめの犬歯、チンパンジーよりも後退した吻部を持っており、骨格からも何らかの直立二足歩行をしていた兆しが見られた。
12. Nicholas Rescher, *The Limits of Science* (Pittsburgh, PA: University of Pittsburgh Press, 1999), 13. から引用。
13. Lewis Carroll, *Through the Looking-Glass, and What Alice Found There* (London: Macmillan, 1882), 42.
14. John Harris, "Tribe Phacochoerini Warthogs," in *Mammals of Africa, Volume VI: Pigs, Hippopotamuses, Chevrotain, Giraffes, Deer and Bovids*, ed. Jonathan Kingdon and

Michael Hoffman (London: Bloomsbury, 2013), 49.

第六章　ヒトを人間にしたもの

1. Richard Leakey, "Early Humans: Of Whom Do We Speak?" in *The First Humans: Origin and Early Evolution of the Genus* Homo, ed. Fred Grine, John Fleagle, and Richard Leakey (Berlin: Springer Science, 2009), 5.
2. スワルトクランスの大きな歯を持った種がパラントロプス・ロブストス、小さな歯のヒト族は「テラントロプス・カペンシス」と呼ばれたことを述べた第3章を参照のこと。余談だが、新種が発表されるまでに、リーキーらはクルミ割り男をアウストラロピテクス属に含めていた。後にそれは、パラントロプス属の中のロブストス種にされた。
3.「ハビリス」という名前は、実際にはトバイアスの先輩で当時の彼の助言者でもあったレイモンド・ダートによって付けられた。ダートは、40年前にアウストラロピテクス・アフリカヌス（第3章参照）を命名していた。
4. ホモ・エレクトスは、当時はアジアでは見つかっていて、既に良く知られていたが、東アフリカからも南部アフリカからも見つかってはいなかった。
5. ホモ・エレクトスが最初に発見された時、ウジェーヌ・デュボワはその化石に新しい属名の「ピテカントロプス」を付けた。
6. 実際、アーサー・キース卿はかつて、「脳の体積は750立方センチがある種の閾値、人間への道に至る重要な道標である」と主張していた。さらに詳しくは、本文269ページを参照。
7. 最近なされた再計測の結果、「ジョニーの子ども」の頭蓋はトバイアスが最初に推定したよりもやや大きかったらしいと分かった。しかしそれでもホモ・エレクトスの典型例よりは小さい。
8. 古人類学者たちはヒト族の個々の種を一くくりでまとめるデータにすべて同意しているわけではない。スミソニアン研究所の人類起源のバーチャルホール（http://humanorigins.si.edu/）のデータは、私には最も妥当なように思われる。
9. さらにまたラスベガス、ネバダ大学のブライアン・ヴィルモアらは、最近、エチオピアのアファール地域で280万年前の顎骨を発見したが、彼らはそれをホモ属に帰属させている。この例は、ひょっとするとホモ属の起源をさらに40万年も古く位置づけ、ホモ属の起源にさらに混乱を持ち込むことになるかもしれない。Brian Villmoare, et al., "Early *Homo* at 2.8 Ma from Ledi-Geraru, Afar, Ethiopia," *Science* 347, no. 6228 (2005): 1352–55. を参照。いずれ時が解決するだろう。
10. アイザックは、オロルゲサイリエでの調査研究（第4章参照）でその8年後にPh.Dを受けた。
11. マグリオが東アフリカの草原の拡大と共に徐々にゾウの歯のサイズが変化したことを記録した第3章を参照のこと。
12. 生態学者は、生物界で似たような役割を果たしている種の集合に対し「ギルド」という用語を用いている。現在のアフリカのサバンナにいる大型肉食獣のギルドには、ライオン、ヒョウ、チーター、リカオン、ハイエナが含まれる。
13. ストーニー・ブルック大学のソニア・ハーモンドらは、ケニア、トゥルカナ湖西岸で石器とされるこれまでよりはるかに古い（330万年前の）石の薄片を発見した（Sonia Harmand, et al., "3.3-Million-Year-Old Stone Tools from Lomekwi, West Turkana,Kenya," *Nature* 521, no. 7552 (2015): 310–15）。またマックス・プランク進化人類学研究所のシャノン・マクフェーランらも、エチオピアの340万年

前の堆積層から出土した獣骨に残された石器のカットマークを報告した（Shannon McPherron, et al., "Evidence for Stone-Tool-Assisted Consumption of Animal Tissues before 3.39 Million Years Ago at Dikika, Ethiopia," *Nature* 466, no. 7308 (2010): 857–60).）。2つの論文の解釈と年代が正しければ、ホモ属についての古人類学界の定義がなお一層の見直しにつながることになろう。

14. キム・ヒルとヒラード・カプランは、このデータの解釈では2人の恩師であるクリステン・ホークスとは異なっている。2人は、見せびらかしの役割を重要視せず、アチェ族の男が狩りをするモチベーションとして核家族の面倒を見ることの方を重視している。
15. リチャード・ランザム、依田卓巳訳『火の賜物――ヒトは料理で進化した』、NTT出版、2010年（Richard Wrangham, *Catching Fire* (New York: Basic Books, 2009).
16. 人間の脳が大きいことは疑問の余地はないが、一部の動物はヒトよりもさらに大きな脳を持つ。マッコウクジラの脳の重さは、ヒトの5倍以上もある。そして脳の大きさの絶対値よりも相対値を考えるなら、ハキリアリの脳は体重の15％にもなる。一方で人間の脳の重さは、体重の2％ほどしかない。
17. ホモ・フロレシエンシスは、インドネシアの島々の1つのフローレス島の10万年前より若い層から見つかっている（保存状態が最高だった個体は1．8万年前に生きていた；訳注　その後、堆積層の年代が再検討され、若くてもせいぜい6万年前と改訂された）。一部の研究者はこれら矮小なヒト族（数個体分が発見されている）はただの小頭症の現代人だと主張しているが、現在のところ、大半の古人類学者は彼らを大昔に私たちの祖先から分岐した別の種だと認めている。しかしこの議論は、本当のところ大した問題ではない。重要な点は、彼ら小さな脳しか持たないヒト族がホモ属の適応ゾーンとみなされる様々な種類の行動（石器製作、狩猟、おそらくは火の管理も）を行っていたことだ。さらに少数の研究者は、フロレシエンシスをホモ属から除外することを真剣に考えている。
18. セント・アンドリュース大学のアナ・ナヴァーレットらは最近、哺乳類の脳の大きさと消化器官の総量との間には相関はないことを示した。彼女らは、脂肪を除いた体重と比較した時、人間は実際には高い代謝率を持つことを見出した。彼女たちは、高品質の食物群、石器と火で調理した食物、食物分配、二本脚で歩くことで低減されたエネルギー・コストがその違いとなったと推定している。Ana Navarrete, Carel van Schaik, and Karin Isler, "Energetics and the Evolution of Human Brain Size," *Nature* 480, no. 7375 (2011): 91–93. を参照。
19. この他に、特にエチオピア南部のオモ河谷でホモに良く似た6、7点の破片が見つかっているが、種は同定されていない。
20. William McGrew, *The Cultured Chimpanzee: Reflections on Cultural Primatology* (Cambridge: Cambridge University Press, 2004).
21. 私はそれらの歯をルーシーの属する種であるアウストラロピテクス・アファレンシスの歯と比較した。そうしたものには事欠かない。
22. 2人の考えは、この分野でさほど広い支持を得るに至っていない。大半の研究者は、依然としてハビリスもルドルフェンシスもホモ属だと考えている。

第七章　新石器革命

1. V. Gordon Childe, *New Light on the Most Ancient East: The Oriental Prelude to European Prehistory* (New York: Kegan Paul,

1934), 2.

2. リチャード・パンペリーの *My Reminiscences* (New York: Henry Holt, 1918) は、75年を超える類いまれな彼の冒険の記録である。この本は、読み始めたらやめられないほど面白い。
3. Raphael Pumpelly, *Explorations in Turkestan; Expedition of 1904: Prehistoric Civilizations of Anau Origins, Growth, and Influence of Environment* (Washington, DC: Carnegie Institution of Washington, 1908), xxiii.
4. アラル海とカスピ海は、現在の地質学者が「クヴァリニアン海進期」と呼ぶ間、融合さえしていたかもしれない。一部の研究者は、この海進は聖書に出てくるノアの洪水を含む古代の洪水神話を生む原因となったかもしれないという推定までしている。
5.「ＢＰ」の省略形は、慣例により1950年のスタートで設定された「現在より前（before the present）」を表す。文化的な意味を含む「ＢＣ（紀元前）」、「西暦（ＣＥ）」、「西暦紀元前（ＢＣＥ）」よりも、私はこちらの方を好む。本章の年代は、放射性炭素年代測定法（第５章の注８を参照）に基づくが、それは過去の大気中の炭素14濃度が自然の作用で変動したため、年輪年代法やその他の方法で補正された値である。これらの値は、文字では「cal ＢＰ」とか「cal yr. ＢＰ」とか省略されて表記される。それらは、未補正の年代、すなわちＲＣＹＢＰとは異なる。特定の遺跡の年代値が文献によっては2000年ほども違うことがあるが、これがその理由である。
6. フランスの考古学者ジャック・コーヴァンは、それを「象徴の革命」と呼んだ。彼はそれを *The Birth of the Gods and the Origins of Agriculture* (Cambridge: Cambridge University Press, 2000). で説明した。
7. サイモン・フレーザー大学の考古学者のブライアン・ヘイデンは、これを「行動の強化」と呼んだ。Brian Hayden, *The Power of Feasts: From Prehistory to the Present* (New York: Cambridge University Press, 2014). を参照。
8. チャールズ・ダーウィンを刺激して自然淘汰説を発展させたトマス・マルサスの著書『人口論』*An Essay on the Principle of Population as It Affects the Future Improvement of Society* (London: printed for J. Johnson, in St. Paul's Church-Yard, 1798) に親しんだ人は、これを認めるだろう。
9. 農耕を栽培家畜化と区別するのは重要だ。農耕は、主に播種と植物の管理であり、野生状態で育つ所から単に実を集めてくるのではなく、意思をもって植物の世話をすることだ。農耕に供された植物は、野生種のままか、人の利用のために明確に育種されたものであることが多い。一方、栽培家畜化は、それを知ってなされたか否かを問わず、望ましい特性を選択するための人による植物や動物の遺伝的改編を伴う。
10. そうした穀粒の一部は、栽培化されたものに似ている。小麦の種子と大麦の種子は、柄に接着する小穂の中に形成される。野生種の接着は最小の接触や微風でもほどけるので、種子は広い範囲に散布される。だが栽培種は種子が柄に留まったままでいて、能動的に脱穀した時だけ離れるように育種される。柄の接着部を観察することにより、その違いが分かる。野生種は滑らかで、栽培種はギザギザだ。これらは意図的に育てられたとは言い過ぎかもしれない。もし人が野生の小麦と大麦を集めて作付けすれば、柄から弾けるタイプは収穫中にばらまかれるので、そうならない小穂を持ったものが選ばれるだろう。多く取れた穀粒はキャンプに持ち帰れるが、今やその植物は人の関与がなけれ

ば種子を広げられない。オハロII遺跡では、穀物はギザギザの接着部を持つ小穂の数は、野生の群生地から回収されたと予想されるものと比べ、3倍もあった。

11. Adnan Bounni, "Campaign and Exhibition from the Euphrates in Syria," *Annals of the American Schools of Oriental Research* 44 (1977): 1–7.

12. ナトゥーフ文化 (Natufian) という用語は、エルサレム近郊のワディ・アン＝ナトゥーフ（Wadi an-Natuf）の指標遺跡に由来する。ここに多くの人たちが定住し、野生穀物の実が採集されていたので、考古学者は彼ら狩猟採集民は最古の農耕民の先駆者であったと考えている。

13. リチャード・アレイの *The Two-Mile Time Machine* (Princeton, NJ: Princeton University Press, 2000) は、素晴らしい読み物である。数十年の経験に裏付けられた権威をもってアレイは、氷床とそれがどのようにしてコアとなり、科学者はコアから何を見つけ出しているかを書いている。

14. 空気とそれを包む氷床との間には時間的なずれがある。空気の泡を周囲から遮断するには時間がかかるからである。だが古気候学者は、分析過程でこれをうまく処理している。

15. オハイオ州立大学の歴史学者ジョン・ブルックは、*Climate Change and the Course of Global History: A Rough Journey* (New York: Cambridge University Press, 2014). に書かれた証拠を要約している。

16. 「ドリアス（Dryas）」の名は、極地高山に生える灌木のチョウノスケソウ（*Dryas octopetala*）に敬意を表して付けられている。チョウノスケソウはアイスランドの国花で、中央に黄色い雌しべと周りに8枚の白い花弁を持つ。丈夫な小さな植物で、荒涼としたツンドラ地帯によく見られる。20世紀の変わり目の頃の研究者は、北ヨーロッパ周辺の湿地や湖沼の堆積層中にこの葉を見つけて、寒冷環境の標識に使った。3つのドリアス亜期——草創期、古期、新期——が識別されている。

17. シリア、アル＝マジャール低地のバーズ岩陰とイスラエル、カルメル山地域のエル＝ワド台地は、2つの例である。

18. Patrick Mahoney, "Dental Microwear from Natufian Hunter-Gatherers and Early Neolithic Farmers: Comparisons within and between Samples," *American Journal of Physical Anthropology* 130, no. 3 (2006): 308–19; Patrick Mahoney, "Human Dental Microwear from Ohalo II (22,500–23,500 cal BP), Southern Levant," *American Journal of Physical Anthropology* 132, no. 4 (2007): 489–500. も参照。

19. Thomas Hobbes, *Leviathan: With Selected Variants from the Latin Edition of 1668*, ed. Edwin Curley (Indianapolis: Hackett, 1994), 76.

20. Marshall Sahlins, "Notes on the Original Affluent Society," in *Man the Hunter*, ed. Richard Lee and Irven DeVore (Chicago: Aldine, 1968), 85.

21. Clark Larsen, *Bioarchaeology: Interpreting Behavior from the Human Skeleton*, 2nd ed. (Cambridge: Cambridge University Press, 2015).

22. メイヨー・クリニックは、以下のタイトルのウェブサイト上に全部門を持っている。"Oral Health: A Window on Your Overall Health" (http://www .mayoclinic.org/healthy-lifestyle/adult-health/in-depth/dental/art-20047475).

23. 後にグラニュー糖が一般的になってから、さらに事態は悪くなった。ただこの話は第8章に回そう。

24. ハーヴァード大学のダニエル・リーバーマンは、数年前に軟らかく処理された食物と噛み切りにくい食物で飼育されたハイラックスに関する見事な研究を行った。咀嚼の負担が高まれば、歯を留める下顎部がそれだけ発達するという結果になっ

たのだ。このことについては、リーバーマンの以下の著書で読むことができる。*The Evolution of the Human Head* (Cambridge, MA: Harvard University Press, 2011).
25. Ron Pinhasi, Vered Eshed, and Peter Shaw, "Evolutionary Changes in the Masticatory Complex following the Transition to Farming in the Southern Levant," *American Journal of Physical Anthropology* 135, no. 2 (2008): 136–48.

第八章　自らの成功の犠牲者

1. Adrian Kin and Błażej Błażejowski, "The Horseshoe Crab of the Genus *Limulus* Living Fossil or Stabilomorph?" *PLoS One* 9, no. 10 (October 2, 2014), doi:1:10.1371/journal.pone.0108036.
2. George Carlin, *Jammin' in New York*, directed by Rocco Urbisci (Orland Park, IL: MPI Home Video, 2006), DVD.
3. Pythagoras, quoted in Ovid's *Metamorphoses, Book XV*, 60–142, trans. Anthony Kline (University of Virginia Library), © 2000 A. S. Kline, http://ovid.lib.virginia.edu/trans/Metamorph15.htm.
4. "Animals Used for Food," PETA, last modified August 1, 2016, http://www.peta.org/issues/animals-used-for-food/.
5. Sarah Palin, *Going Rogue: An American Life* (New York: Harper, 2009), 133.
6. Amanda Henry, Alison Brooks, and Dolores Piperno, "Microfossils in Calculus Demonstrate Consumption of Plants and Cooked Foods in Neanderthal Diets (Shanidar III, Iraq; Spy I and II, Belgium)," *Proceedings of the National Academy of Sciences of the United States of America* 108, no. 2 (2011): 44–54.
7. Woody Allen, *Sleeper*, directed by Woody Allen (Culver City, CA: MGM Studios, 1973), film.
8. S. Boyd Eaton and Melvin Konner, "Paleolithic Nutrition: A Consideration of Its Nature and Current Implications," *New England Journal of Medicine* 312, no. 5 (1985): 283–89, and S. Boyde Eaton, Marjorie Shostak, and Melvin Konner, *The Paleolithic Prescription: A Program of Diet and Exercise and a Design for Living* (New York: Harper and Row, 1988).
9. Loren Cordain and Shelley Schlender, "The History of the Paleo Movement," transcript of podcast audio, February 27, 2014, http://thepaleodiet.com/paleo-diet-podcast-history-paleo -movement/.
10. 公平を期して言うと、イートンは祖先の食事への回帰を提唱した最初の人間ではなかった。アーノルド・デヴリーズの *Primitive Man and His Food* (Chicago: Chandler, 1952) とウォルター・ボエグトリンの *Stone Age Diet* (New York: Vantage, 1975) の本が先に出ている。しかし彼らと他の古い著者たちは、イートンらの研究・活動と同レベルの関心は引かなかった。
11. Nicole Lyn Pesce, "Celeb Diets: Experts Eye the Science Behind the Hype," *New York Daily News*, July 7, 2014.
12. "Best Diets 2017," *US News & World Report*, January 4, 2017, http://health.usnews.com/best-diet/paleo-diet.
13. "Top 5 Worst Celebrity Diets to Avoid in 2015," British Dietetic Association, last modified December 8, 2014, https://www.bda .uk.com/news/view?id=39&x[0]=news/list.
14. 肯定する側に、以下のような本がある。*The Paleo Diet* (New York: John Wiley and Sons, 2002) by Loren Cordain, *The Paleo Solution* (Las Vegas: Victory Belt, 2010) by Robb Wolf, *Nom Non Paleo: Food for Humans* (Kansas City, MO: Andrews McMeel, 2013) by Michelle Tam and Henry Fong, and even *Neanderthin: Eat Like a Caveman to Achieve a Lean, Strong, Healthy Body* (New York: St. Martin's Press, 1999) by Ray Audette and Troy

Gilchrist. For alternative views, consider *The Low-Carb Fraud* by T. Colin Campbell and Howard Jacobson (Dallas, TX: BebBella Books, 2014), *The Gluten Lie: And Other Myths about What You Eat* (New York: Regan Arts, 2015) by Alan Levinovitz, *Diet Cults: The Surprising Fallacy at the Core of Nutrition Fads and a Guide to Healthy Eating for the Rest of Us* (New York: Pegasus Books, 2014) by Matt Fitzgerald, and *Paleofantasy: What Evolution Really Tells Us about Sex, Diet, and How We Live* (New York: W.W. Norton, 2013) by Marlene Zuk.

15. Michael Jensen, et al., "2013 AHA/ACC/TOS Guideline for the Management of Overweight and Obesity in Adults," *Journal of the American College of Cardiology* 63, no. 25 (2014): 2985–3023.
16. William Leonard, "Food for Thought: Dietary Change Was a Driving Force in Human Evolution," *Scientific American* 287, no. 6 (2003): 106–15. を参照。
17. Zuk, *Paleofantasy*.
18. Hans Olaf Bang, Jørn Dyerberg, and Aase Brøndum Nielsen, "Plasma Lipid and Lipoprotein Pattern in Greenlandic West-Coast Eskimos," *Lancet* 1, no. 7710 (1971): 1143–45.
19. Matteo Fumagalli, et al., "Greenlandic Inuit Show Genetic Signatures of Diet and Climate Adaptation," *Science* 349, no. 6254 (2015): 1343–47.
20. 議論のある諸問題のレビューと共著者のオリジナルの研究として、以下を参照。J. George Fodor, " 'Fishing' for the Origins of the 'Eskimos and Heart Disease' Story: Facts or Wishful Thinking?" *Canadian Journal of Cardiology* 30, no. 8 (2014): 864–68. 実際、いくつもの研究がなされたが、潜在的患者の心臓の健康に魚油サプリが有効だということの確認に失敗した。以下を参照。The ORIGIN Trial Investigators, "n–3 Fatty Acids and Cardiovascular Outcomes in Patients with Dysglycemia," *New England Journal of Medicine* 367 (2012): 309–18, and Evangelos Rizos, et al., "Association Between Omega-3 Fatty Acid Supplementation and Risk of Major Cardiovascular Disease Events: A Systematic Review and Meta-Analysis," *Journal of the American Medical Association* 308, no. 10 (2012): 1024–33.
21. World Health Organization, *Oral Health*, fact sheet (Geneva, Switzerland: World Health Organization Media Centre, 2012).
22. コルッキーニは、職歴のほとんどを費やして現代の咬合の諸問題は産業化時代の食に起因すると説いてきた。彼の著書 *How Anthropology Informs the Orthodontic Diagnosis of Malocclusion's Causes* (Lewiston, NY: Edwin Mellon, 1999) は、口腔衛生への食物の影響を理解し、管理することへの進化の面からのアプローチをいかに適用できるかの好例である。
23. Jerome Rose and Richard Roblee, "Origins of Dental Crowding and Malocclusions: An Anthropological Perspective," *Compendium of Continuing Education in Dentistry* 30, no. 5 (2009): 292–300. を参照。

◆著者

ピーター・S・アンガー（Peter S. Unger）

1963年生まれ。アメリカの古人類学者、進化生物学者。アーカンソー大学特別教授（DP）、環境動態プログラム・ディレクター。ジョンズ・ホプキンス大学医学部とデューク大学医療センターでも教鞭をとっていた。著書にTeeth: A Very Short Introduction and Mammal Teeth: Origin, Evolution, and Diversity, Mammal Teeth: Origin, Evolution, and Diversity などがある。アーカンソー州ファイエットヴィル在住。

◆訳者

河合信和（かわい・のぶかず）

1947年、千葉県生まれ。1971年、北海道大学卒業。同年、朝日新聞社入社。2007年、定年退職。進化人類学を主な専門とする科学ジャーナリスト。旧石器考古学や民族学、生物学全般にも関心を持つ。主著に『ヒトの進化七〇〇万年史』(ちくま新書、2010年)、『人類進化99の謎』(文春新書、2009年)、主な訳書にパット・シップマン著『ヒトとイヌがネアンデルタール人を絶滅させた』、イアン・タッターソル著『ヒトの起源を探して　言語能力と認知能力が現生人類を誕生させた』（共に原書房）、ダリオ・マエストリピエリ著『ゲームをするサル―進化生物学からみた「えこひいき」（ネポチズム）の起源』（雄山閣）、パット・シップマン著『アニマル・コネクション 人間を進化させたもの』（同成社）、アラン・ウォーカー／パット・シップマン著『人類進化の空白を探る(朝日選書）などがある。

◆カバー画像　Coffeemill / Shutterstock

EVOLUTION'S BITE
by Peter S. Ungar
Copyright © 2017 by Princeton University Press
Japanese translation published by arrangement with
Princeton University Press
through The English Agency (Japan) Ltd.
All rights reserved.

人類《じんるい》は噛《か》んで進化《しんか》した

歯《は》と食性《しょくせい》の謎《なぞ》を巡《めぐ》る古人類学《こじんるいがく》の発見《はっけん》

●

2019年9月2日　第1刷

著者……………ピーター・S・アンガー
訳者……………河合信和《かわいのぶかず》
装幀……………村松道代
発行者……………成瀬雅人
発行所……………株式会社原書房
〒160-0022 東京都新宿区新宿 1-25-13
電話・代表　03(3354)0685
http://www.harashobo.co.jp/
振替・00150-6-151594
印刷……………新灯印刷株式会社
製本……………東京美術紙工協業組合
©Nobukazu Kawai 2019
ISBN 978-4-562-05678-1, printed in Japan